JN017322

河合塾 SERIES

名問の森
物理
波動II・電磁気・原子
四訂版

河合塾講師 浜島清利［著］

河合出版

なぜ「名問」の「森」なのか

物理の実力を伸ばすには…何より基本を大切にすることです。そして，いろいろな問題に出会って理解を深めていくことです。この本は，すでに基本を身につけ，標準問題までは終えていて，高度な入試問題で腕を磨きたい人を対象にしています。

ただ，入試問題は数限りなくあります。一方，皆さんの時間は限られています。そこで，できるだけ **良い問題に取り組みたい** のです。良問とは，理解を深め，視野を広げてくれるもので，それ１題で何題分もの大きな効果をもたらしてくれるものです。また，「こんな見方もあったのか！」とか，一見複雑に見える状況が，快刀乱麻を断つがごとく解決されて，感動を覚えるものです。

この問題集を作成するに当たって，過去60年間ほどの入試問題を見直してみました。物理というのは古い問題だからといって，内容が古びるとか価値が低くなるといったことはありません。自然法則に変わりはないからです。そこで**入試問題から良問を選りすぐり，さらに思い切って手を加えました。元々が優れた素材なのですから，磨きをかけることによって「名問」と呼ぶにふさわしいもの**になったと思っています。２つの問題を融合させた場合もあります。(北海道大＋九州大）などとしたものがそうです。ただ，名問はしばしばレベルの高い問題にならざるを得ません。本書は上級者用の問題集です。

問題集にとって大切なことの一つは，**解説が分かりやすく，詳しい**ことです。答え合わせで終わっては，せっかく苦労して解いたかいがないと言ってもいいでしょう。考え方の検証をしてほしいのです。自分で用いた方法より良い方法があればどんどん吸収していきましょう。問題を味わうというか，いろいろな角度から眺めることも大切です。そこで**図解や別解を重視**しました。

数多くの名問が，森の如く奥深く広がっています。１本の木，つまり１題ごとに磨きをかけただけでなく，森全体の調和も考えて構成してあります。この森を探索していくうちに，物理のもつ魅力ある風景に出会い，実力は自ずからついていくことでしょう。問題番号順にきちんと進んで行くのもいいですし，「これは」と思う興味を感じた問題から入ってくれてもいいでしょう。気がついたら，森の中全体に及んでいたというふうに…。**冒険に挑む勇気と，散歩を楽しむ心**をもって名問の森を進んでみて下さい。

問題を選ぶに当たって，多くの参考書や問題集を参考にさせていただきました。いちいちは記せませんが，先人達の力のお陰でこの本ができたことをつけ加えておきたいと思います。

この本の使い方

基礎力がしっかりしていない状態でこの本にとりかかるのは無謀としか言いようがありません。まず，「**物理のエッセンス**」(河合出版)などで学力を整え，「**良問の風**」(河合出版)のような標準的な入試問題集を経てから挑んでみて下さい。

① まず，問題文だけを見て解いてみて下さい。

② 次に，**Point & Hint** を読んで，できなかった設問や考え方の誤りが見つかったら解き直してみて下さい。ヒントを上手に活用しましょう。ヒントを見た後でも解ければ，答えを見てから理解するよりずっといいのです。でも，はじめからヒントに頼ってはいけません。

③ **LECTURE** では，講義に近い形をめざし，詳しい解説を心がけました。答え合わせが目的ではありません。考え方をよく検討してみて下さい。答えが合った設問でもいろいろと得るところが多いはずです。

設問ごとのレベル（**Level**）を次のように分けて表示しました。

★★：基本　★：標準　★：応用　★★：難

★★や★で間違えたのなら，繰り返しやり直して必ず解けるようにして下さい。**入試の合否は標準問題で決まる**といっても過言ではないでしょう。標準問題が確実に解けること，それが何より大切です。難関大学をめざす人や物理を得点源にしたい人は★まで（ある程度でいいですから）こなせるようにして下さい。そして，難問にぶつかることによって，物理の面白さを感じたり，基本の理解の浅さを思い知らされることがあるものです。★★にはそのようなものが含まれていますので，いくらかでも吸収していってくれたらと思います。

■　とくに**重要な問題**には問題番号に赤いバック をつけました。重要問題だけでもかなりの大学に対処できます。

■　習った範囲で解けるかどうか，確認できるように，問題にはタイトルをつけています。

■　大学名は出題時ではなく，現在名で表記しています。大学名のない問題は創作です。とはいえ，いろいろな入試問題を背景にして作っています。

■　**Base** は骨格となる法則や考え方です。本当に大切なことは意外に少ないものです。

■　できる限り基本に立ち戻っての解説を心がけましたが，限られたスペースでは十分に理由が説明しきれないこともあり，その場合は「物理のエッセンス」の参照ページを書いておきました。(☞エッセンス（上）p　）は「力学・波動」編を，（下）は「熱・電磁気・原子」編を指しています。

■　設問文中，例えば「(1)……の距離 d を求めよ。」とある場合，文字 d は問(2)以下の答えには用いないように。計算式を合わせたいための表示です。

■　問題の内容をより深めたい場合には，解説の終わりに設問を入れました。それが **Q** です。かなり難しいものが多いですが，挑戦してみて下さい。解答は巻末にあります。

目　次

（重要問題には問題番号に赤色がついています。）

波動 II

とくに断らない限り，次のように考えて下さい。

♣ 波が伝わるときの減衰は無視する。

♣ 空気の(絶対)屈折率は1とする。

電磁気

♣ コンデンサーははじめ帯電していない。

♣ 電池の内部抵抗は無視できる。

原　子

波動II

1　波の干渉

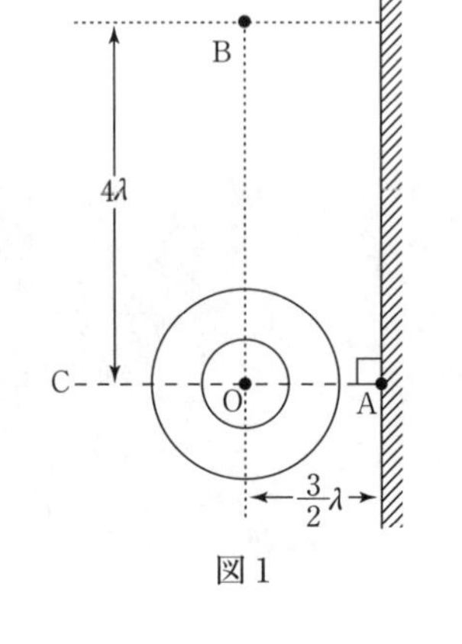

図1

鉛直な壁で区切られた水面上の1点Oに波源があり，振動数f，波長λの円形の波が連続的に送り出されている。点Aは水面と壁との境界点，点Bは水面上の点であり，線分OAは壁に垂直でその長さは$\frac{3}{2}\lambda$，線分OBは壁と平行で，その長さは4λである。波が壁で反射されるとき位相は変化しない。また，波の減衰は無視する。

(1)　波がO点を出てから壁で反射されB点にとどくのに要する時間を求めよ。

(2)　B点では，波は強め合っているかそれとも弱め合っているか，あるいはそのいずれでもないかを答えよ。

(3)　線分OA上で見られる波(合成波)は何とよばれるか。また，そのようすを図2に描け。O点から出る波は振幅aの正弦波であるとする。

(4)　O点より左側の半直線OC上で見られる合成波はどのような波か。20字程度で述べよ。O点から出る波の振幅をaとする。

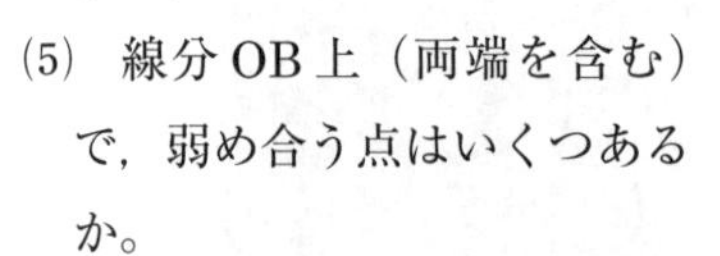

(5)　線分OB上（両端を含む）で，弱め合う点はいくつあるか。

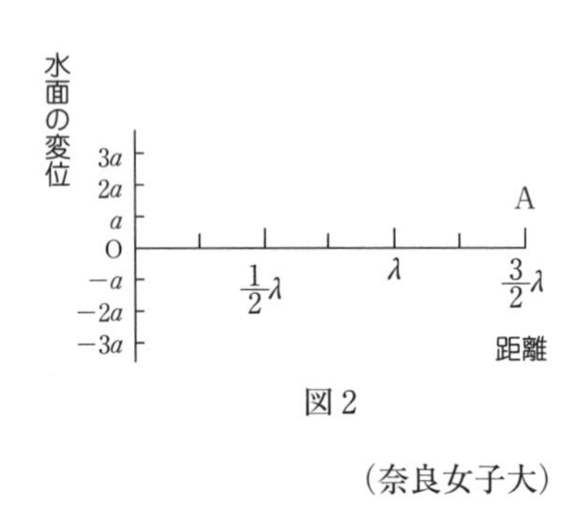

図2

(奈良女子大)

Level　(1)〜(4) ★　(5) ★

Point & Hint　干渉では2つの波源からの距離の差が重要。**強め合いの位置では山と山(あるいは谷と谷)が重なって振幅は2倍となり，弱め合いの位置では山と谷が重なって振幅は0となる。**

(1) 鏡による光の反射と同様に考えればよい。反射波はある一点O′から出てくるように広がる。
(2) O と O′ という 2 つの波源からの波の干渉と考えられる。
(3) 入射波と反射波が直線上で逆行しているから…。
(4) OC 上の任意の点で 2 つの波源 O と O′ からの距離差に注目。
(5) 強め合いの線や弱め合いの線は水面上で双曲線となっている。そこで問(3)の答えを活用したい。

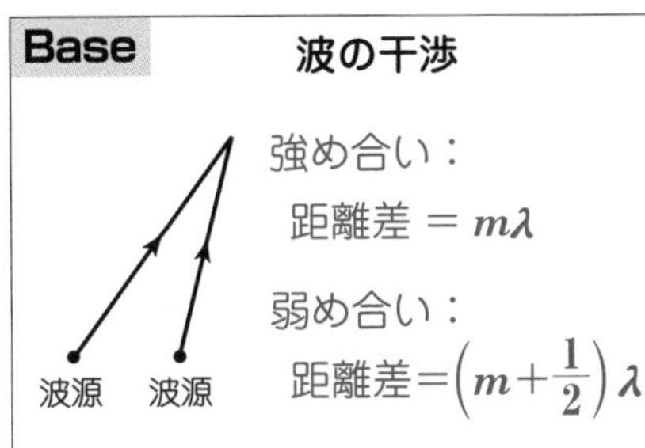

LECTURE

(1) 壁に関して，O 点と対称な点を O′ とする。反射波は O′ から出てくるとみなしてよい。反射点を D とすると

$\mathrm{OD}+\mathrm{DB}=\mathrm{O'D}+\mathrm{DB}=\mathrm{O'B}=\sqrt{(3\lambda)^2+(4\lambda)^2}=5\lambda$

波の速さ v は $v=f\lambda$ だから，かかる時間は

$$\frac{\mathrm{OD}+\mathrm{DB}}{v}=\frac{5\lambda}{v}=\boldsymbol{\frac{5}{f}}$$

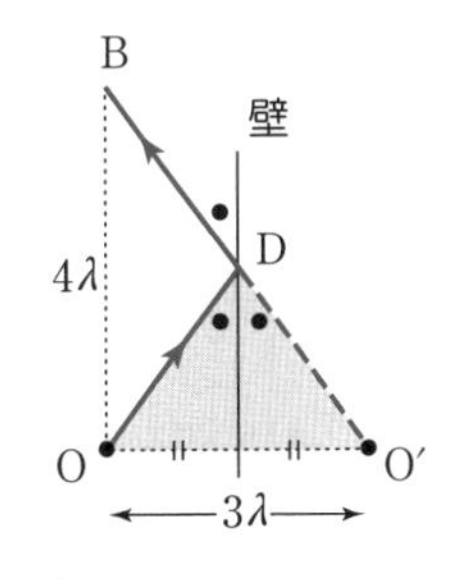

灰色の 2 つの直角三角形は合同だから反射の法則が満たされている。△OO′B は 3：4：5 の直角三角形。

(2) O と O′ の 2 つの点波源による干渉と考えてよい。距離差は

$$\mathrm{O'B}-\mathrm{OB}=5\lambda-4\lambda=\lambda$$

よって，B では波は**強め合っている**（$m=1$ のケース）。

正確には，反射によって位相が変わらず，O と O′ は同位相とみなせるからである。もしも，反射によって位相が π 変わるなら（O から山として出た波が反射によって谷に変わるなら），O と O′ は実質的に逆位相であり，B では弱め合うことになる。

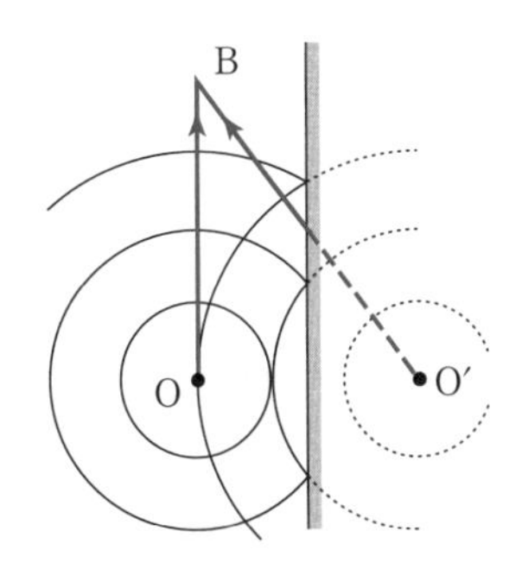

(3) OA 間では逆向きに進む 2 つの波の重ね合わせによって**定常波（定在波）**が生じている。A は自由端で腹となること，腹と腹の間隔は $\frac{\lambda}{2}$

であることから，定常波を描くと右のようになる。腹の位置では山と山が重なるから振幅は $2a$ となっている。見方を変えれば，入射波と反射波の干渉であり，腹は強め合いの位置，節は弱め合いの位置である。

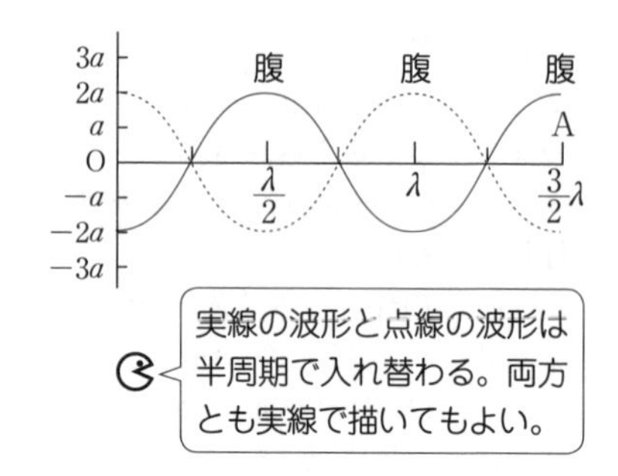

(4)　OC 上の任意の点を P とすると，距離差は

$$O'P - OP = OO' = 3\lambda$$

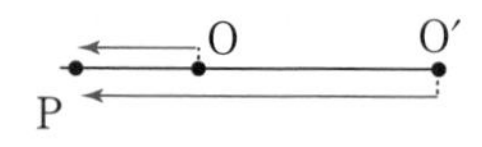

よって，OC 上はすべて強め合いの位置となる。O と O′ からの波はいずれも左へ進むから，合成波は**振幅 $2a$ で左向きに進む進行波となる**。

(5)　B は $1\cdot\lambda$ 差の強め合いの位置だったから，OA 上では A のすぐ左の腹の位置につながる双曲線上にある。節の位置につながる双曲線のうち，OB 間を通るのは 2 本。よって **2 個**。

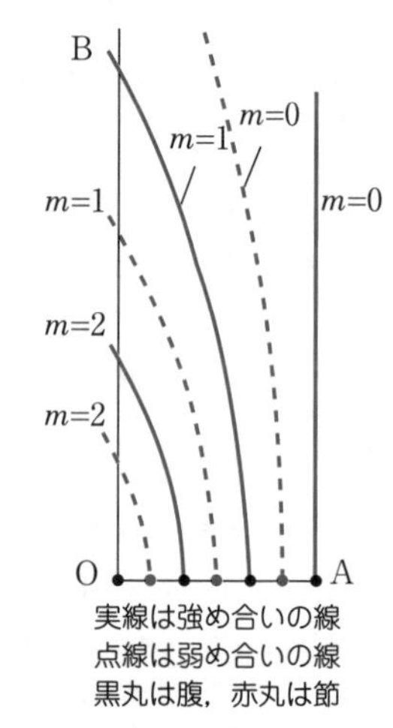

実線は強め合いの線
点線は弱め合いの線
黒丸は腹，赤丸は節

別解 1　OB 上で O から x 離れた点 Q で弱め合うとする。距離差は

$$O'Q - OQ = \sqrt{(3\lambda)^2 + x^2} - x = \left(m + \frac{1}{2}\right)\lambda$$

これより　　$9\lambda^2 + x^2 = \left\{x + \left(m + \frac{1}{2}\right)\lambda\right\}^2$

$$\therefore\quad x = \frac{9 - \left(m + \frac{1}{2}\right)^2}{2m + 1}\lambda$$

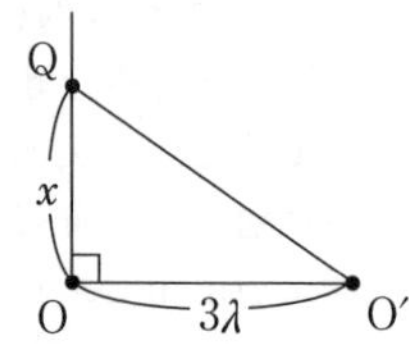

$m=0, 1, 2, \cdots$ を代入してみて，$0 \leqq x \leqq 4\lambda$ となるのは，$m=1\left(x=\frac{9}{4}\lambda\right)$ と $m=2\left(x=\frac{11}{20}\lambda\right)$

$m \geqq 3$ では $x < 0$ となってしまうので，**2個**。

別解 2　△OO′Q より　　$OQ + 3\lambda > O'Q$

B が 1λ 差なので，OB 間の Q は 1λ 差以上。

$\therefore\quad 3\lambda > O'Q - OQ = \left(m + \frac{1}{2}\right)\lambda \geqq 1\lambda$　　$\therefore\quad m = 1, 2$ の **2 個**

m の不等式にしてまともに解こうとすると大変

2 波の干渉

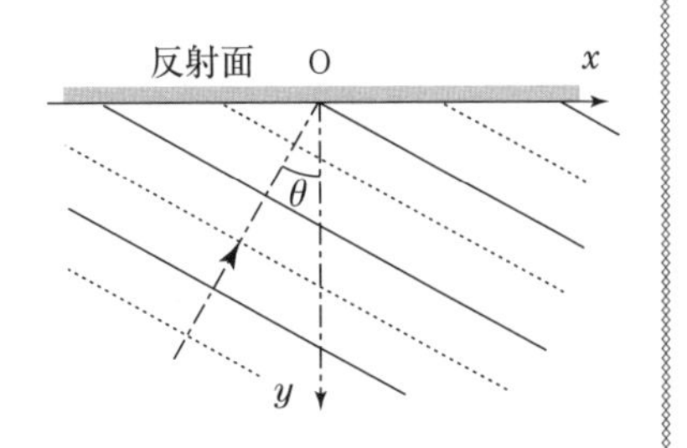

一様な媒質中を反射面に向かって平面波が入射角 θ で進んでいる。図はある時の入射波の様子を示しており，実線は波の山を，点線は谷を表している。波の波長を λ，周期を T とする。原点をOとして x，y 軸を図のようにとる。

(1) 入射波だけを考える。x 軸にそって伝わる波（x 軸上だけに注目した場合の波）の波長 λ_x と速さ v_x を求めよ。また，y 軸にそって伝わる波の波長 λ_y と速さ v_y を求めよ。

(2) 入射波は反射面で固定端反射をしている。上図の時の反射波の山（実線）と谷（点線）を描け。

(3) 入射波と反射波は干渉する。強め合いの線（強め合う点を連ねた線）を上図に太線で描け。

(4) 前問で描いた強め合いの線の間隔 d を求めよ。

（宇都宮大＋宮崎大＋慶應大）

Level (1),(2) ★ (3),(4) ★

Point & Hint

(1) 波は模様が伝わる現象である。x 軸上にも波はあり，$+x$ 方向へ進んでいる。波の速さは，粒子のように速度を分解してすむ話ではない。
波面と射線は直交することも大切。

(2) 固定端反射の特徴に注意して描く。

(3) 山と山（あるいは谷と谷）の重なりがどちらへ移っていくかを確かめてから線を引く。

(4) (3)の作図を利用するのがふつう。ただ，y 軸上を伝わる入射波と反射波に注目すると，(1)を利用してさらりと解ける。

LECTURE

⑴　波長 λ は射線の方向(波面に垂直な方向)での山と山の間隔。x 軸上だけに注目すれば，右図より

$$\lambda_x \sin\theta = \lambda \qquad \therefore \quad \lambda_x = \boldsymbol{\frac{\lambda}{\sin\theta}}$$

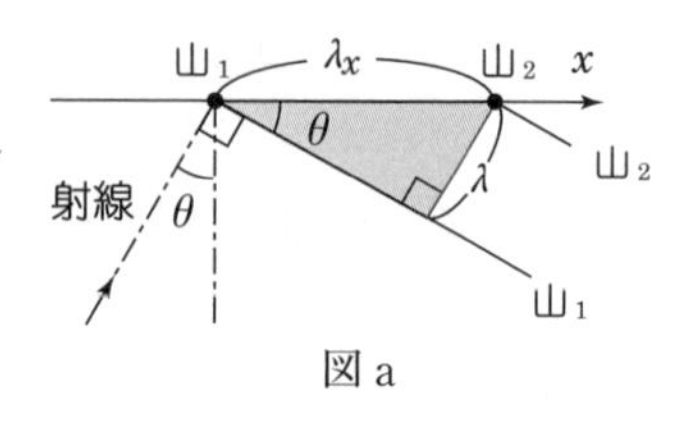

図 a

1周期 T の後には山$_1$ は山$_2$ まで進み，x 軸上では λ_x 進むから

$$v_x = \frac{\lambda_x}{T} = \boldsymbol{\frac{\lambda}{T\sin\theta}}$$

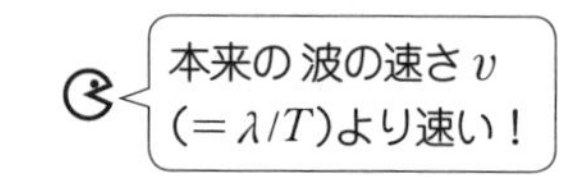

同様にして，図 b より

$$\lambda_y \cos\theta = \lambda \qquad \therefore \quad \lambda_y = \boldsymbol{\frac{\lambda}{\cos\theta}}$$

$$v_y = \frac{\lambda_y}{T} = \boldsymbol{\frac{\lambda}{T\cos\theta}}$$

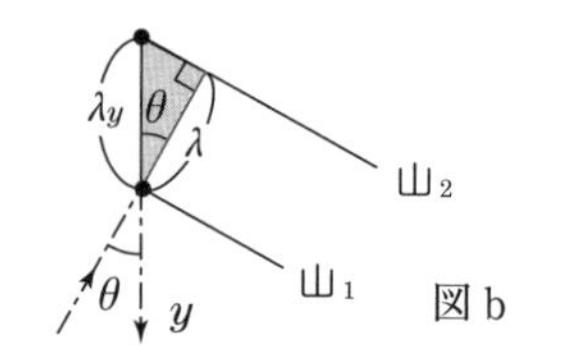

図 b

⑵　反射角は入射角に等しいので，波面もまた y 軸に関して対称的になる。ただし，固定端反射なので，反射面である x 軸上では，入射波が山(谷)なら反射波は谷(山)となる。図 c の細い赤線が答えである。

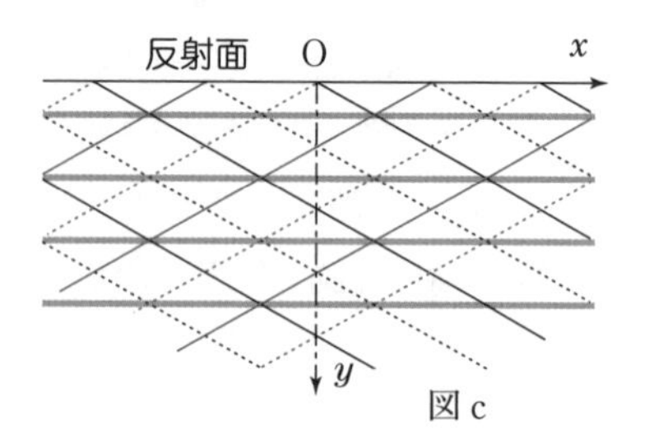

図 c

⑶　山と山(あるいは谷と谷)が重なっている位置(赤丸)をまず押さえ，次にそれがどちらへ移動するかを確認する(図 d)。細い線が少し後の波面であり，赤丸は右へ移っていく。よって，図 c の太い赤線が強め合いの線となる。

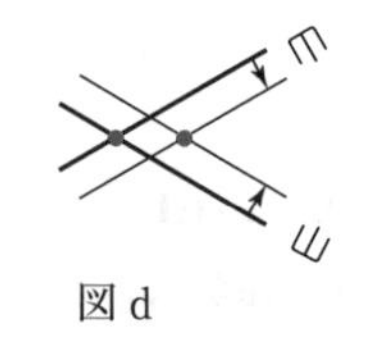

図 d

⑷　図 c の一部を拡大し，波の進む方向に(波面に垂直に)波長 λ が現れることに注意すれば

$$2d\cos\theta = \lambda \qquad \therefore \quad d = \boldsymbol{\frac{\lambda}{2\cos\theta}}$$

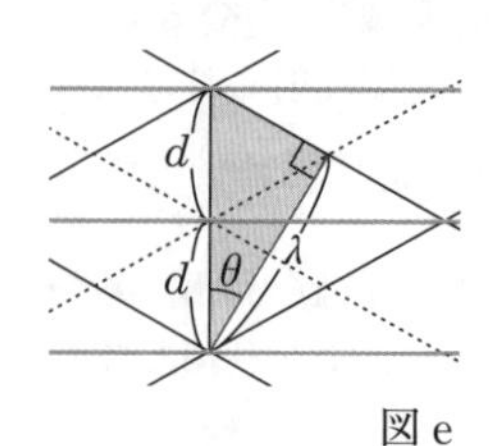

図 e

別解　y 方向(たとえば y 軸上)では波長 λ_y の波が $-y$ 方向(入射波)と $+y$ 方向(反射波)に進んでいるので，定常波が現れる。強め合いは腹に対応し，d は腹と腹の間隔，半波長に等しいので

$$d = \frac{1}{2}\lambda_y = \boldsymbol{\frac{\lambda}{2\cos\theta}}$$

作図をすることなく，簡単に求められるのがこの方法のよさである。なお，固定端反射だから反射面は節になり，y 軸方向では半波長 $\lambda_y/2$ ごとに節が，その間に腹ができる。つまり，強め合いの線の位置まで決められる。

なお，強め合いの線上では，振幅が 2 倍になった波長 λ_x の波が $+x$ 方向に進んでいる。

Q　波は光波とし，反射面のかわりにスクリーンを置く。波長 λ の平行光線，光 1 と光 2 を次図(i)や(ii)のように当てると，スクリーン上には縞(しま)模様が現れる。それぞれの場合の縞の間隔を求めよ。((i)★　(ii)★★)

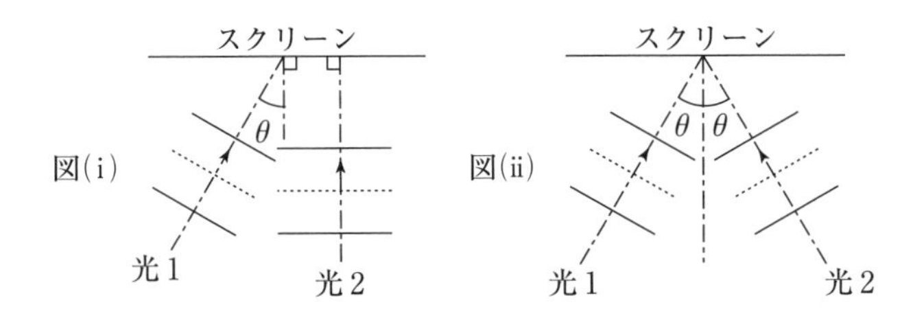

3　光の干渉

図はヤングの実験を示し，光源ランプQは波長λの単色光を出す。間隔dの複スリットA，BはスリットSから等距離にあり，スクリーンXはA，Bに平行で，X上には縞(しま)模様が現れている。複スリットとXはlだけ離れ，点OはSとABの中点を結んだ直線がXと交わる点である。Oを原点として，上向きにx軸をとる。

(1)　スリットSの役割を30字程度で述べよ。

(2)　X上の点Pの座標をxとする。距離差 AP−BP を l, d, x を用いて表せ。ただし，d，xはlに比べて十分小さいとし，計算の過程も示せ。必要ならば，$|y| \ll 1$ のとき $(1+y)^{\alpha} \fallingdotseq 1+\alpha y$ であることを用いよ。

(3)　明線の間隔Δxをl, d, λを用いて表せ。

(4)　もしもスリットBだけを閉じると，点Oでの明るさは何倍になるか。

(5)　スリットSをABに平行に上へaだけ移動していくと，X上の明線はどちらへどれだけ移動するか。ただし，Sと複スリット板との距離をLとし，Lはdに比べて十分大きいとする。

(6)　スリットSを図の位置に戻す。スリットBだけを屈折率n，厚さδの透明な薄膜でおおうと，X上の明線はどちらへどれだけ移動するか。

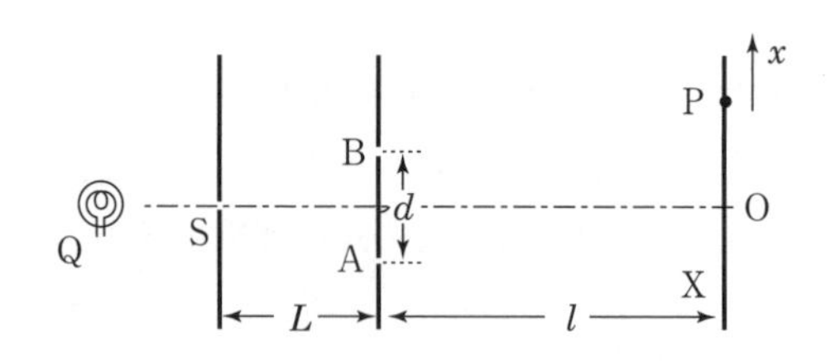

（新潟大＋名古屋大＋金沢大）

Level　(1)〜(3) ★　(4) ★★　(5),(6) ★

Point & Hint

(1) S がないと，X 上には縞模様が現れない。

(2) 三平方の定理を用いて AP と BP を求めてから近似すると与式を用いることになる。

(3) まず，干渉して強め合う条件式を書き（整数 m を用いて），明線の位置 x を決める。

(4) $\frac{1}{2}$ 倍と答えてしまいそう。しかし，**明るさ（一般には波の強さ）は振幅の 2 乗に比例する** ことを考えれば…。

(5) SB と SA の距離差が影響してくる。(2)の結果を応用したい。移動距離は同じ整数（次数）m の明線で調べる。

(6) 距離差（経路差）を拡張した光路差で対処する。$L \gg d$ なので，光は膜に垂直に入射するとしてよい。薄膜による光路差は $n\delta$ ではない！

Base　光の干渉

明線：光路差 $= m\lambda$ ← 真空中の波長

暗線：光路差 $= \left(m + \dfrac{1}{2}\right)\lambda$

※ 光路差は光学距離（屈折率×距離）の差。

※ 位相が π 変わる固定端反射があると，条件式が入れ替わる。

LECTURE

(1)　S の役割は，**光を回折させ，スリット A と B での位相を等しくすることにある**。

光源ランプでは多くの原子が勝手気ままに発光している。S がないと，A に届く光と B に届く光が同じ位相になるとは限らず，時間とともに変動して干渉による縞模様が現れなくなる。S があると，光は回折して球面波として広がり，A と B には同位相の光が届く。A と B は必ずしも同位相である必要はないが，A と B での位相の差は常に一定になっていることが必要である（(5)や(6)のケース）。

(2)　灰色の直角三角形より

$$\mathrm{AP} = \sqrt{l^2 + \left(x + \frac{d}{2}\right)^2}$$

$$= l\left\{1 + \left(\frac{x + \frac{d}{2}}{l}\right)^2\right\}^{\frac{1}{2}}$$

$$\fallingdotseq l\left\{1 + \frac{1}{2}\left(\frac{x + \frac{d}{2}}{l}\right)^2\right\}$$

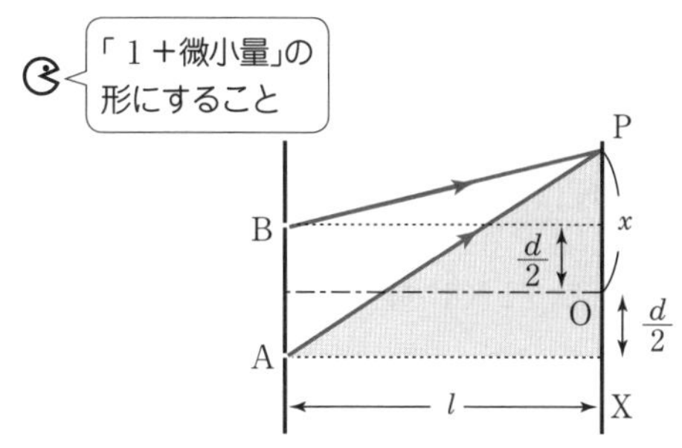

同様にして　　$\mathrm{BP}=\sqrt{l^2+\left(x-\dfrac{d}{2}\right)^2}\fallingdotseq l\left\{1+\dfrac{1}{2}\left(\dfrac{x-\dfrac{d}{2}}{l}\right)^2\right\}$

$$\therefore\quad \mathrm{AP}-\mathrm{BP}=\frac{1}{2l}\left\{\left(x+\frac{d}{2}\right)^2-\left(x-\frac{d}{2}\right)^2\right\}=\boldsymbol{\frac{dx}{l}}$$

この距離差 $\boldsymbol{\dfrac{dx}{l}}$ は公式となっている。ふつう l は数 m，x は数 cm，d は 1 mm 以下であり，この公式が使える。

別解1　やはり三平方の定理を用いた後　$\mathrm{AP}^2-\mathrm{BP}^2=2dx$

一方 $\mathrm{AP}^2-\mathrm{BP}^2=(\mathrm{AP}+\mathrm{BP})(\mathrm{AP}-\mathrm{BP})$　ここで $\mathrm{AP}+\mathrm{BP}\fallingdotseq 2l$ としてよい（AP も BP もほぼ l に等しく，和に対してはラフな近似ができる）から，

$$\mathrm{AP}-\mathrm{BP}\fallingdotseq\boldsymbol{\frac{dx}{l}}$$

別解2　AP と BP はほぼ平行とみなせる。すると，距離差は右図の線分 AC となる。図のように角 θ をとると，$\angle\mathrm{ABC}=\theta$ であり，θ は微小角だから

$$\mathrm{AC}=d\sin\theta\fallingdotseq d\tan\theta=\boldsymbol{d\frac{x}{l}}$$

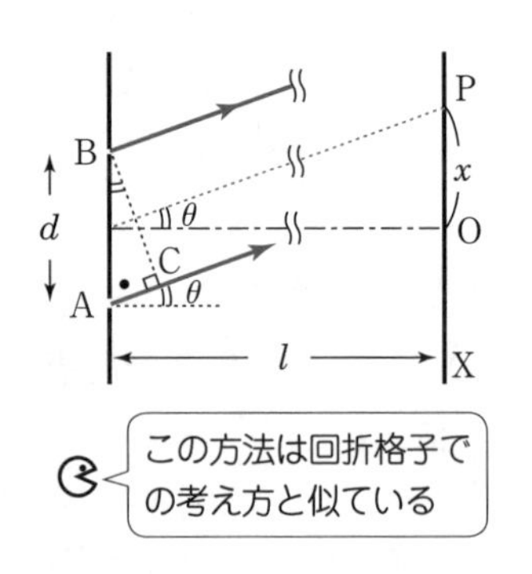

θ〔rad〕$\fallingdotseq 0$ のとき，$\sin\theta\fallingdotseq\theta$，$\cos\theta\fallingdotseq 1$，$\tan\theta\fallingdotseq\theta$（よって $\sin\theta\fallingdotseq\tan\theta$）は知っておくべき近似式。

(3)　距離差が波長の整数倍になるとき，強め合いが起こり明線ができるから

$$\frac{dx}{l}=m\lambda \qquad \therefore\quad x=\frac{m\lambda l}{d}(=x_m)$$

x の値は整数 m によるので x_m と表記すると

$$\varDelta x=x_{m+1}-x_m=\{(m+1)-m\}\frac{\lambda l}{d}=\boldsymbol{\frac{\lambda l}{d}}$$

$\varDelta x$ は m によらないから明線は等間隔になることが分かる。なお，点 O より下では $x<0$ であり，m は負の値となる。公式 $\boldsymbol{\dfrac{dx}{l}}$ は x を座標として扱うと便利である（とくに(5)，(6)の場合）。

(4)　スリットが A だけのときの点 O での光波の振幅を A とする。そのときの明るさは A^2 に比例する。一方，A と B 両方を開いているときには，O で

は強め合い，振幅は $A+A=2A$ となり，明るさは $(2A)^2=4A^2$ に比例する。つまり，スリットが1つの場合には明るさは $\boldsymbol{\frac{1}{4}}$ **倍**になる。

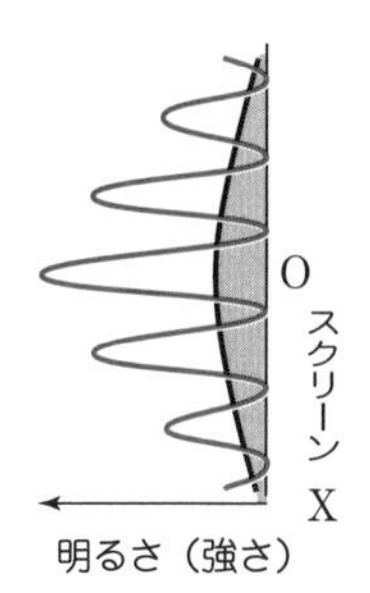

スリットが1つのときに比べ2つにすると通る光のエネルギーは2倍になるはずで矛盾しているように思えるかもしれない。X上での明るさの分布を描くと，スリットが1つの場合は黒線のようになるが，2つにすると縞模様ができて赤線のようになる。光の全量（灰色の面積に相当する）は2倍になっているのだが，明るさは部分的にはO点のように4倍になってもおかしくない（かわりに暗くなる部分が生じている）。

(5)　SAとSBの差は(2)の結果を応用すれば $\dfrac{da}{L}$ と表せる。新たな明線の位置を P′ とし，その座標を x' とする。

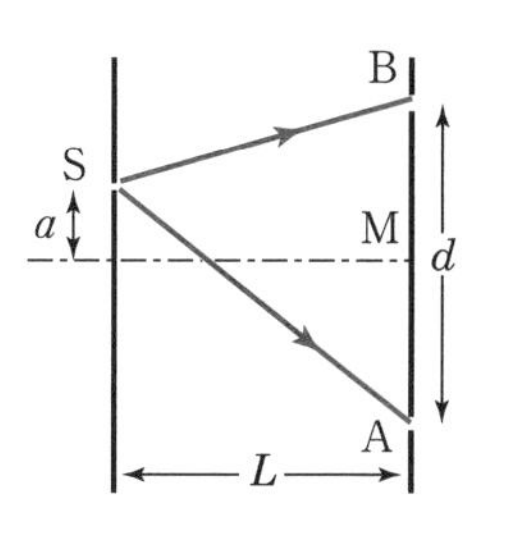

経路 S→A→P′ と S→B→P′ の距離差から

$$(\mathrm{SA}+\mathrm{AP'})-(\mathrm{SB}+\mathrm{BP'})$$
$$=(\mathrm{SA}-\mathrm{SB})+(\mathrm{AP'}-\mathrm{BP'})$$
$$=\frac{da}{L}+\frac{dx'}{l}=m\lambda$$
$$\therefore\quad x'(=x'_m)=\frac{m\lambda l}{d}-\frac{la}{L}=x_m-\frac{la}{L}$$

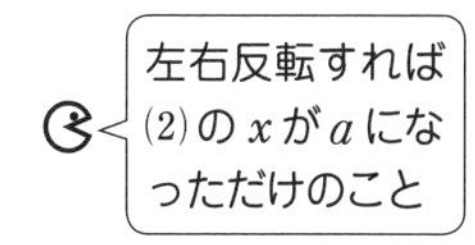

x'_m は元の位置 x_m より $\boldsymbol{\frac{la}{L}}$ **だけ下へ**移動していることが分かる。この移動距離は m によらないので，明線間隔 Δx は変わっていないことに注意したい。

また，中央の明線（光路差0）は，SとABの中点Mを結ぶ直線がXと交わる位置に現れることにも留意したい。直感的にも納得しやすく，$m=0$ での $x_0'=-l\,(a/L)$ によって確かめられる。

(6)　次図のEとFまでは光は同位相でやってくる。経路 E→A→P″ と F→B→P″ の間の光路差を求めると

$$(\delta+\mathrm{AP''})-(n\delta+\mathrm{BP''})=(\mathrm{AP''}-\mathrm{BP''})+\delta-n\delta$$

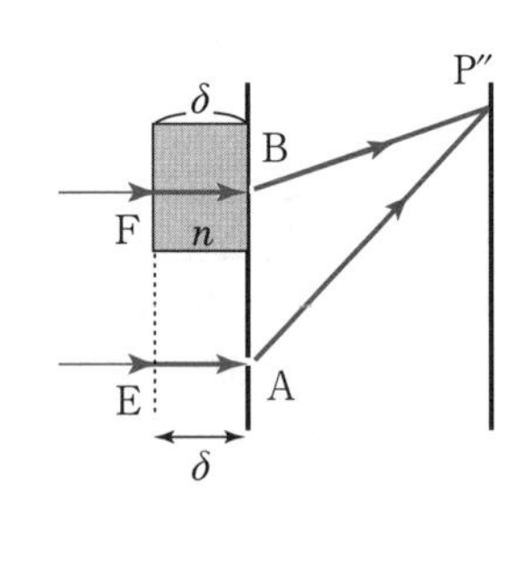

P″の座標をx''とおくと

$$\mathrm{AP''}-\mathrm{BP''}=\frac{dx''}{l}$$

したがって，明線条件は

$$\frac{dx''}{l}-(n-1)\delta=m\lambda$$

$$\therefore\quad x''(=x_m'')=\frac{m\lambda l}{d}+\frac{(n-1)\delta l}{d}$$

$$=x_m+\frac{(n-1)\delta l}{d}$$

$n>1$なので，元の位置より **上へ $\boldsymbol{\frac{(n-1)\delta l}{d}}$** だけ移動している。やはり$m$によらないので明線の間隔は変わっていない。

Q　複スリット板を取り除き，スリットSだけにしてもスクリーンX上には図bのような干渉模様が現れる。これはSのスリット幅Δを通る無数の光線の干渉による。Oに最も近い弱め合いの位置Rに対応する図aの角度 θ_R に対する条件式を記せ。(★★)

図a

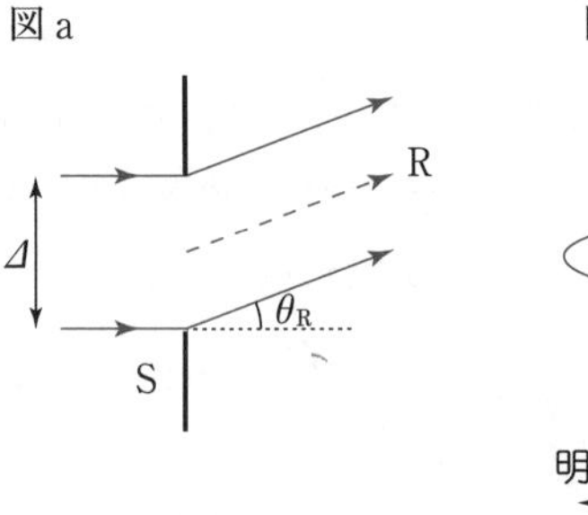

図b

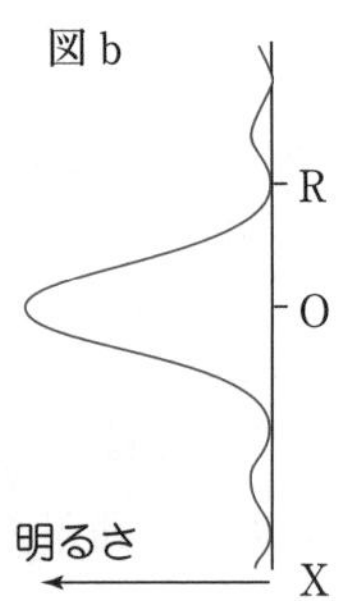

4　光の干渉

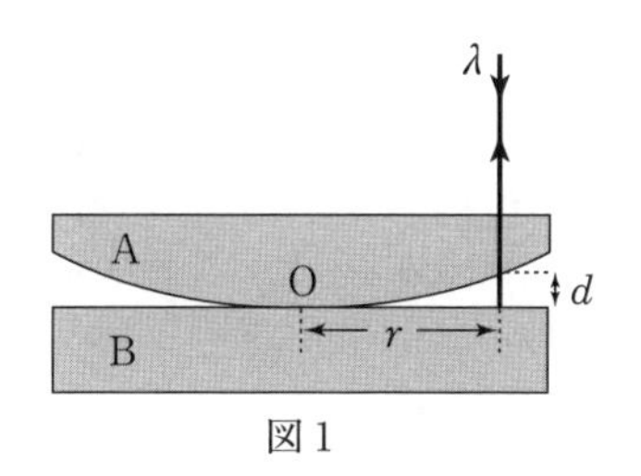

図1

図1のように平面ガラス板Bの上に球面半径の大きい平凸レンズAを置き，上方から波長λの単色平行光で照らして上から眺めると，中心Oのまわりに明暗の環（ニュートンリング）が見える。球面半径をR，中心Oからの距離をrとする。

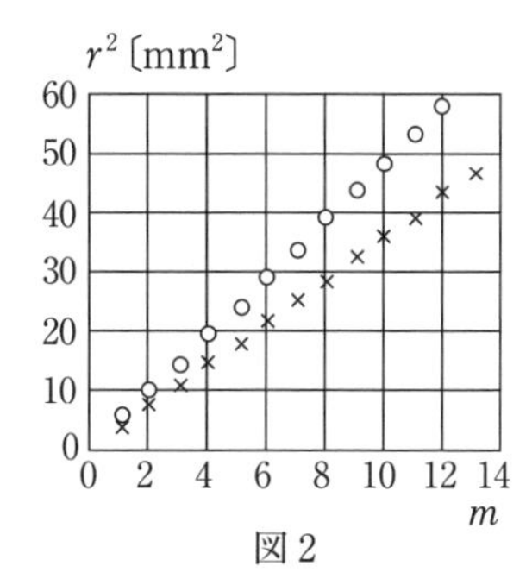

図2

いま $\lambda=5.9\times10^{-7}$〔m〕のナトリウムランプを用いて実験すると，中心からの暗環の番号 m と r^2 との間の関係は，図2の○点のようになった。また，この平面ガラスとレンズを重ね合わせた全体をアルコール液の中に入れて実験すると×点のような結果になったという。

(1)　rの位置でのAB間の間隔をdとする。dをr, Rで表せ。dは小さいのでd^2は無視してよい。

(2)　rの位置で暗環ができるための条件式をr，R，λ，整数m（$m=$0，1，2 …）で表せ。

(3)　ニュートンリングの中心部は明るいか，暗いか。

(4)　この実験に用いた平凸レンズの球面半径Rは何〔m〕か。

(5)　このアルコールの屈折率nはいくらか。

(6)　平凸レンズAを板ガラスBから少しずつ上へ離していくと，暗環の半径rは増すか，減るか，それとも一定に保たれるか。

（東京医歯大）

Level　(1)〜(3) ★　(4),(5) ★　(6) ★

Point & Hint　(1) 灰色の直角三角形に注目する。

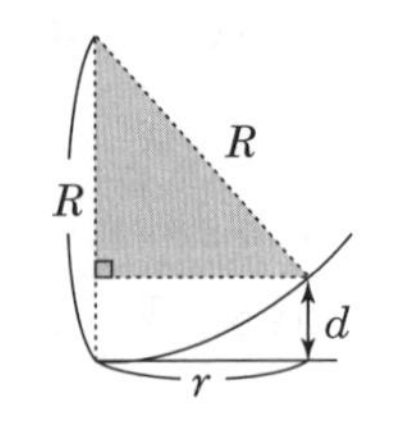

(2) 干渉がはっきり起こるためには光路差が小さいことが必要。AB 間は見えないくらいの狭さとなっている。**光は，屈折率がより大きな媒質に出会って反射するとき，位相が π〔rad〕変わる**。より小さな媒質に出会って反射するときには位相は変わらない。また，透過や屈折のときも位相は変わらない。

(6) 定性的に考える。

LECTURE

(1)　上図で，三平方の定理より

$$R^2 = (R-d)^2 + r^2 = R^2 - 2Rd + d^2 + r^2$$

ここで d^2 は無視できるので　　$2Rd \fallingdotseq r^2$

$$\therefore \quad d = \boldsymbol{\frac{r^2}{2R}}$$

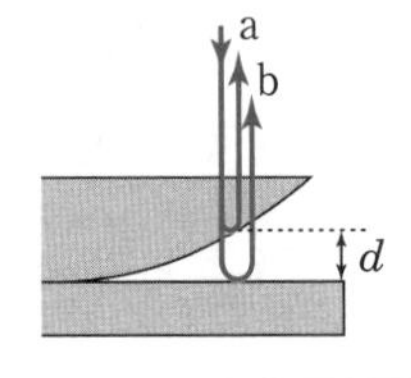

(2)　2つの光線 a，b が干渉する。経路差(距離差)は $2d$ であり，b だけが反射の際，位相が π 変わるので(空気よりガラスのほうが屈折率が大きい)，弱め合って暗線になる条件は

$\frac{r^2}{R}$ は公式となっている

$$2d = \boldsymbol{\frac{r^2}{R}} = \boldsymbol{m\lambda} \qquad \cdots\cdots①$$

(3)　$r = 0$ では $m = 0$ が対応し，①が成り立つので **暗い**。

AとBが接しているOの近くは $d \fallingdotseq 0$ であり，①がほぼ満たされるので，中心部はお盆のように暗くなる。

(4)　①より　$r^2 = (\lambda R)m$　つまり，r^2 は m に比例する。与えられたグラフでは原点を通る直線になり，傾きが λR に対応する。直線の傾きは $\frac{58}{12}$ と読み取れるから（傾きを測るときはなるべく広い範囲を用いる）

$$\lambda R = 5.9 \times 10^{-7} \times 10^3 R = \frac{58}{12} \qquad \cdots\cdots②$$

$$\therefore \quad R = 8.19\cdots \times 10^3 〔\mathrm{mm}〕 = \boldsymbol{8.2}〔\mathrm{m}〕$$

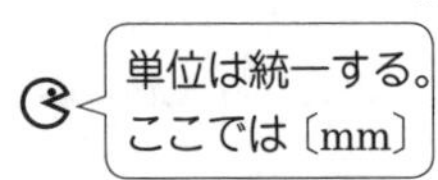

(5)　アルコールを入れたときの光路差は $n \times 2d$ となるから，暗線の条件は

$$n \cdot 2d = n \cdot \frac{r^2}{R} = m\lambda \qquad \therefore \quad r^2 = \frac{\lambda R}{n} \cdot m$$

グラフの直線の傾き $\frac{50}{14}$ は $\frac{\lambda R}{n}$ を表しているので

$$\frac{\lambda R}{n} = \frac{50}{14} \qquad \therefore \quad n = \frac{14}{50}\lambda R = \frac{14}{50} \times \frac{58}{12} = 1.35\cdots = \mathbf{1.4}$$

②を利用

別解　経路差 $2d$ を用いるなら，アルコール中での波長が $\frac{\lambda}{n}$ となることより，暗線の条件は　$2d = m \cdot \frac{\lambda}{n}$　（以下，同）

一般に，アルコールを含め液体の屈折率はガラスの屈折率より小さいので，反射による位相変化は変わっていない。ガラスより大きな屈折率をもつ液体もないわけではないが，その場合も光線 a が π ずれ，b の方が変わらなくなるので，条件式には影響しない。

(6)　右の図で分かるように，同じ光路差（赤線）の所が内側になる。だから暗環の半径は **減る**。

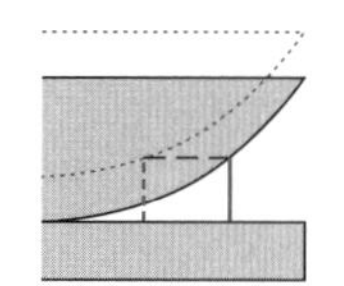

Q　図1で，赤色，青色，黄色の光を同時に上方から当てると，同じ次数のリングは中心Oからどのような順で現れるか。（★）

5　光の干渉

干渉を利用して，光を通さない金属薄膜の厚みを測定する。

図1のように，厚さ D のガラス平板の半分（A側）に厚さ t の薄膜を付け，その上にガラス平板を非常に小さな傾角でのせる。そして，波長 λ の単色光を薄膜に垂直に入射させ，反射による干渉縞を調べる（図2）。GH間の距離を L とする。

(1)　A側で反射光が干渉し弱め合う条件を示せ。ただし，図2の間隙PQの長さを d とし，整数 m を用いよ。

(2)　A側で暗線の生じる位置 x（図2）を λ, D, L, t, m を用いて表せ。

(3)　B側で反射光が干渉し，暗線の生じる位置を x' とする。前問同様，x' を λ, D, L, t, m を用いて表せ。

(4)　真上から観察すると，図3のような縞模様が見えた。薄膜の厚さ t を暗線の間隔 a，暗線のズレ b，波長 λ を用いて表せ。

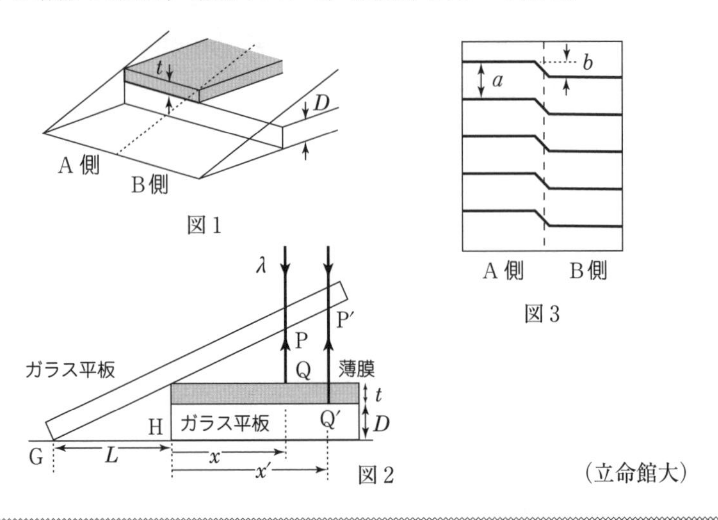

図1　図2　図3

（立命館大）

Level　(1) ★★　(2),(3) ★　(4) ★

Point & Hint

くさび形薄膜の干渉とよばれているが原理的にはニュートンリングと同じこと。

(4) b は同じ整数（次数）m の光で調べる。

LECTURE

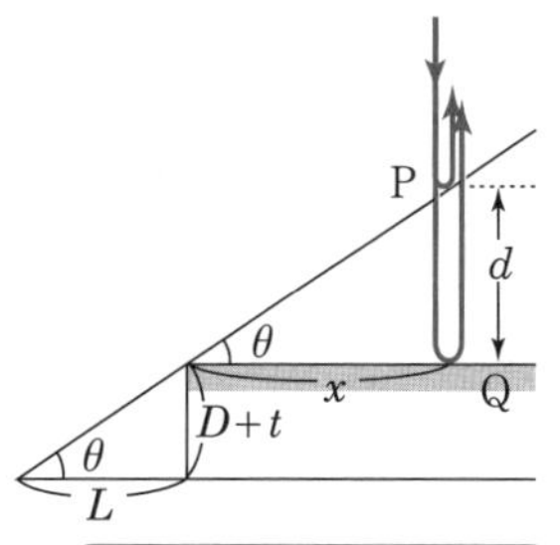

(1)　2つの光の経路差（距離差）は $2d$ であり，Pでの反射では位相は変わらず，Qでの反射で π 変わるから，弱め合いの条件は

$$\boldsymbol{2d = m\lambda} \quad \cdots\cdots①$$

(2)　図より　$d = x\tan\theta = x\dfrac{D+t}{L}$　……②

①, ②より　$x = \dfrac{\boldsymbol{m\lambda L}}{\boldsymbol{2(D+t)}}\ (=x_m)$　……③

反射があると，位相変化と往復の距離に注意！

$x=0$ つまり薄膜と上のガラス板が接する所が暗線になる（$m=0$ で③を満たす。あるいは $d=0$，$m=0$ で①を満たす）ことは知っておくとよい。

図は誇張して描かれているが，$\theta \fallingdotseq 0$，$d \fallingdotseq 0$ であり，干渉をはっきり生じさせるには光路差が小さいことが一般に必要である。

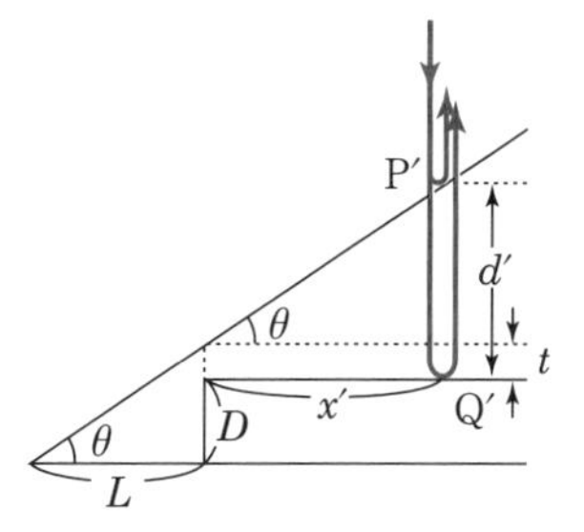

(3)　やはり Q′ で位相が π 変わるから，弱め合いの条件は　$2d' = m\lambda$　……④

図より　$d' = t + x'\tan\theta$

$$= t + x'\,\frac{D+t}{L} \quad \cdots\cdots⑤$$

$$\therefore\quad x' = \boldsymbol{\frac{L}{D+t}\left(\frac{m\lambda}{2} - t\right)} = x'_m \quad \cdots⑥$$

(4)　暗線の間隔 a は x_m と x_{m+1} の差に等しい。③より

$$a = x_{m+1} - x_m = \{(m+1) - m\}\,\frac{\lambda L}{2(D+t)} = \frac{\lambda L}{2(D+t)} \quad \cdots\cdots⑦$$

m によらないから等間隔になることが分かる。なお，③において，m が1増すと x はいくら増すかと考えると速断できる。⑥からも同じ a が得られる。

暗線のずれ b は x_m と x'_m の差に等しいから，③, ⑥より

$$b = x_m - x'_m = \frac{Lt}{D+t} \quad \cdots\cdots⑧$$

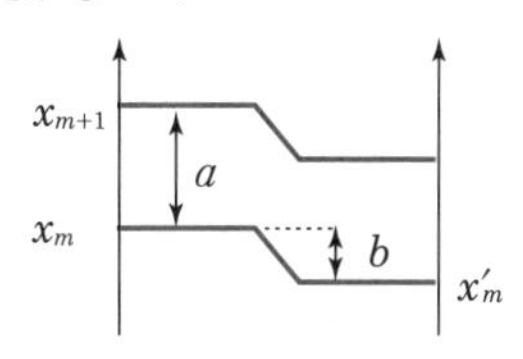

$\dfrac{⑧}{⑦}$ より　$\dfrac{b}{a} = \dfrac{2t}{\lambda}$　　$\therefore\quad t = \boldsymbol{\dfrac{b}{2a}\lambda}$

Q　図3のように，A側とB側で同じ次数の光を対応させるには薄膜にある工夫をしておく必要がある。それはどのような工夫か。（★）

6　光の干渉

厚さ d，屈折率 n の透明な薄膜が真空中に置かれている。この薄膜に入射角 θ で波長 λ の光が入射し，その透過光が干渉によって強め合うためには，関係式 [(1)] が成り立てばよい。

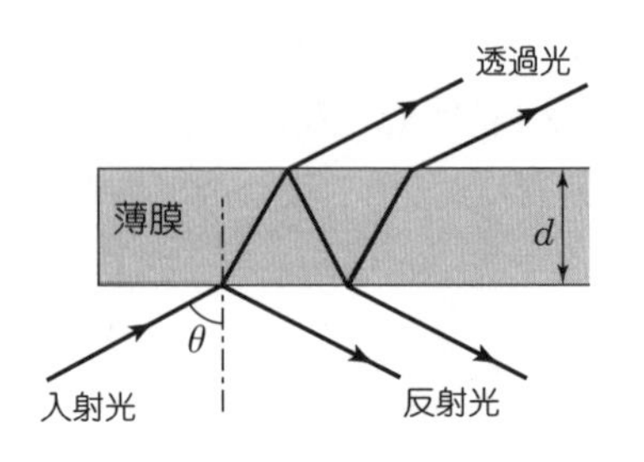

ただし，m は干渉の次数で正の整数とする。このとき，反射光は干渉によって [(2)] いる。さて，次のような実験を行い，屈折率 n と厚さ d の値を求めたい。

まず，$\lambda=682$〔nm〕とし，入射角を45°にしたとき，透過光が強め合った。次に，入射角をそのままに保ち，λ を少しずつ減らし，660〔nm〕にしたとき，再び透過光が強め合った。屈折率の値の変化は無視できるので，初めの次数 m は [(3)] と分かる。また，$\lambda=682$〔nm〕に保ち，入射角を45°から徐々に増して60°にしたとき，透過光は再び強め合った。n と d の値を有効数字2桁まで求めれば，$n=$ [(4)]，$d=$ [(5)]〔μm〕となる。　（福井大）

Level　(1),(2) ★　(3)〜(5) ★

Point & Hint

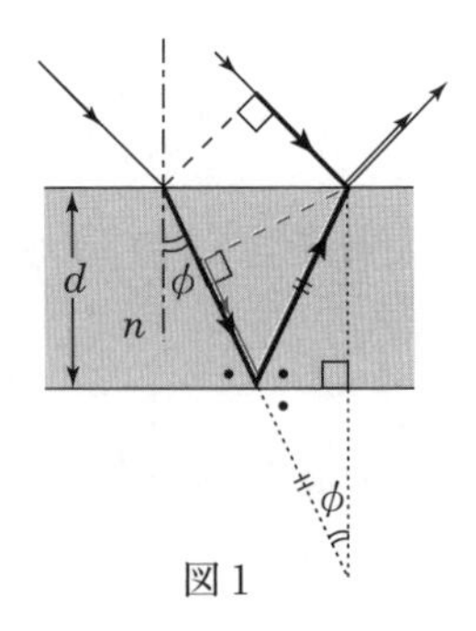

図1

薄膜の反射光による干渉では黒い太線部で光路差が生じる。ただ，屈折波面（赤点線）を利用することにより，光路差は赤実線の部分とみることもでき，屈折角 ϕ を用いて **$2nd\cos\phi$** と公式になっている。

(1) 透過光による干渉だが，どこか似ている。図1の黒い太線部に対応する部分に目を向けたい。

(3) **再び明るくなったことは整数 m が1変わった（光路差が λ だけ変わった）ことを意味している。**

(4)も同様。

LECTURE

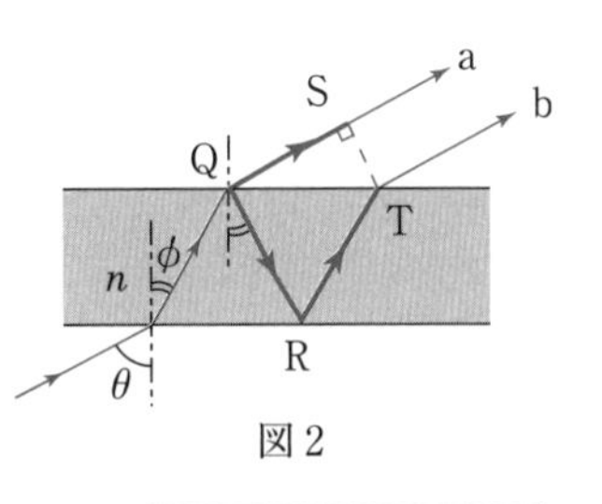

図2

(1)　右の太線部で光路差が生じているが，その差は図1と同じである。そして光bが点Q，Rで反射するとき位相は変わらないから $2nd\cos\phi = m\lambda$ が明るくなる条件である。

一方，屈折の法則より　$n=\dfrac{\sin\theta}{\sin\phi}$

$\cos\phi=\sqrt{1-\sin^2\phi}$　より

条件式は　$\boldsymbol{2d\sqrt{n^2-\sin^2\theta}=m\lambda}$　……①

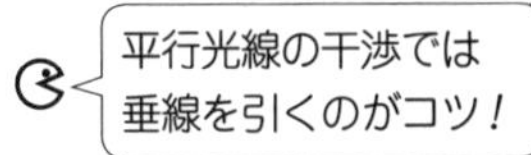

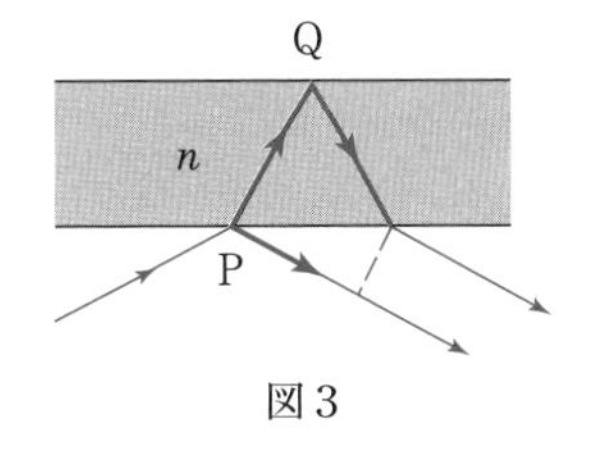

図3

(2)　やはり光路差は太線部で生じ $2nd\cos\phi$ が使える。ただ，Pでの反射により位相が π 変わる（Qでは変わらない）から，$2nd\cos\phi=m\lambda$ のとき，反射光は**弱め合って**いる。

別解　エネルギー保存則を考えてみれば，透過光が強め合うとき，つまり，エネルギーの大部分が透過していくとき，反射が弱くなるのは当然のことといえる。**反射と透過は逆条件**になる。

図1と同じ現象だが図1の方が分かりやすい

(3)　①を用いて　$2d\sqrt{n^2-\sin^2 45^\circ}=m\times 682$　……②

左辺は一定だから，波長を減らしていって次に明るくなったときの整数は $m+1$ と決まる。

$$2d\sqrt{n^2-\sin^2 45^\circ}=(m+1)\times 660 \quad ……③$$

②，③より　$m\times 682=(m+1)\times 660$　$\therefore\ m=\mathbf{30}$

(4)　①において，θ を増すと $\sin\theta$ も増し，光路差は減る。λ は一定なので m は30から1減って29になったことが分かる。

$$2d\sqrt{n^2-\sin^2 60^\circ}=29\times 682 \quad ……④$$

$m=30$ であり，$\dfrac{②^2}{④^2}$ より　$\dfrac{n^2-\frac{1}{2}}{n^2-\frac{3}{4}}=\left(\dfrac{30}{29}\right)^2$

$$\therefore\ n^2=\frac{509}{118}\fallingdotseq 4.31 \qquad \therefore\ n=2.07\cdots=\mathbf{2.1}$$

平方根を開く計算法は知っておくのが望ましいが，いまの場合，近似式を用いてもよい（$|x| \ll 1$ のとき，$(1+x)^{\alpha} \fallingdotseq 1+\alpha x$）。

$$n=\sqrt{4+0.31}=2\left(1+\frac{0.31}{4}\right)^{\frac{1}{2}}$$
$$\fallingdotseq 2\left(1+\frac{1}{2}\times\frac{0.31}{4}\right)=2+\frac{0.31}{4}=2.0775$$

1＋微小量
の形に

(5)　$n^2=\dfrac{509}{118}$ と $m=30$ を②に代入して

$$2d\sqrt{\frac{509}{118}-\frac{1}{2}}=30\times 682$$
$$\therefore\quad d=682\sqrt{59}=5.23\cdots\times 10^3\,[\mathrm{nm}]=\mathbf{5.2}\,[\mu\mathrm{m}]$$

n（ナノ）は 10^{-9} を表し，μ（マイクロ）は 10^{-6} を表している。

近似式を用いれば

$$\sqrt{59}=\sqrt{64-5}=8\left(1-\frac{5}{64}\right)^{\frac{1}{2}}\fallingdotseq 8\left(1-\frac{1}{2}\times\frac{5}{64}\right)$$
$$=8-\frac{5}{16}=7.6875$$

59 に近い 8^2 に目を向けるのがコツ。

Q　(1)を，公式を用いず，図2の Q→R→T と Q→S 間の光路差を計算することにより解いてみよ。また，位相差を計算することによって解いてみよ。さらに，波数差を計算することによっても解いてみよ。波数は1波長分を1個として数えた波の数とする。(★)

7　光の干渉

図のような光学装置がある。回折格子Kには1 cm当たり400本の溝が切ってある。レンズLの焦点距離は $F=100$ cm で，LとスクリーンSの間の距離も100 cmである。装置の左から単色平行光線を入れると，Kで回折した光はLを通過後スクリーンS上に集光する。回折角は微小として近似し，答は有効数字2桁で求めよ。

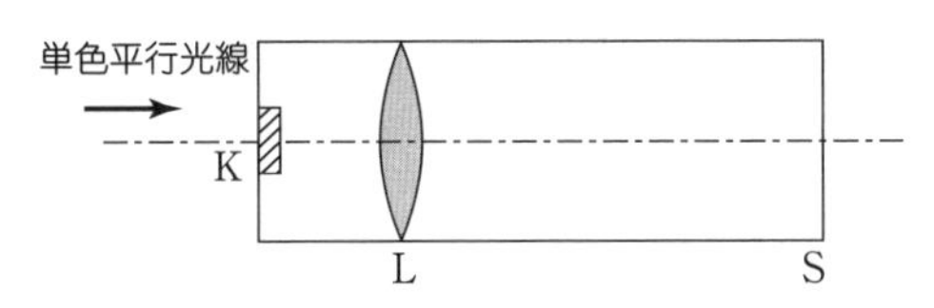

(1)　静止状態にある水素原子から放射される光（H_α 線）の波長は $\lambda=656$〔nm〕である。これをKにあてるとき，S上にできる干渉縞の明るい縞の間隔は何cmか。

(2)　ある星雲から放射される H_α 線をKにあてて干渉縞を観測したところ，S上にできた明るい縞の間隔は，(1)の間隔に比して0.011cmだけ小さくなった。この星雲は地球に近づいているのか，それとも遠ざかっているのか。また，この星雲の速さはいくらか。ただし，地球は静止しているものとし，光速は 3.0×10^8 m/s とせよ。

(3)　KとSの間に，屈折率1.33の水をつめた。また，レンズLは，この中で焦点距離が100cmであるレンズに取り替えた。波長656nmの H_α 線をKにあてるとき，S上にできる明るい縞の間隔は何cmか。

（新潟大）

Level　(1)～(3) ★

Point & Hint

格子定数 d の回折格子によって強め合いが起こるのは

$$d\sin\theta=m\lambda$$

を満たす角 θ の方向である。

(1) 平行光線は焦点面上に集

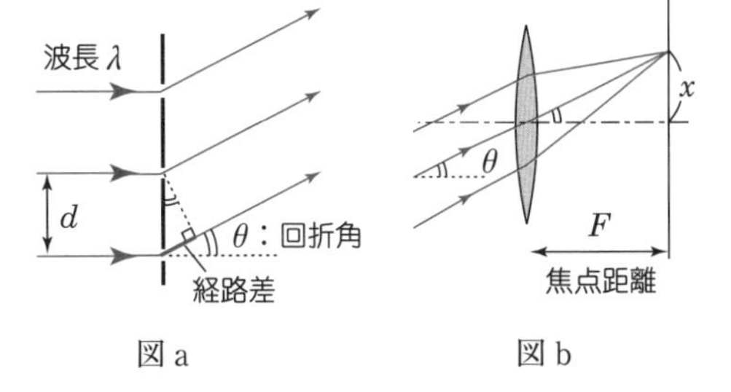

図a　図b

まる（図 b)。レンズの中心を通る光に着目して x を求めたい。θ が微小なので $\tan\theta \fallingdotseq \sin\theta$ としてよい。

(2) 光源が動くことによりある効果が起こっている。

LECTURE

(1)　回折格子の公式より　　$d\sin\theta = m\lambda$　$(m = 0,\ 1,\ 2\cdots)$

前図 b より　　$x = F\tan\theta$

たとえレンズの中心を通る光線がないとしても（θ が大きい場合），右のように補って考えればよい。

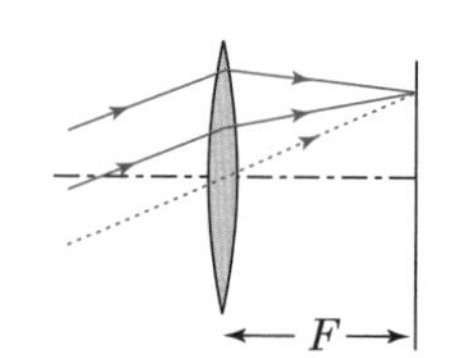

θ は微小角なので $\tan\theta \fallingdotseq \sin\theta$ としてよいから

$$x = F\tan\theta \fallingdotseq F\sin\theta = F\frac{m\lambda}{d}(=x_m)$$

明線の間隔 $\varDelta x$ は　　$\varDelta x = x_{m+1} - x_m = \dfrac{F\lambda}{d}$

$$\therefore\quad \varDelta x = \frac{100\times 656\times 10^{-9}\times 10^2}{\frac{1}{400}} = 2.624 \fallingdotseq \mathbf{2.6}\ \mathrm{cm}$$

〔cm〕で統一

(2)　ドップラー効果が生じている。$\varDelta x = \dfrac{F\lambda}{d}$ より縞の間隔は波長に比例することがわかる。いま，間隔が小さくなっているから波長は短くなっている。よって，星雲は **近づいている**。

波源が動くドップラー効果では，前方に出る波の波長は短くなり，後方に出る波の波長は長くなる。あるいは，振動数で考えてもよい。光速 c は一定だから，波長が短くなれば振動数は増している。よって，星雲は近づいている。

星雲からの光の波長を λ' とすると

$$0.011 = \varDelta x - \varDelta x' = \frac{F\lambda}{d} - \frac{F\lambda'}{d} \qquad \cdots\cdots①$$

星雲の速さを v，元の振動数を f，観測された振動数を f' とすると，ドップラー効果の公式より

$$f' = \frac{c}{c-v}f$$

$c = f\lambda$ と $c = f'\lambda'$ を用いることにより

$$\frac{c}{\lambda'} = \frac{c}{c-v} \cdot \frac{c}{\lambda} \qquad \therefore \quad \lambda' = \frac{c-v}{c}\lambda \qquad \cdots\cdots②$$

②の λ' を①に代入して，v を求めると

〔m〕で統一

$$v = \frac{0.011dc}{F\lambda} = \frac{0.011 \times 10^{-2} \times \frac{1}{400} \times 10^{-2} \times 3.0 \times 10^{8}}{100 \times 10^{-2} \times 656 \times 10^{-9}}$$

$$= 1.25\cdots \times 10^{6} \fallingdotseq \mathbf{1.3 \times 10^{6}}\ \text{〔}\mathbf{m/s}\text{〕}$$

(3)　水の屈折率を n とすると，隣り合うスリットを通る光線の光路差が $n \times d \sin\theta$ となるから，干渉の条件は

$$nd \sin\theta = m\lambda$$

(2)と同様に

$$x' = F \tan\theta \fallingdotseq F \sin\theta = F\frac{m\lambda}{nd}\ (= x_m{}')$$

$$\therefore \quad \varDelta x' = x_{m+1}{}' - x_m{}' = \frac{F\lambda}{nd} = \frac{\varDelta x}{n}$$

$$= \frac{2.624}{1.33} = 1.97\cdots = \mathbf{2.0}\ \text{cm}$$

別解　$\varDelta x = \dfrac{F\lambda}{d}$ において，λ を水中での波長 $\dfrac{\lambda}{n}$ に置き換えると，早く求められる。

$$\varDelta x' = \frac{F\left(\dfrac{\lambda}{n}\right)}{d}$$

銀河（多数の星の集団で，渦巻銀河や楕円銀河などがある）の観測から，遠い銀河ほど速いスピードで遠ざかっていることがハッブルによって発見され，宇宙が膨張していることが分かったのは，このような光のドップラー効果による。

8　光の干渉

Sは任意の波長の単色平行光線を取り出せる光源，Hは光の一部を通し一部を反射する半透明鏡(厚さは無視)，M_1，M_2は光線に垂直に置かれた平面鏡，Dは光の検出器である。Sから出た光線は，Hを通りM_1で反射され再びHで反射されてDに入る光線と，はじめHで反射されたあとM_2で再び反射されてからHを通りDに入る光線とに分かれる。この2つの光線がDで干渉する。 装置全体は真空中に置かれている。

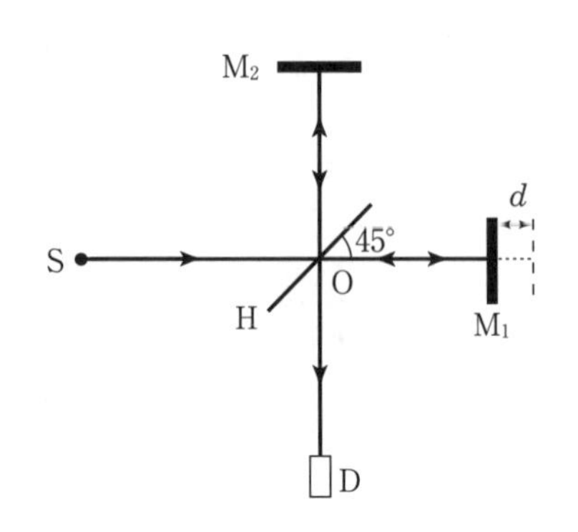

はじめ光路差はなく，光はDで強め合っているとする。光の波長を5.00×10^{-7}〔m〕とし，M_1を図のように距離dだけ右へゆっくり平行移動する。移動を始めてから $d=2.25\times10^{-3}$〔mm〕までに，Dでは光が［ (1) ］回強め合うのが観測された。次にM_1をその位置(平行移動した位置）で固定する。そこで，波長をゆっくり減少させていったら［ (2) ］〔m〕で再び強め合った。次に波長を 5.00×10^{-7}〔m〕にもどし，今度はゆっくりと波長を増加させていったら，はじめに［ (3) ］〔m〕で弱め合った。最後に，波長を 5.00×10^{-7}〔m〕にもどし，HとM_2の間に屈折率nが1.500で，厚さtが 48.8〔μm〕$\leqq t \leqq$ 49.4〔μm〕であることが分かっている平行平面膜を，光線に直交するように置いたら，光はやはり強め合った。これから，この膜の厚さは［ (4) ］〔μm〕であることが分かる。　　　　（東京理科大）

Level　(1)〜(3) ★　(4) ★★

Point & Hint

⑴ どちらの光も同じ回数（２度）鏡で反射しているので，反射による位相変化の影響は考えなくてよい。

⑷ OM_2 間の距離を l として光路差をきちんと求めてみるのもよいし，膜を入れたことによる光路差の変化に着目してもよい。

LECTURE

⑴　M_1 を d だけ移動させると，M_1 に向かう光は往復 $2d$ だけ経路が増える（赤線分）。はじめ光路差がなかったので，この $2d$ が光路差になる。強め合う条件は

$$2d = m\lambda \qquad (m = 0,\ 1,\ 2\cdots)$$

よって $d = \dfrac{1}{2}m\lambda$　であり，

$d \leqq 2.25 \times 10^{-3}$〔mm〕より

$$\frac{1}{2}m \times 5.0 \times 10^{-7} \leqq 2.25 \times 10^{-3} \times 10^{-3}$$

$$\therefore\quad m \leqq 9 \qquad よって，\mathbf{9}\ 回$$

$d = 2.25 \times 10^{-3}$〔mm〕の位置では，$m = 9$ で強め合っていることも分かる。

別解　光路差が１波長 λ 増すごとに強め合う。光が往復することを考えると，鏡を $\dfrac{\lambda}{2}$ 動かせば光路差は λ だけ増す。つまり，強め合いが起こる M_1 の位置は $\dfrac{\lambda}{2}$ 間隔で存在する。よって，2.25×10^{-3}〔mm〕$\div \dfrac{\lambda}{2}$ として９回を求めることもできる。

なお，弱め合う位置は強め合う位置の中央にある（片道距離で $\dfrac{\lambda}{4}$，光路差で $\dfrac{\lambda}{2}$ 異なる位置だから）。

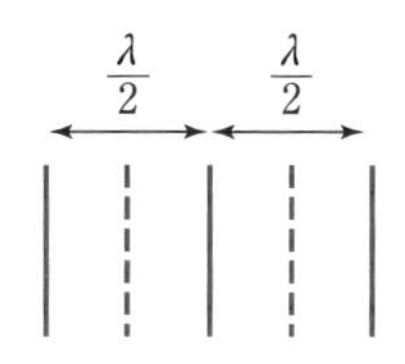

実線は強め合う M_1 の位置
点線は弱め合う位置

⑵　$2d = 9\lambda$ の状態から，光路差は $2d$ のまま，波長を減らす。すると，次に強め合う波長 λ_1 のときの整数は９から１増すはず。よって

$m\lambda$ の積が $2d$ と一定だから，λ が減れば m が増す。

$$2d=(9+1)\lambda_1$$

$$\therefore\quad \lambda_1=\frac{2d}{10}=\frac{2\times2.25\times10^{-3}\times10^{-3}}{10}=\mathbf{4.50\times10^{-7}}\,〔\mathrm{m}〕$$

(3)　弱め合う条件は　$2d=\left(m+\frac{1}{2}\right)\lambda$　と表せる。いま，$2d=9\lambda$　の強め合いから始まって，$2d$　は一定で λ を増していくから，次に弱め合う波長 λ_2 では，9より小さい　$\left(m+\frac{1}{2}\right)$　形の数字が対応する。それは　$8+\frac{1}{2}$　である。

$$2d=\left(8+\frac{1}{2}\right)\lambda_2$$

$$\therefore\quad \lambda_2=\frac{4}{17}d=\frac{4}{17}\times2.25\times10^{-3}\times10^{-3}$$

$$=5.294\cdots\times10^{-7}=\mathbf{5.29\times10^{-7}}\,〔\mathrm{m}〕$$

(4)　光線a，bについて，OD間は共通なので光路差は OM_1 間と OM_2 間の差で考えればよい。光線aの光学距離は　$L_1=(l+d)\times2$　であり，光線bのほうは

$$L_2=\underbrace{(l-t)\times2}_{\text{真空部分}}+\underbrace{nt\times2}_{\text{膜内}}$$

∴　光路差$=L_1-L_2=2d-2(n-1)t$

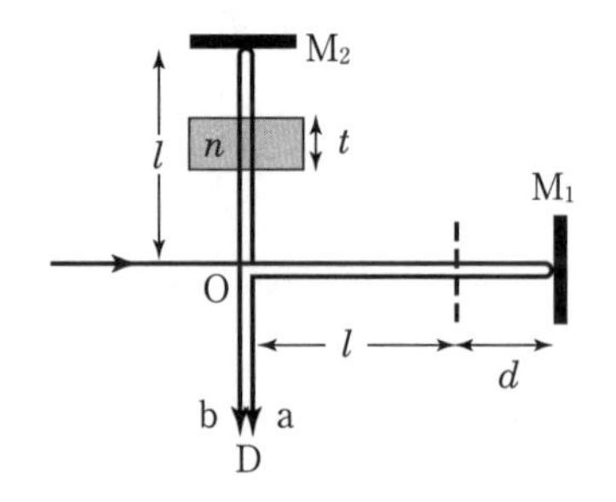

$n>1$　より，光路差は膜を入れたことにより減少しているから，強め合う条件は i を自然数として

光路差はできるだけ狭い範囲に絞り込む

$$2d-2(n-1)t=(9-i)\lambda$$

ここで　$2d=9\lambda$　と　$n=1.500$　を用いると

$$t=i\lambda=i\times5.00\times10^{-7}\times10^{6}\,〔\mu\mathrm{m}〕=0.500i\,〔\mu\mathrm{m}〕\quad\cdots\cdots①$$

$48.8\leqq t=0.500i\leqq49.4$　より

$$97.6\leqq i\leqq98.8$$

これを満たす整数 i は98しかない。

よって　$t=0.500\times98=\mathbf{49.0}\,〔\mu\mathrm{m}〕$

別解 膜を入れたことにより光路差は $2nt-2t$ だけ変わる。膜を入れる前後とも強め合っていることから，この差は λ の整数倍に等しいはず。よって

$$2nt-2t=i\lambda$$

（$-2t$：忘れやすい！）

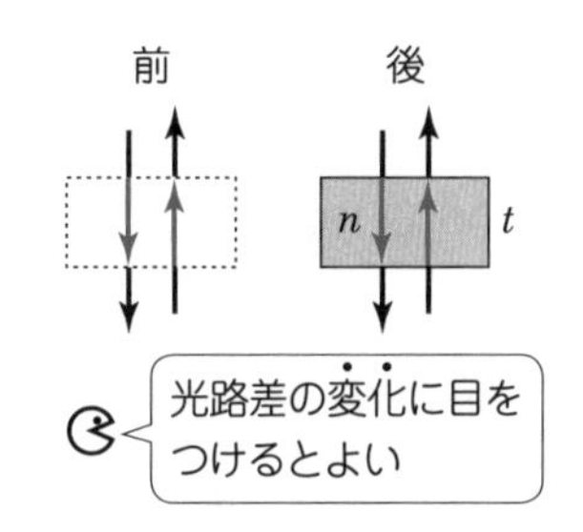

n と λ の値を代入すれば①になる（以下，同様）。

Q1 M_1 をある位置に置き，そこから右へ移していくと，D での光の強さは単調に減少し，$\varDelta x$ だけ移したとき最小となった。また，M_1 を初めの位置から左へ移していくと，光の強さは単調に増加し，$2\varDelta x$ だけ移したとき最大となった。光の波長 λ を $\varDelta x$ で表せ。（★★）

Q2 M_2 だけを光線に垂直な状態からわずかに傾けると，D ではどのような干渉模様が見られるか（S からの光線には幅があるとする）。（★★）

9　波動・熱力学

図は気体の屈折率を測定する装置で，光源Lから出た波長λ（真空中の値）の光が半透明鏡M_1で２本に分けられた後，別々に長さlの同じ容器A，Bを通り半透明鏡M_4で再び合わせられ，スクリーンSに達する。なお，気体の屈折率をnとすると，$n-1$の値は気体の密度に比例する。

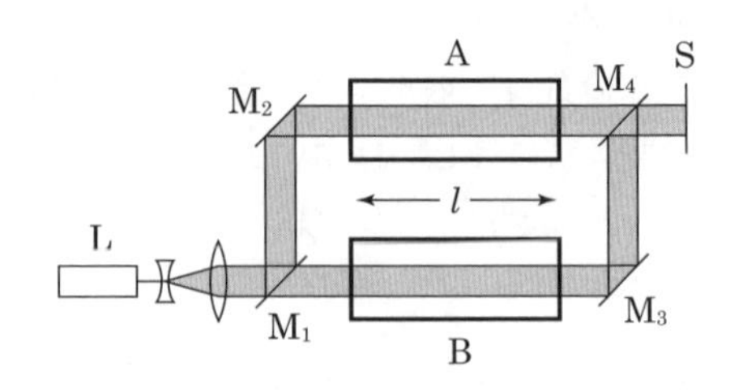

(1)　A，Bを真空にした後，Aにアルゴンを少しずつ入れ，S上で明暗がm回繰り返されたところで，気体を入れるのを止めた。この状態でのアルゴンの屈折率nをλ, l, mで表せ。

(2)　A内のアルゴンの量を求めるために，次の実験を行った。Aに1.500×10^3 J の熱量を加えたら容器および気体の温度は20.00℃から90.74℃まで上昇した。次に，Aを真空にし，前と同じ熱量を加えたら容器の温度は20.00℃から91.67℃まで上昇した。A内のアルゴンは何mol か。容器は外気と断熱されているとして有効数字２けたまで求めよ。気体定数Rは8.3 J/(mol·K) とする。

(3)　(1)の実験では，$\lambda=6.3\times10^{-7}$ m，$l=0.20$ m，$m=178$ であった。また，容器の容積は2.5×10^{-4} m^3 であった。以上の結果を用いて，0℃，１気圧のアルゴンの屈折率n_0を求めよ。なお，0℃，１気圧で1 mol の理想気体の体積は2.24×10^{-2} m^3 である。　（東北大）

Level　(1),(2) ★　(3) ★★

Point & Hint　波動と熱力学の融合問題。

(1) 光路差を生じている所を絞り込む。反射は共通に２度ずつなので影響しない。Aに気体を入れていくと，(絶対) 屈折率nが増し，A内の光学距離が増していく。「明」から「明」までを１回と数える。

(2) アルゴンは単原子分子だから，定積モル比熱の知識が使える。

(3) 密度を ρ とすると，$n-1=k\rho$ と表せる（k は比例定数)。k と密度の値は分からなくても解ける。標準状態0℃，1気圧で，1モルの気体の占める体積が22.4 Lであることは知っておきたい。

LECTURE

(1) A と B の光路差が λ，2λ，3λ… となるたびに干渉で明るくなるから，m 回目では

$$nl-l=m\lambda \qquad \therefore \quad n=\mathbf{1}+\frac{\boldsymbol{m\lambda}}{\boldsymbol{l}}$$

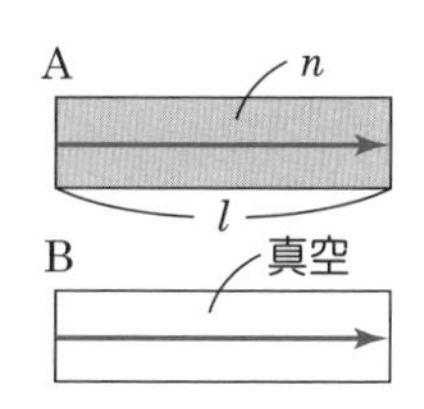

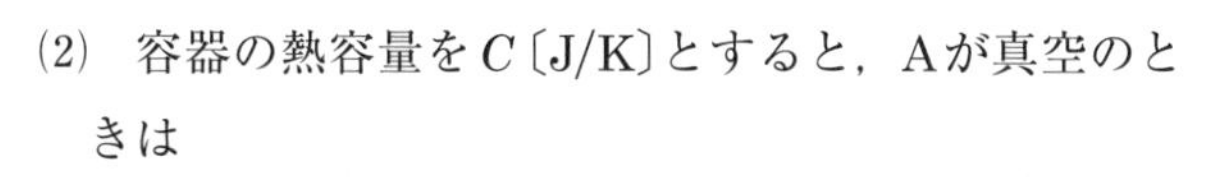

(2) 容器の熱容量を C〔J/K〕とすると，Aが真空のときは

$$1.500\times10^3=C(91.67-20.00) \qquad \therefore \quad C=\frac{1500}{71.67}$$

光路差はこの間だけで生じる

アルゴンの量を x〔mol〕とすると，温度上昇を $\varDelta T$ として

$$1.500\times10^3=x\cdot\frac{3}{2}R\cdot\varDelta T+C\varDelta T$$
$$=\left(x\times\frac{3}{2}\times8.3+\frac{1500}{71.67}\right)(90.74-20.00)$$
$$\therefore \quad x=2.21\cdots\times10^{-2}=\mathbf{2.2\times10^{-2}}〔\mathbf{mol}〕$$

(3) (1)の結果より　$n=1+\dfrac{178\times6.3\times10^{-7}}{0.20}=1+5.6\times10^{-4}$

このときの密度を ρ とする。また，0℃，1気圧でのアルゴンの密度を ρ_0 とし，比例定数を k とすると

$$n-1=k\rho \quad \cdots\cdots①$$
$$n_0-1=k\rho_0 \quad \cdots\cdots②$$

$n=k\rho$ ではない！ $\rho=0$ のときは真空だから，$n=1$ となるはず。

$\dfrac{②}{①}$ により k を消去して，整理すると

$$n_0=1+\frac{\rho_0}{\rho}(n-1) \quad \cdots\cdots③$$

アルゴン1モルの質量を M〔kg〕とすると

$$\rho_0=\frac{M}{2.24\times10^{-2}} \qquad \rho=\frac{2.2\times10^{-2}\times M}{2.5\times10^{-4}}$$

これらと n の値を③に代入して

$$n_0=1+\frac{2.5\times10^{-4}}{2.24\times10^{-2}\times2.2\times10^{-2}}\times5.6\times10^{-4}$$
$$=1+2.84\cdots\times10^{-4}=\mathbf{1.00028}$$

最後の結果は実に有効数字6桁まで出せている。

電磁気

10　静電気

$+Q$〔C〕の点電荷をA点に，$-Q$〔C〕の点電荷をB点に固定する。AB間の距離は$2l$〔m〕であり，ABの中点をOとし，O点からL〔m〕離れたABの垂直2等分線上の点をCとする。クーロンの法則の比例定数をk〔N･m^2/C^2〕とし，無限遠を0〔V〕とする。

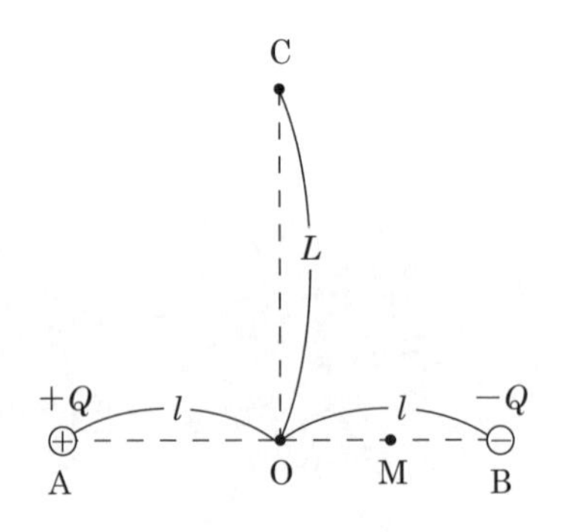

(1)　O点とC点での電場(電界)の向きと強さをそれぞれ求めよ。

(2)　O点の電位と，線分OBの中点Mの電位を求めよ。

(3)　$-q$〔C〕の電荷をもつ質量m〔kg〕の小球PをM点に置き，静かに放す。PがO点を通るときの速さを求めよ。

次にPをC点に置き，線分ABに平行に一様な電場をかける。すると，Pに働く静電気力は，一様な電場をかける前に比べて，向きが逆転し，大きさが半分となった。

(4)　一様な電場の向きと強さを求めよ。

(5)　PをC点からM点まで静かに移動させた。この間に外力のした仕事を求めよ。

(6)　M点でPを静かに放すと，Pは左へ動き出し，やがてO点に達し，一瞬静止した。このことからLをlで表せ。

Level　(1) O：★★　C：★　(2)〜(4) ★　(5) ★　(6) ★★

Point & Hint

電気分野の基礎は何といってもクーロンの法則だが，実用上は電場(電界)Eと電位Vが重要な役割りを果たす。

電場 $\vec{E}$〔N/C〕は，+1〔C〕が受ける力に相当し，ベクトル量。　q〔C〕は$\vec{F}=q\vec{E}$〔N〕の力を受ける。正電荷は$\vec{E}$と同じ向きの力を，負電荷は逆向きの力を受ける。$F = qE$ は大きさ(絶対値)の関係式。

電位 V〔V〕は +1〔C〕がもつ(静電気力による)位置エネルギーに相当し，スカラー量。q〔C〕がもつ位置エネルギーは $U=qV$〔J〕と表される。

(1) 電場を尋ねられたら，+1〔C〕をその場所に置いてみて受ける力を調べる。**電場はベクトル和。**

(2) **電位はスカラー和。**

(3) 力学的エネルギー保存則

$\dfrac{1}{2}mv^2 + qV =$ **一定** を用いる。

(5) 電荷を静かに移動させるとき，**外力の仕事＝位置エネルギーの変化**　移動の経路にはよらない。

(6) 力学的エネルギー保存則。一様電場による電位も考慮して V の中に取り込みたい。一様電場 E では，電場に沿って d 離れた2点間の電位差 V は　$V = Ed$

Base　クーロンの法則

F q_1　q_2 F　r

$$F = k\frac{q_1 q_2}{r^2}$$

※ q_1，q_2〔C〕は大きさを用い，力の向きは別途考えるとよい。

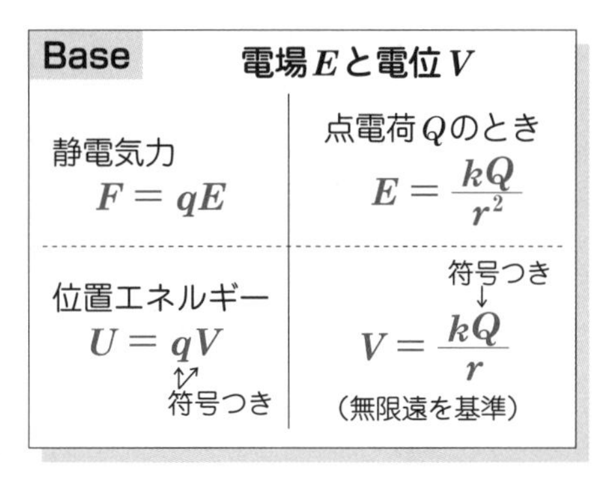

LECTURE

(1)　O点では $+Q$，$-Q$ による電場はいずれも右向きだから，電場 E_0 は**右向き($\overrightarrow{\mathrm{AB}}$の向き)**で

$$E_0 = \frac{kQ}{l^2} + \frac{kQ}{l^2} = \boldsymbol{\frac{2kQ}{l^2}} \text{〔N/C〕}$$

C点での電場の合成は右のようになり，向きは**右向き($\overrightarrow{\mathrm{AB}}$の向き)**。強さ E_C は

$$\begin{aligned} E_C &= E_1 \cos\theta \times 2 \\ &= \frac{kQ}{l^2 + L^2} \cdot \frac{l}{\sqrt{l^2 + L^2}} \times 2 \\ &= \boldsymbol{\frac{2kQl}{(l^2 + L^2)^{\frac{3}{2}}}} \text{〔N/C〕} \end{aligned}$$

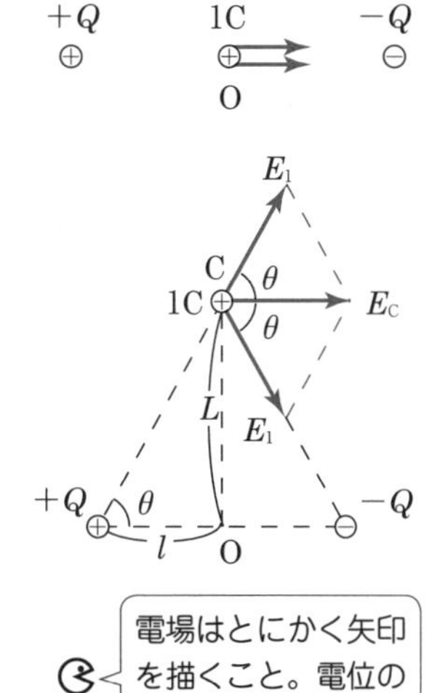

(2)　O点の電位 V_O は　　$V_O=\dfrac{kQ}{l}+\dfrac{k(-Q)}{l}=\mathbf{0}$〔V〕

直線OC上はすべて電位0であることを意識したい。

M点の電位 V_M は　　$V_M=\dfrac{kQ}{\frac{3}{2}l}+\dfrac{k(-Q)}{\frac{1}{2}l}=-\dfrac{\mathbf{4kQ}}{\mathbf{3l}}$〔V〕

(3)　求める速さを v とし，力学的エネルギー保存則でM点とO点を結ぶと

$$0+(-q)V_M=\frac{1}{2}mv^2+(-q)\cdot 0$$

$$\therefore\quad \frac{4kqQ}{3l}=\frac{1}{2}mv^2 \qquad \therefore\quad v=\mathbf{2}\sqrt{\frac{\mathbf{2kqQ}}{\mathbf{3ml}}}\ \text{〔m/s〕}$$

(4)　Pの電荷は負だから，初めPは左向きに力を受けている。それを逆向きにするには，一様電場によって右向きの力を与えること，つまり，一様電場は**左向き($\overrightarrow{\mathbf{BA}}$の向き)**。合成電場の大きさは $E-E_C$ となる。静電気力の大きさが $\frac{1}{2}$ になったことより

$$q(E-E_C)=\frac{1}{2}\times qE_C$$

$$\therefore\quad E=\frac{3}{2}E_C=\frac{\mathbf{3kQl}}{(\boldsymbol{l}^2+\boldsymbol{L}^2)^{\frac{3}{2}}}\ \text{〔N/C〕}$$

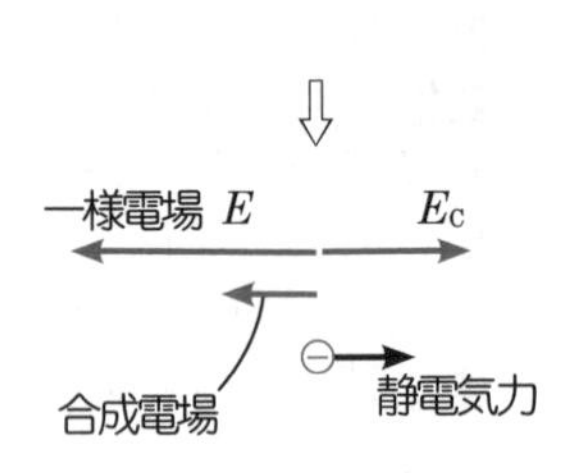

電場だけで考えることもできる

電場が初めと逆向きで，強さが $\frac{1}{2}$ 倍になったと考えると早く解ける。

(5)　一様電場をかける前のC点の電位 V_C は0である（直線OC上は0）。一様電場だけによるM点の電位は，C点（あるいは直線OC）を基準にすると，$E\cdot\frac{l}{2}$〔V〕となる(※)。そこで，C点（あるいは直線OC）を基準にすると，M点の合成電位は $V_M+E\cdot\frac{l}{2}$〔V〕となる。

電位は和をとればよい。OC上は 0＋0

外力の仕事 W は位置エネルギーの変化に等しいから

$$W=(-q)\cdot\left(V_M+E\cdot\frac{l}{2}\right)-(-q)\cdot 0=\boldsymbol{kqQ}\left\{\frac{\mathbf{4}}{\mathbf{3l}}-\frac{\mathbf{3l^2}}{\mathbf{2}(\boldsymbol{l}^2+\boldsymbol{L}^2)^{\frac{3}{2}}}\right\}\text{〔J〕}$$

(※)　一様電場は左向きだから，右へ行くほど電位が高くなることを考慮してM点の電位を決めている。**電場(電気力線)は高電位側から低電位側への向き。**

(6)　力学的エネルギー保存則を用いてM点とO点を結ぶと

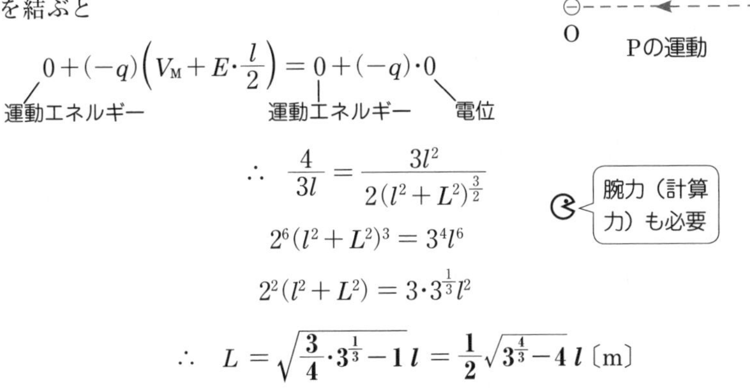

$$0+(-q)\left(V_{\mathrm{M}}+E\cdot\frac{l}{2}\right)=0+(-q)\cdot 0$$

$$\therefore\quad \frac{4}{3l}=\frac{3l^2}{2(l^2+L^2)^{\frac{3}{2}}}$$

$$2^6(l^2+L^2)^3=3^4l^6$$

$$2^2(l^2+L^2)=3\cdot 3^{\frac{1}{3}}l^2$$

$$\therefore\quad \boldsymbol{L=\sqrt{\frac{3}{4}\cdot 3^{\frac{1}{3}}-1}\,l=\frac{1}{2}\sqrt{3^{\frac{4}{3}}-4}\,l}\ \text{〔m〕}$$

別解　一様な電場による仕事 $-qE\times\dfrac{l}{2}$ を切り離して考えてもよい。つまり，一様電場による静電気力 qEを外力として扱う。この力は右向きで，移動は左向きだから仕事は負となる。

保存力以外の力の仕事 = 力学的エネルギーの変化

の関係を用いて

$$-qE\times\frac{l}{2}=\{0+(-q)\cdot 0\}-\{0+(-q)V_{\mathrm{M}}\}$$

運動エネルギー　電位　運動エネルギー

Q₁　(6) において，Pの速さが最大となる位置を求めたい。解法（考え方）を 20 字以内で述べよ。（★）

Q₂　A点とB点にそれぞれ$+Q$の点電荷を固定し，O点に小球P($-q$〔C〕，m〔kg〕) を置く。P を O から C の方向にわずかにずらして放すと，P は O を中心として単振動を始める。その周期 Tを求めよ。（★）

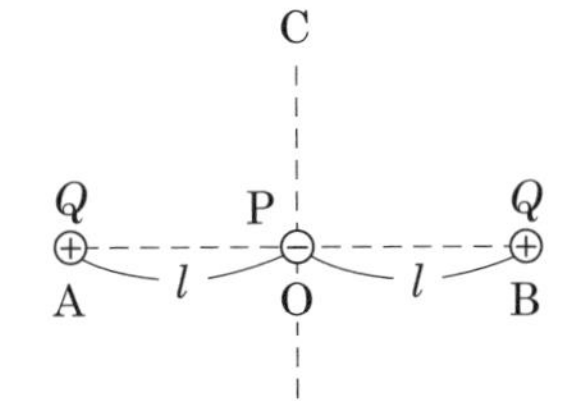

11　静電気・保存則

$+Q$〔C〕を帯びた質量 M〔kg〕の粒子Bが，x 軸上の点Pに静止している。また，$+q$〔C〕を帯びた質量 m〔kg〕の粒子Aが最初，Bから十分離れた位置にあり，x 軸上正の方向に速度 v_0〔m/s〕で動いている。クーロン定数を k〔N・m^2/C^2〕とし，重力や粒子の大きさは無視できるものとする。

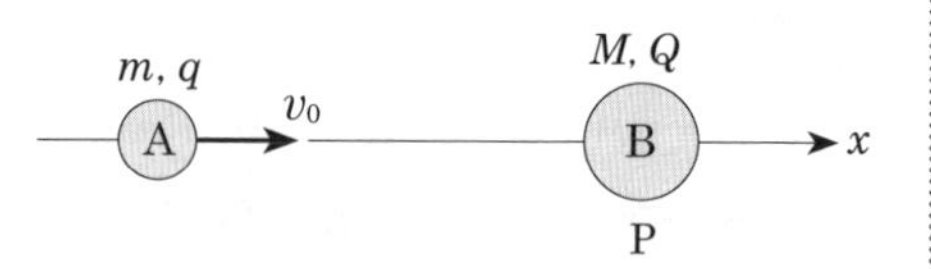

まず，粒子Bが点Pに固定されている場合について，

(1)　AB間の距離の最小値 r_0〔m〕を求めよ。

(2)　AB間の距離が $2r_0$〔m〕のときのAの速さ v〔m/s〕を求めよ。

(3)　Aの加速度の大きさの最大値 $a_{\max}$〔m/s^2〕を求めよ。

次に，粒子Bが x 軸上を自由に動ける場合について，

(4)　AがBに最も近づいたときの，Aの速度 u〔m/s〕を求めよ。また，AB間の距離 r_1〔m〕を求めよ。

(5)　その後AとBは互いに反発し遠ざかる。十分に時間がたった後のAの速度 v_A〔m/s〕を求めよ。　　（岡山大）

Level　(1)〜(3) ★　(4), (5) ★

Point & Hint

(1), (2) 力学的エネルギー保存則を用いる。位置エネルギー U は $U = qV$ と，$V = \dfrac{kQ}{r}$ からつくり出す。

(3) 加速度といえば，―― 運動方程式 $ma = F$ を思い出したい。

(4) 物体系に働く外力がないから…。最接近のとき，Bから見てAは一瞬止まるから…。　AB間の距離については，A・B 全体について（物体系について）力学的エネルギー保存則を用いる。位置エネルギーの形は前半と変わらない。

(5) 2つの保存則の連立。AとBは十分離れるので位置エネルギーは0としてよい。

LECTURE

(1)　無限遠点での位置エネルギーは $U=q\times 0=0$ で，AB 間の距離が r のとき $U=q\cdot\dfrac{kQ}{r}$ と表されるから，力学的エネルギー保存則より

$$\frac{1}{2}mv_0{}^2+0=0+\frac{kqQ}{r_0}\qquad\therefore\quad r_0=\boldsymbol{\frac{2kqQ}{mv_0{}^2}}$$

(2)　前問と同様に

$$\frac{1}{2}mv_0{}^2+0=\frac{1}{2}mv^2+\frac{kqQ}{2r_0}$$
$$=\frac{1}{2}mv^2+\frac{1}{4}mv_0{}^2\qquad\therefore\quad v=\boldsymbol{\frac{v_0}{\sqrt{2}}}$$

(3)　加速度が最大となるのは，静電気力が最大になるときで，A が B に最も近づいたときだから

加速度のことは力に聞け！

$$ma_{\max}=k\frac{qQ}{r_0{}^2}\qquad\therefore\quad a_{\max}=\frac{kqQ}{mr_0{}^2}=\boldsymbol{\frac{mv_0{}^4}{4kqQ}}$$

(4)　最接近のときの相対速度は 0 で，A と B の速度は等しくなるから，運動量保存則より

$$mv_0=mu+Mu\qquad\therefore\quad u=\boldsymbol{\frac{m}{m+M}v_0}$$

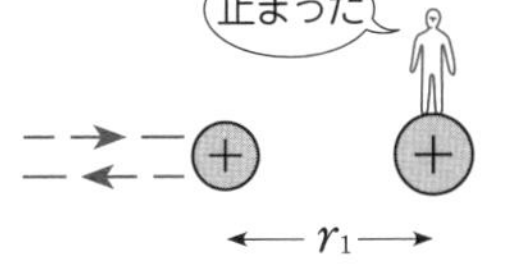

物体系についての力学的エネルギー保存則より

$$\frac{1}{2}mv_0{}^2=\frac{1}{2}mu^2+\frac{1}{2}Mu^2+\frac{kqQ}{r_1}$$

Bから見ればAはUターン

上で求めた u を代入して　$r_1=\boldsymbol{\dfrac{2kqQ(m+M)}{mMv_0{}^2}}$

位置エネルギー $U=\dfrac{kqQ}{r}$ はAとB 全体でつくり出したもので，(1)，(2)ではBが固定されているためAだけで使えたのである。力学でいえば，AとB がばねで結ばれているときの弾性エネルギーの扱いに似ている。

(5)　Bの速度を v_B とすると，運動量保存則より　$mv_0=mv_A+Mv_B$ …①

力学的エネルギー保存則より　$\dfrac{1}{2}mv_0{}^2=\dfrac{1}{2}mv_A{}^2+\dfrac{1}{2}Mv_B{}^2$ ……②

①，②より v_B を消去すると　$v_A=\boldsymbol{\dfrac{m-M}{m+M}v_0}$

v_A の正負は m と M の大小関係で決まる。　なお，計算からは $v_A=v_0$ という解も出るが，Aは静電気力で減速されているので不適（初めの状態に対応）。

別解　弾性衝突とみなしてもよい。反発係数 $e=1$ だから

$$v_A-v_B=-1\times(v_0-0)\quad\cdots\cdots③$$

①と③の連立で解くと早い。

12 静電気・円運動

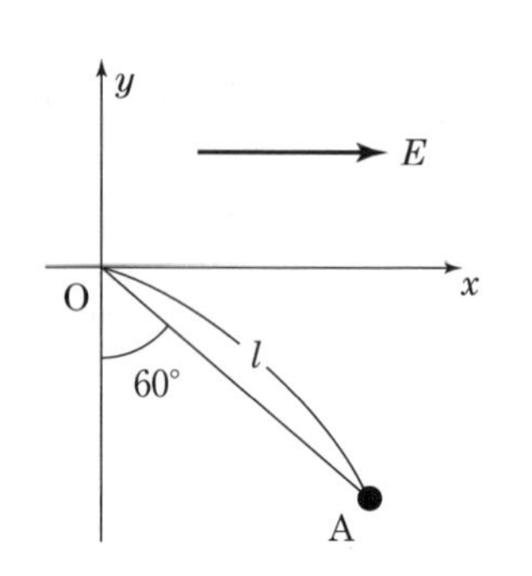

水平方向にx軸，鉛直方向にy軸をとり，大きさEの一様な電場（電界）が水平方向（$+x$方向）にかかっている。長さlの糸の一端を原点Oに固定し，他端に質量mで正電荷Qをもつ小球をつけた。重力加速度をgとする。

(1) 小球は鉛直方向と60°の角度をなす図の位置Aでつり合った。Eをm, g, Qで表せ。

(2) 点Aで静止していた小球を，糸を張ったまま，Oの鉛直下方の位置Bまでゆっくり移動させた。要した仕事Wを m, g, l で表せ。

(3) そして，位置Bで小球を静かに放した。

(ア) 小球が点Aを通過するとき，その速さvをgとlで，糸の張力Sをmとgで表せ。

(イ) 小球が点Aを通過し，最高点に達したとき，その座標をlで表せ。

(4) 次に，糸を張ったまま，小球を点Aから少しずらして放した。小球の振動周期をg, l で表せ。

(5) 最後に，点Aで静止する小球に，糸に垂直な方向の初速を与えたら，小球は点Oを中心として，xy平面内で一回転した。必要な初速の最小値v_0をg, l で表せ。　（熊本大）

Level　(1), (2) ★　(3)〜(5) ★

Point & Hint

力学との融合問題。円運動と単振動の知識が必要。

(1) 重力と静電気力の合力 F に着目するとよい。

(2) 位置エネルギーの変化を調べる。重力の分と静電気力の分とに分けて扱うのがオーソドックス。ただ，合力 F は一定の大きさで一定の向きだから…。そして，この見方は(3)以下を解くのに不可欠となる。

(3)〜(5) 鉛直面内の円運動をイメージして考える。

LECTURE

(1)　重力と静電気力 QE の合力 F が張力 S_0 とつり合うから，F の向きは糸の延長線上になる。灰色の直角三角形に注目すれば

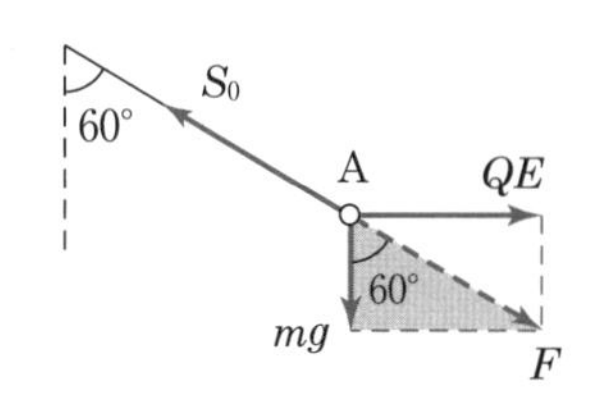

$$QE = mg\tan 60^\circ \qquad \therefore \quad E = \boldsymbol{\frac{\sqrt{3}mg}{Q}}$$

(2)　等電位面は x 軸に垂直になっていて，A点の電位を 0 とすると，B点の電位は $E\cdot l\sin 60^\circ$。

鉛直と水平に分けて解いてもよいが …

一方，mgh の基準を B とすると，A の高さは $l - l\cos 60^\circ = \frac{1}{2}l$ そこで

$$W = (0 + Q\cdot El\sin 60^\circ) - \left(mg\cdot\frac{1}{2}l + Q\times 0\right)$$
$$= Q\cdot\frac{\sqrt{3}mg}{Q}\cdot\frac{\sqrt{3}}{2}l - mg\cdot\frac{l}{2} = \boldsymbol{mgl}$$

別解　合力 F は小球の位置によらず一定だから，「見かけの重力 mg'」として扱うことができる。上図より $F\cos 60^\circ = mg$ で $F = 2mg$ だから，見かけの重力加速度 g' は $g' = 2g$ となっている。B の A からの「高さ」h' は

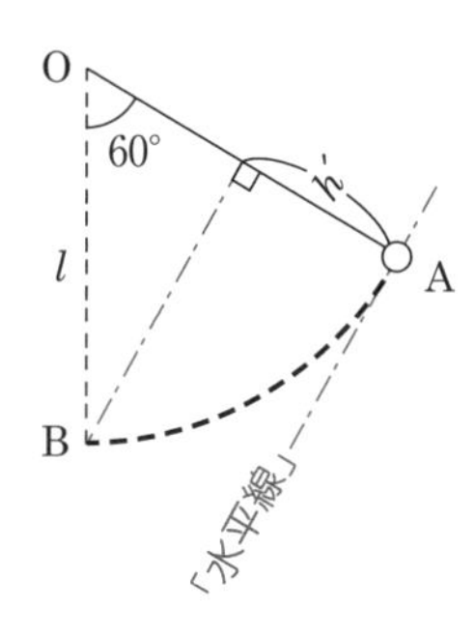

$$h' = l - l\cos 60^\circ = \frac{l}{2}$$

$$\therefore \quad W = mg'h' = m\cdot 2g\cdot\frac{l}{2} = \boldsymbol{mgl}$$

(3)(ア)　見かけの重力の観点では，直線OAが「鉛直方向」であり，力学的エネルギー保存則を用いると

$$mg'h' = \frac{1}{2}mv^2$$

$$\therefore \quad v = \sqrt{2g'h'} = \sqrt{\boldsymbol{2gl}}$$

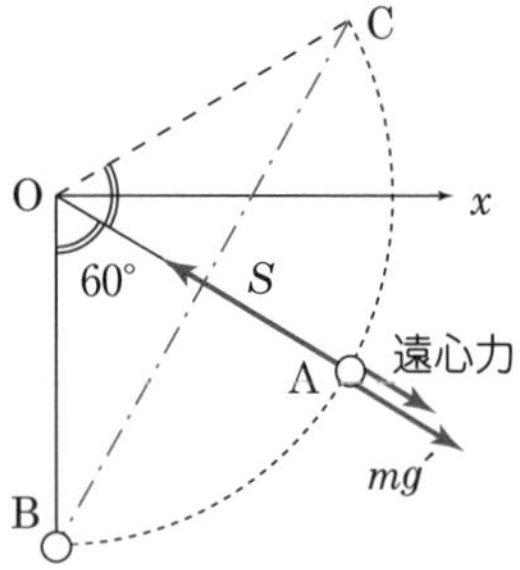

遠心力を考え，半径方向での力のつり合いより

$$S = mg' + m\frac{v^2}{l} = 2mg + 2mg = \boldsymbol{4mg}$$

(イ)「鉛直方向」である直線OAに関して運動は対称的になるから，小球は図の点Cまで達する（直線BCは「水平」）。

よって，$\angle \mathrm{AOC} = 60°$

直線 OC は x 軸と30° の角をなすから，点Cの座標は

$$(l\cos 30°, l\sin 30°) = \left(\boldsymbol{\frac{\sqrt{3}}{2}l}, \boldsymbol{\frac{1}{2}l}\right)$$

(4)　単振り子の周期の公式 $T = 2\pi\sqrt{\dfrac{l}{g}}$ より　$2\pi\sqrt{\dfrac{l}{g'}} = \boldsymbol{2\pi\sqrt{\dfrac{l}{2g}}}$

(5)　点 O に関して，点 A と正反対の位置が「最高点」D となる。

点 Dで必要な速さをv_Dとすると，遠心力と見かけの重力のつり合いより

$$m\frac{{v_\mathrm{D}}^2}{l} = mg' \qquad \therefore \quad v_\mathrm{D} = \sqrt{g'l} = \sqrt{2gl}$$

点 A と D の間の力学的エネルギー保存則より

$$\frac{1}{2}m{v_0}^2 = \frac{1}{2}m{v_\mathrm{D}}^2 + mg' \cdot 2l$$
$$= mgl + 4mgl \qquad \therefore \quad v_0 = \sqrt{\boldsymbol{10gl}}$$

Q　原点Oに正の点電荷 q が置いてある場合，上の設問の中で答えの変わらないものはどれか。また，変わるものについては新しい答えを求めよ。クーロン定数をkとする。(★★)

13　静電気・単振動

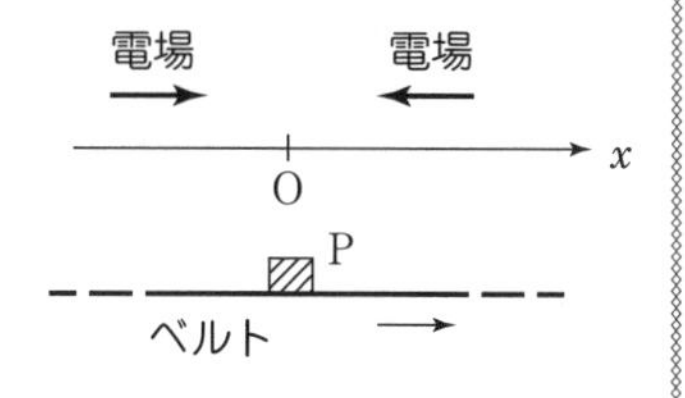

水平右向きに x 軸をとり，原点をOとする。水平方向に $-ax$ で表される電場（電界）をかける（x は座標で，a は正の定数）。そして，水平右向きにベルトを一定の速さで動かす。正電荷 q を帯びた質量 m の小物体Pを点Oの位置でベルト上に置くと，Pはベルトに対して滑ることなく動き始めた。Pとベルトの間の静止摩擦係数を μ_1，動摩擦係数を $\mu_2(<\mu_1)$ とし，重力加速度を g とする。ベルトは帯電しないものとする。

Pはやがて位置 $x_1=$ (1) で滑り出す。その後のPに働く合力 F は，Pの位置 x を用いて，$F=$ (2) と表せる。Pは $x=b$ で一瞬静止した後，左へ戻り，位置 $x_2=$ (3) で最大の速さ $v_m=$ (4) となる。$x=b$ から x_2 に至るまでの時間は $t_1=$ (5) である。その後，Pは $x_3=$ (6) で再び一瞬静止し，右へ動くが，$x_4=$ (7) でベルトに対して静止し，再び滑り出すまでには，ベルトの速さを V とすると，$t_2=$ (8) の時間がかかる。　（関西大＋大阪大）

Level　(1), (2) ★　(3)〜(6) ★　(7), (8) ★★

Point & Hint

力学としては，ばねに付けられた物体の，動くベルト上での運動と同等である。

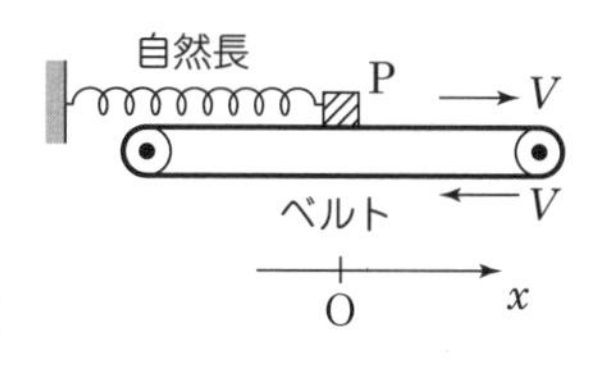

(2)　Pはベルトに対して左へ滑る。すると動摩擦力の向きは…。

(3)〜(6)　(2)の合力 F の式から運動（地面に対する運動）が確定する。そして，いろいろな量が求められる。

(7)　Pの速度がベルトの速度と一致するのは…。それまでの運動のもつ対称性を利用したい。

LECTURE

(1)　x_1までは等速度運動だから，力がつり合う。点Oから離れるにしたがって左向きの静電気力 qE が増し，それに応じて静止摩擦力が右向きに増していく。やがて，x_1では最大摩擦力 $\mu_1 mg$ に達する。そこでの電場の強さ $E = ax_1$ より

$$q \cdot ax_1 = \mu_1 mg \qquad \therefore \quad x_1 = \boldsymbol{\frac{\mu_1 mg}{aq}}$$

(2)　Pはベルトに対して左へ滑るので，動摩擦力は右向きに働く。静電気力は向きを含めて $-q \cdot ax$ と表せる（ばねの弾性力と類似）ので

$$F = \boldsymbol{-aqx + \mu_2 mg}$$

(3)　上式を変形すると　　$F = -aq\left(x - \dfrac{\mu_2 mg}{aq}\right)$

これよりPは $x = \dfrac{\mu_2 mg}{aq}$ $(< x_1)$ を振動中心として単振動をすることが分かる（復元力の比例定数 $K = aq$）。

もちろん，振動中心で最大の速さとなるので　　$x_2 = \boldsymbol{\dfrac{\mu_2 mg}{aq}}$

(4)　単振動のエネルギー保存則（☞エッセンス（上）p81）より

$$\frac{1}{2}K(b - x_2)^2 = \frac{1}{2}mv_{\mathrm{m}}^2$$

$$\therefore \quad v_{\mathrm{m}} = (b - x_2)\sqrt{\frac{aq}{m}} = \boldsymbol{\left(b - \frac{\mu_2 mg}{aq}\right)\sqrt{\frac{aq}{m}}}$$

(5)　右端から振動中心に移るまでの時間だから，周期 T の $\dfrac{1}{4}$ である。

$$t_1 = \frac{1}{4}T = \frac{1}{4} \cdot 2\pi\sqrt{\frac{m}{K}} = \boldsymbol{\frac{\pi}{2}\sqrt{\frac{m}{aq}}}$$

(6)　x_3は左端で，振幅 $A = b - x_2$ だけ，中心 x_2 の左側にあるので（次図を参照）

$$x_3 = x_2 - A = 2x_2 - b = \boldsymbol{\frac{2\mu_2 mg}{aq} - b}$$

なお，(4)は，$v_{\mathrm{m}} = A\omega = (b - x_2) \cdot 2\pi/T$ として求めてもよい。

(7)　Pは左端から右へ向かって速さを増していく。次図のように，ベルトの速度 V と同じになるのは，単振動の対称性から（ベルトに対して滑り始めた）位置 x_1 と振動中心をはさんで同じ距離だけ左に離れた位置 x_4 となる。

単振動のエネルギー保存則で考えてもよい。振動中心から同じ距離だけ離れた位置での単振動の位置エネルギーは等しいから，運動エネルギーが(つまり速さが)等しい。

次図より　$x_2 - x_4 = x_1 - x_2$　　∴　$x_4 = 2x_2 - x_1 = \boldsymbol{\frac{mg}{aq}(2\mu_2 - \mu_1)}$

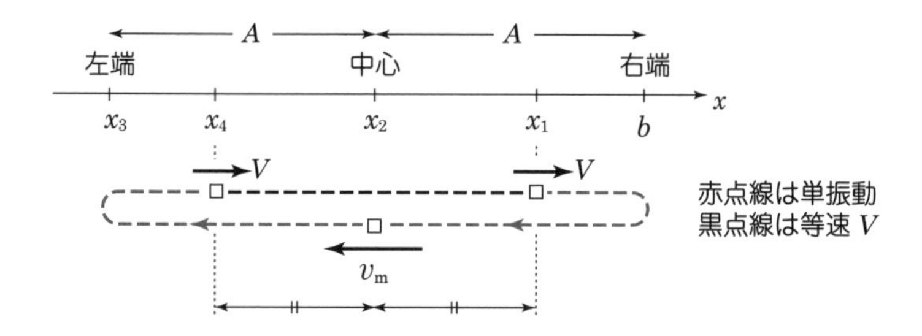

(8)　x_4 に達するまでは，P はベルトに対して左へ滑り，(2)の F に従う単振動であったが，いったんベルトに対して止まると，静止摩擦力に切り替わり，x_1 に達するまではベルトと共に等速 V で動く。

$$t_2 = \frac{x_1 - x_4}{V} = \frac{2(x_1 - x_2)}{V} = \boldsymbol{\frac{2mg}{aqV}(\mu_1 - \mu_2)}$$

Q　b を，ベルトの速さ V と a，q，m，μ_1，μ_2，g を用いて表せ。(★★)

14 静電気

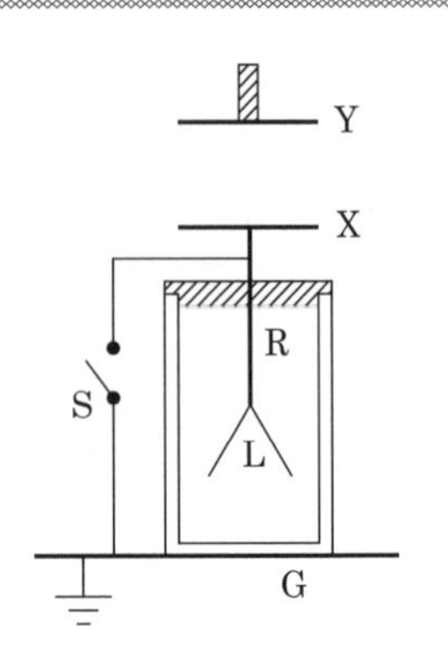

接地した金属板Gの上に，はく検電器がある。検電器の金属板をX，金属棒をR，金属はくをLとする。Rは絶縁物によってガラス容器に支えられている。次の**A**, **B** 2つの場合について答えよ。ただし，帯電はX，L，G，Y で起こるものとする。

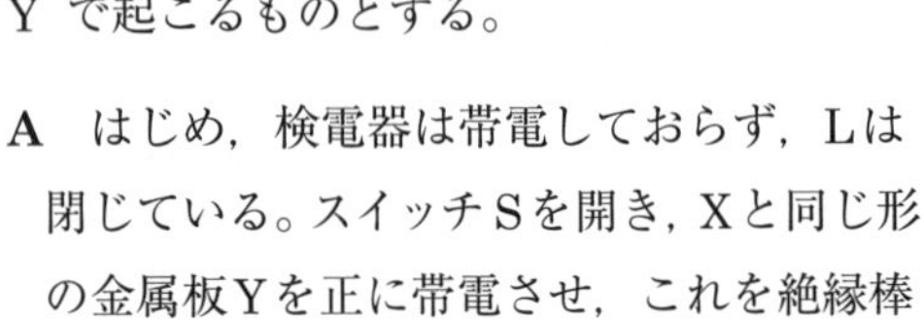

A　はじめ，検電器は帯電しておらず，Lは閉じている。スイッチSを開き，Xと同じ形の金属板Yを正に帯電させ，これを絶縁棒で支えてXの真上の遠くからゆっくりとXの十分近くまで近づけた。

(1)　この過程で，はくLはどのようなふるまいをするか。20字程度で答えよ。

(2)　次に，Sを閉じてRとGを導線で結ぶと，はくLはどうなるか。

(3)　続いてSを開き，Yをゆっくりと十分遠くに離す。Lはどのようなふるまいをするか。20字程度で答えよ。

B　はじめ，Sを開き，ある電荷を検電器に与えてLを開かせる（状態Ⅰ）。そして，正に帯電したYを遠くからXの十分近くまで近づけた。このYの移動に伴いLは開きが次第に小さくなり，いったん閉じた後，再び開いた（状態Ⅱ）。

(1)　はじめの検電器の電荷は正か負か。また，状態ⅡでのX，L，G の電荷の正，0，負を答えよ。

(2)　状態ⅡでのY，X，L，Gの電位をそれぞれV_Y, V_X, V_L, V_Gとするとき，これらの大小の関係を不等式や等式で表せ。

(3)　続いて，Sを一度閉じてから再び開く。そして，Yを十分遠くに離す。このときLは開いているか閉じているか。もし，開いているなら，その開きは状態Ⅰに比べてどうなっているか。

（センター試験＋福井大）

Level A★ B★

Point & Hint

導体(金属)中には自由電子が無数といってよいほど含まれているため，**静電誘導**により右のような導体の性質が現れる。ただし，電流が流れていない静電気のときのこと。

はく検電器では，静電誘導と導体の性質，さらには**孤立部分の電気量保存則**という3つの視点が大切である。

Base　導体の性質（静電気）

- 導体内の電場は0
  導体内に電気力線は存在しない
- 導体全体は等電位
- 電荷は導体の表面に分布

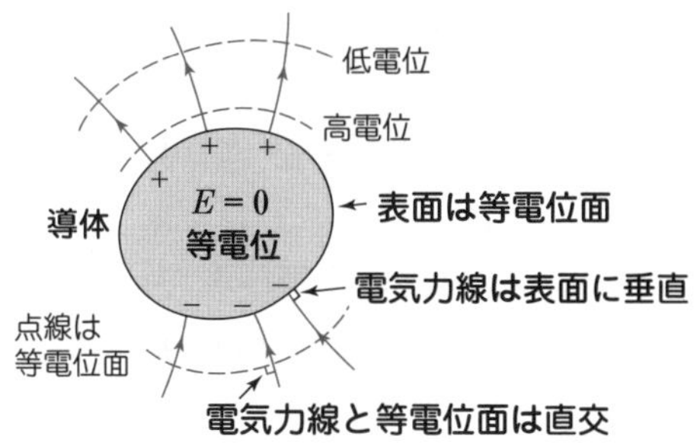

LECTURE

A(1)　静電誘導によりXには－が，Lには＋が現れる(負電荷をもつ自由電子がYに引き寄せられる)。そしてLは＋どうしの反発力で開く（図a)。YをXに近づけるとXの－とLの＋が増し（全体の電気量は常に0)，はくLの開きは大きくなっていく。Yがある程度Xに近づくとYと同じ大きさの負の電気量$-Q$がXに現れる(図b)。これ以後はYを近づけても状況は変わらない。よって，**Lの開きが増していき，やがて一定となる**。(20字)

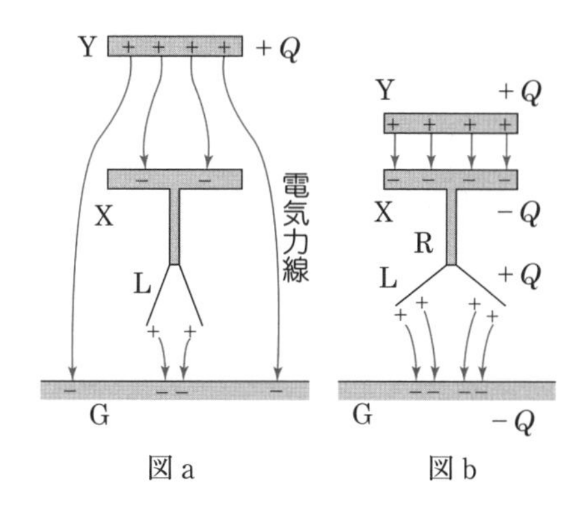

図a　　図b

自由電子がYに引き寄せられる。Xから＋が追い出されると考えてもよい。

図bの状態では，YX間とLG間がそれぞれ完全なコンデンサーとなっている。図aでは，Yに対向する極板は「XとG」とみなす必要がある。

(2)　図bでRとGを導線で結ぶと，Xにいる$-Q$はYの$+Q$に引きつけられて動けないが，Lにいる$+Q$はGへ逃げ（Yの＋からできるだけ離れようとしているから），はく**L は閉じる**（図c）。図bでは，L の$+Q$と G の $-Q$が引き合っているが，R とGを導線で結べば両者は出会い，中和すると考えてもよい。

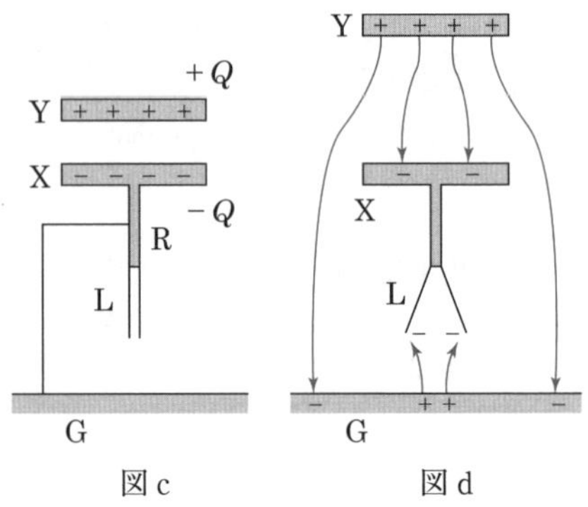

図c　図d

(3) Yを離すと，Yの影響が弱まる一方，検電器の－どうしの反発があるため，－は全体に広がり，Lも－を帯びる（図d）。よって，はく**L は開き始め，やがて一定の開きとなる**。

B(1) もし，初めの電荷が正だとすると，静電誘導によりYの正電荷に反発され Lの正は増し，Lの開きは大きくなるはず。初めの電荷が負とすると，Lの負の量が減るから開きは確かに小さくなる。よって，初めの検電器の電荷は **負**。

Yを近づけると負の電荷がますますX に移ってきて，L の電荷が0になったときLは閉じる（図 f）。さらにXに負が移っていくと，L は正に帯電してはくは再び開き始める（図g）。よって，**X は負，L は正，G は負**。

もちろん，こうなるためにはYの電気量の大きさの方が，初めの検電器の電気量の大きさより大きいはずである。

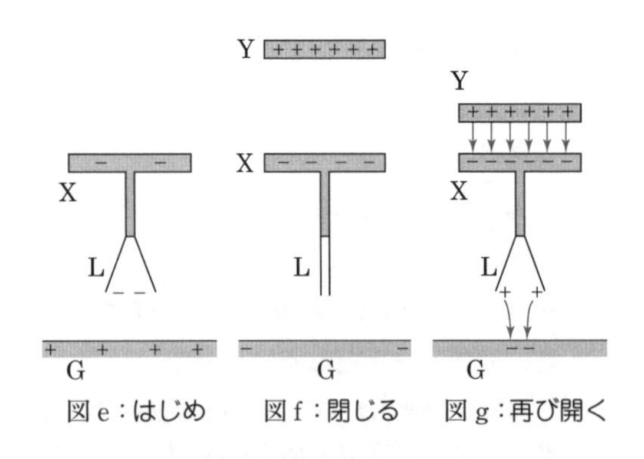

図e：はじめ　図f：閉じる　図g：再び開く

(2) 図gで，－がいるGより＋がいるL の方

電気力線の向きは高電位側から低電位側へ

が電位が高い。LとXは導体でつながっているので等電位。そして，−がいるXより＋がいるYの方が電位は高い。よって

$$V_G < V_L = V_X < V_Y$$

(3) Sを閉じると，図gでLにいた＋は（Gの−と中和して）消え，はくLは閉じる。ただし，Xの電気量は変わらない。Sを再び開くと，検電器の電気量は一定になるが，負で，絶対値は初めより大きい。よって，Yを十分遠くに離したとき，**Lは開いている**。そして，その開きは**状態Ⅰより大きくなっている**（図h）。

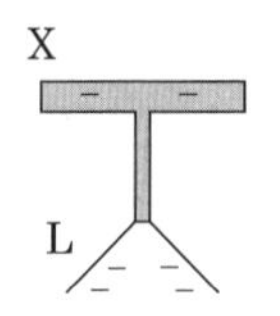

図h：Xにいた−が全体に広がる

なお，はく検電器の問題では「接地された金属板」がないものも多い。その場合は地面がGの役割をはたすことになる。地球は1つの導体と考えてよい。

Q はく検電器の実験をするとき，検電器が測定対象以外の電荷の影響を受けないようにしたい。それにはどうすればよいか。（★）

15 静電気

図のような球形コンデンサーの電気容量を，次の定理を利用して求めてみよう。このコンデンサーは，半径 a〔m〕の導体球 A とそれを取り巻く導体でできた内半径 b〔m〕の同心球殻 B でできていて，A は $+Q$〔C〕に，B は $-Q$〔C〕に帯電している。クーロンの比例定数を k〔N・m^2/C^2〕とし，電位の基準は無限遠点とする。

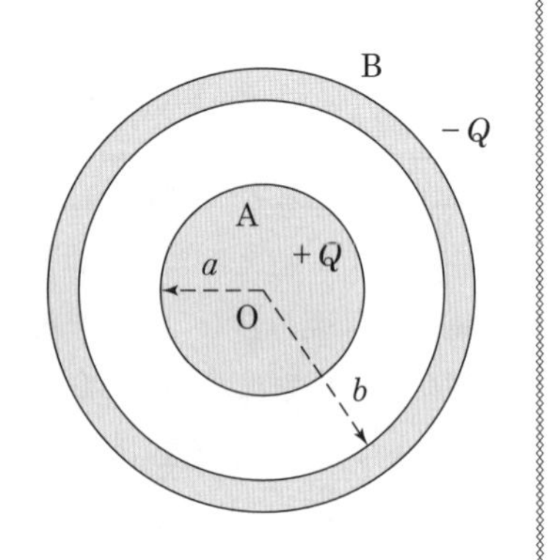

［定理］ **$+Q$〔C〕の電荷からは $4\pi kQ$〔本〕の電気力線が出て，**
$-Q$〔C〕の電荷には同数の電気力線が入る。

$+Q$〔C〕の電荷は球 A の表面に分布し，$-Q$〔C〕の電荷は球殻 B の(1)｛ア．内側の表面　イ．内部　ウ．外側の表面｝に分布する。以下，電気力線の様子を考えながら考察をすすめていく。球の中心 O からの距離を r〔m〕とすると，$r>b$ の領域では電場の強さは［(2)］〔N/C〕となり，したがって，B の電位は［(3)］〔V〕となる。A 上の電荷 $+Q$〔C〕による電位は，もし球殻 B がなければ，A のまわりの電場の様子から考えて $r=b$ の位置では［(4)］〔V〕であり，$r=a$ の位置では［(5)］〔V〕である。球殻 B がある場合，AB 間の電場は電気力線の様子から考えて(6)｛ア．B がない場合の 2 倍　イ．B がない場合の $\frac{1}{2}$ 倍　ウ．B があってもなくても同じ｝であるから，B がある場合の $r=a$ の位置での電位は［(7)］〔V〕となる。この値は球 A の内部に入り中心 O に近づくにつれて(8)｛ア．より大きくなる　イ．より小さくなる　ウ．変わらない｝。結局，AB 間の電位差と電気量 Q の関係から，このコンデンサーの電気容量は［(9)］〔F〕と表せることが分かる。

Level　(1)～(6) ★　(7) ★　(8) ★★　(9) ★

Point & Hint

電気力線は等電位面と直交し，高電位側から低電位側に向かう。

内容は高度だが，誘導に従って考えていけばよい。太字の内容はガウスの法則とよばれ，$k=1/(4\pi\varepsilon)$（εは誘電率）の関係があるので「Q〔C〕にはQ/ε本の電気力線が出入りする」と表現してもよい。

電気力線に垂直な面を貫く，単位面積あたりの本数は電場の強さEに等しい。

Base　電気力線

- ＋電荷から出て，－電荷に入る
- 接線の向きが電場の向き
- 密集している所ほど電場が強い
- 交わったり，枝分かれしない

LECTURE

(1)　－は＋に引きつけられて，**ア**．内側の表面に集まる。こうして，Aの＋Qから出た電気力線は，すべてBの内側表面の－に入り，一本たりともBの内部を通らない。つまり「導体内の電場は０」が保証される。

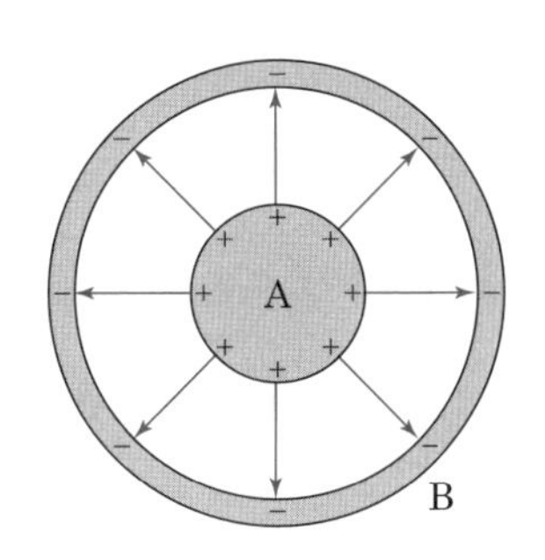

図１

(2)　B内の電場は０だし，Bの外側の表面に電荷はないから，外部の空間にも電気力線はなく，電場は０。つまり，$r>b$ で電場は **0**〔N/C〕

(3)　Bから無限遠点まで電場が０だから，Bの電位V_Bも **0**〔V〕

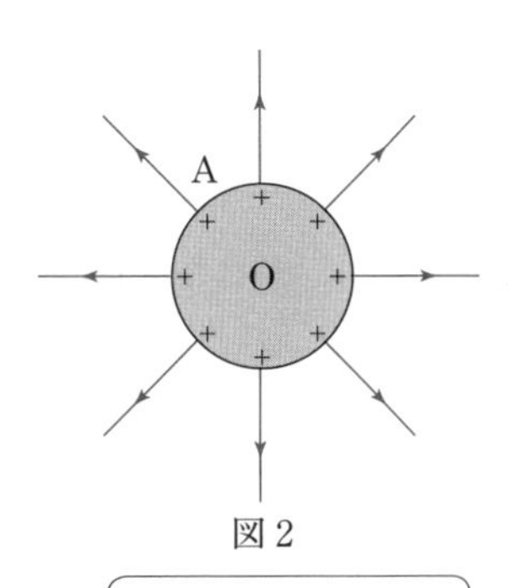

図２

(4)　Bがない場合が図２で，Aの外部の電気力線の様子は，中心Oに＋Qの点電荷がある場合と変わらない。これはAのまわりの電場は，点電荷＋Qのつくる電場と同じであることを意味する。したがって，電位も点電荷の電位の公式が適用できる。

$r=b$ での電位は　　$V_b=\boldsymbol{\dfrac{kQ}{b}}$〔V〕

Oから $r(>a)$ だけ離れた所の電場Eは，点電荷Qの場合と同じで，$E=\dfrac{kQ}{r^2}$

(5)　同様に，$r=a$ での電位は　　$V_a=\boldsymbol{\frac{kQ}{a}}$〔V〕

(6)　図1と図2を見比べると，AB 間の電気力線，いいかえれば電場は同じになっている。よって，**ウ.**

(7)　AB間の電場が図1と図2で同じだから，AB 間の電位差 $V=V_a-V_b$ も同じになる。図1ではBの電位が $V_B=0$ だったから，A の電位 V_A は V だけ高く

$$V_A=0+(V_a-V_b)=\boldsymbol{\frac{b-a}{ab}kQ}\text{〔V〕}$$

(8)　導体は等電位だから，**ウ.**

(9)　AB 間の電位差 V について

$$V=V_A-V_B(=V_a-V_b)=\frac{b-a}{ab}kQ \qquad \therefore\quad Q=\frac{ab}{k(b-a)}V$$

$Q=CV$ と比較すれば，電気容量 C は　　$C=\boldsymbol{\frac{ab}{k(b-a)}}$〔F〕

A とB の間隔が狭い場合には平行板コンデンサーの状態に似てくる。つまり，上で得た C は平行板コンデンサーの電気容量の公式と一致してくることが予想される。実際，$a\fallingdotseq b$ の場合，AとB の間隔を d，A の表面積を S，誘電率を ε とおくと，

$$k=\frac{1}{4\pi\varepsilon}\text{より}\qquad C\fallingdotseq\frac{4\pi\varepsilon a^2}{d}=\frac{\varepsilon S}{d}$$

Q₁ 電場 E のグラフを，横軸を中心Oからの距離 r として，実線で描け。A，B がなく，Oに点電荷 $+Q$ がある場合（点線）と比較できるようにせよ。Bの外半径を c〔m〕とする。また，電位 V のグラフについても同様に描け。（★）　次に，B の総電気量が0のケースについて，同様のグラフを描け。（★★）

Q₂ ガウスの法則と，一様電場について成り立つ（電位差）＝（電場の強さ）×（間隔）を利用して，右のような面積S，間隔dの平行板コンデンサーの電気容量 C をk, S，dで表せ。（★）

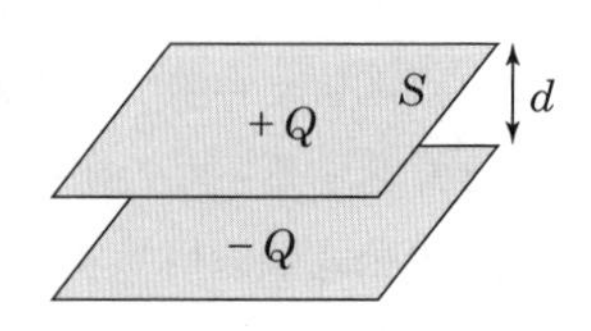

16 コンデンサー

極板AとBからなる平行平板コンデンサーの極板間隔を $4d$〔m〕とし，スイッチSを閉じて，起電力 V_0〔V〕の電池で充電した後，Sを開く。

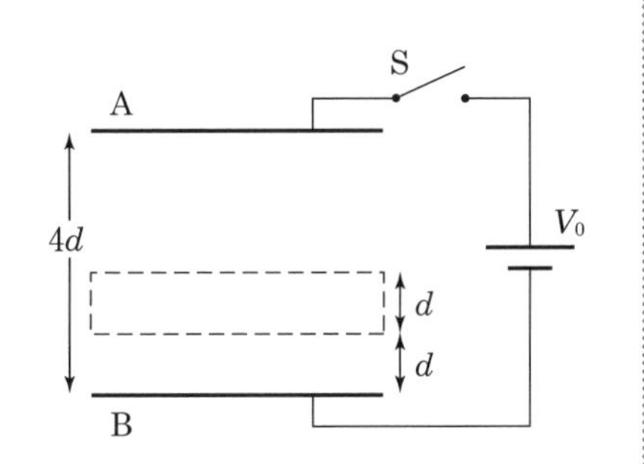

(1) 極板間の電場のようすをグラフに実線で描け。縦軸は電場の強さ E〔V/m〕とし，横軸は，極板Bからの距離 x〔m〕とする。また，電位 V〔V〕についても，Bの電位を0〔V〕として，同様のグラフに示せ。

(2) 次に，Bから d〔m〕離して，厚さ d〔m〕の帯電していない金属板Mを挿入する(図の点線部)。このときの E と V のグラフを(1)と同じグラフに点線で描け。

(3) ここでSを閉じる。E と V のグラフをそれぞれ描け。また，このとき，何〔C〕の正の電気量がSを左，右どちら向きに移動したか。Mがないときの電気容量を C〔F〕とする。

(4) Sを再び開き，Aを下へ d〔m〕下げ，AB間を $3d$〔m〕とする。
AB間の電位差は何〔V〕になるか。そして，Mを取り除き，同形の比誘電率2の誘電体Dを同じ位置(点線部)に置く。このときの E と V のグラフを描け。空気の比誘電率を1とする。

Level (1)★★　(2), (3)★　(4)★

※　平行板コンデンサーの極板間の電場(電界)は一様と考える。本当は，極板間隔が極板の大きさに比べて十分に小さいという条件が必要だが，省かれることも多い。コンデンサーの図は極板間を誇張して広く描いている。

「空気の比誘電率を1とする」は空気を真空扱いしてよいという断りである。断りがない場合も真空としてよい。もちろん，「空気の比誘電率を ε_r とする」とあれば，$\varepsilon_r > 1$ であり，答えは ε_r を用いて厳密に表記する。

Point & Hint

$V=Ed$ をフルに活用したい。

(1) 充電したときの状況で考えればよい。電流が流れていないスイッチを切っても状態は変わらない。

(2) ここではSが開かれていることが大切。孤立部分の電気量保存則より，Aの電荷は不変（Bの電荷も不変）。

(3) 後半は $Q=CV$ を用いる。金属板を入れると，その厚さ分だけ極板間隔が狭くなったコンデンサーとみなせる。

(4) 誘電体内の電場は外部の電場の $1/\varepsilon_r$ 倍になる。

Base　コンデンサー

高電位

$+Q$　$+$　$+$　$+$　$+$

C　E　d　V

$-Q$　$-$　$-$　$-$　$-$

低電位

$$Q=CV$$

$$V=Ed$$

$$C=\frac{\varepsilon S}{d}=\frac{\varepsilon_r\varepsilon_0 S}{d}$$

S　d　ε

ε_0：真空の誘電率

ε_r：比誘電率

$\varepsilon_r=\varepsilon/\varepsilon_0$

※ 電荷は極板の内側の表面に分布し，一方が $+Q$ なら 他方は $-Q$

LECTURE

(1)　極板間の一様な電場を E_1 とすると

$$V_0=E_1\cdot 4d$$

$$\therefore\quad E_1=\frac{V_0}{4d}\ \text{〔V/m〕}$$

〔V/m〕と〔N/C〕は同じ単位。なぜなら〔V〕=〔J/C〕=〔N·m/C〕だから。

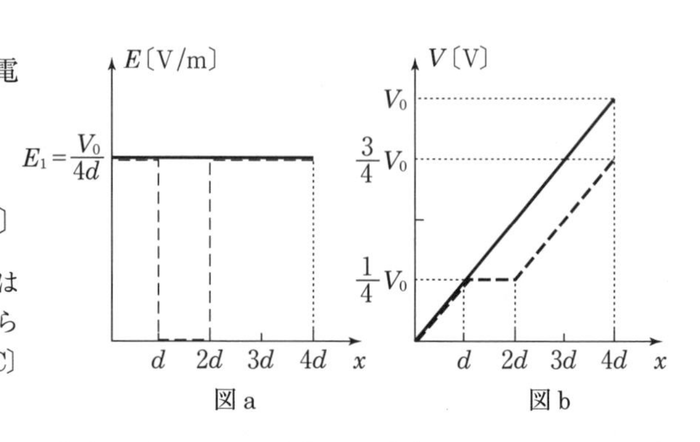

図 a　　　図 b

Bから x〔m〕離れた点をXとし，Xの電位を V〔V〕とすると，Bの電位が 0〔V〕だから，V はXB間の電位差でもある。そこで，$V=E_1x=\dfrac{V_0}{4d}x$ グラフは図bのように直線になる。**電位グラフの傾きは電場の強さに等しい**ことも意識したい。

(2)　Sを開いているので，電気量 $Q(=CV_0)$ は変わらない。Mには静電誘導により上面に $-Q$，下面に $+Q$ が現れる。AM間とBM間の電気力線の様

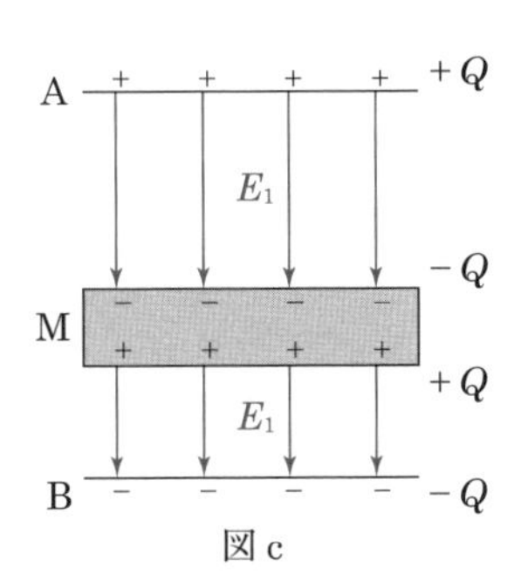

図 c

子はMがない場合と同じだから電場もE_1で同じになる（**電気量が不変なら電場も不変**）。あとはM内の電場が0であることを意識してグラフにする（図aの点線）。

導体M内の電場は0だから，Aから出た電気力線はすべてMの上面で終わらなければならない。そこで上面は$-Q$と断言できる。また，M全体は中性だったから下面は$+Q$となる。

電位はBからMにかけては(1)と同じように高くなる。ただし，M内は等電位であり，MからAにかけてBM間と同じように高くなっていく。こうして図bの点線が描ける。Aの電位V_AはBM間とMA間の電位差の和に等しく，$V_A=E_1d+E_1\cdot 2d=3E_1d=\frac{3}{4}V_0$
グラフの傾きはE_1に等しいから実線とは平行になることにも注意したい。なお，**電位グラフは必ず連続的**につながる。

(3)　Sを閉じるとAB間の電位差は再びV_0になる。やはりMは静電誘導を起こし，その上下の電場は等しい。それをE_2とおくと，BM間とMA間の電位差の和がV_0に等しいから

$$E_2d+E_2\cdot 2d=V_0$$
$$\therefore\quad E_2=\frac{V_0}{3d}$$

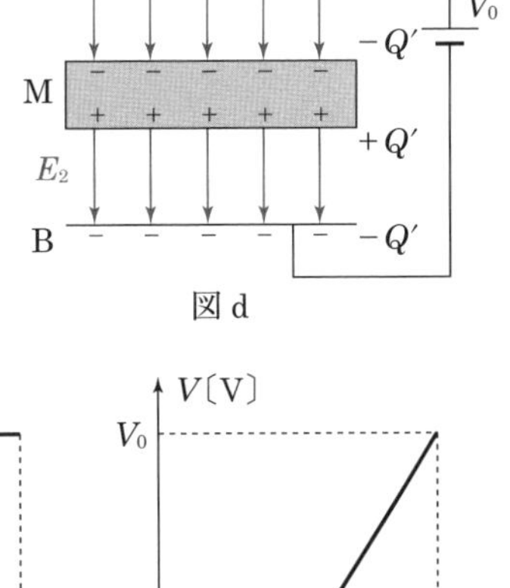

図 d

これで図eが描ける。Mの電位は
$$E_2d=\frac{1}{3}V_0$$
この場合も，Bの電位が0で，Mが高電位側だからBM間の電位差はMの電位そのものである。図fが得られる。

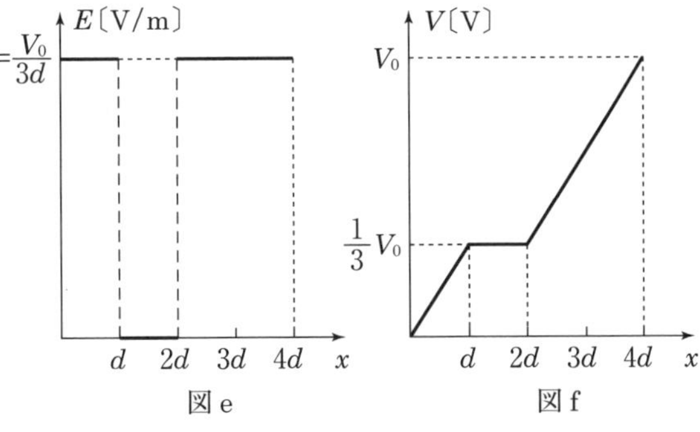

図 e　　図 f

Mを入れているときは極板間隔が実質的に $3d$ のコンデンサーとなっていて，Mを入れていないときの $\frac{3}{4}$ 倍になっている。電気容量は間隔に反比例するので，容量 C' は

$$C' = \frac{1}{\frac{3}{4}}C = \frac{4}{3}C \qquad \therefore \quad Q' = C'V_0 = \frac{4}{3}CV_0$$

よって，$Q'-Q=\boldsymbol{\frac{1}{3}CV_0}$〔C〕の電気量がSを**左向き**に移動したことが分かる（$Q' > Q$より）。

(4)　Sを開いたので，Aの電気量 Q' は孤立し，不変となる。そのため他の部分の電気量も変わらない。すると，極板間の電場は E_2 のままだから，AB間の電位差は（図g）

$$E_2 d + E_2 d = 2E_2 d = \boldsymbol{\frac{2}{3}V_0}\text{〔V〕}$$

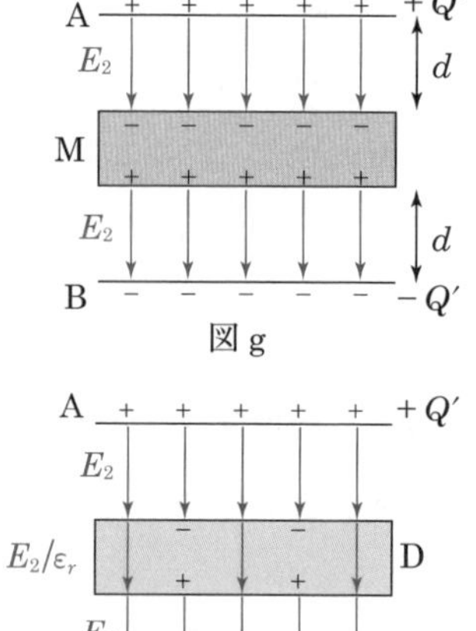

図g

図h

MをDに置き替えても電気量 Q' が不変なので，空気部分の電場 E_2 は変わらない。ただし，誘電分極が起こり（図h），D内の電場は

$$\frac{E_2}{\varepsilon_r} = \frac{E_2}{2} = \frac{V_0}{6d}$$

となる（図ｉ）。

電位グラフはBD間は図fと同じだが，D内の電位差が $\frac{E_2}{2}d = \frac{V_0}{6}$ あるので，Dの上面の電位は　$\frac{V_0}{3} + \frac{V_0}{6} = \frac{V_0}{2}$

また，DA間の電位差はBD間と同じく $\frac{V_0}{3}$ あるから，Aの電位は

$$\frac{V_0}{2} + \frac{V_0}{3} = \frac{5}{6}V_0$$

こうして図ｊが描ける。

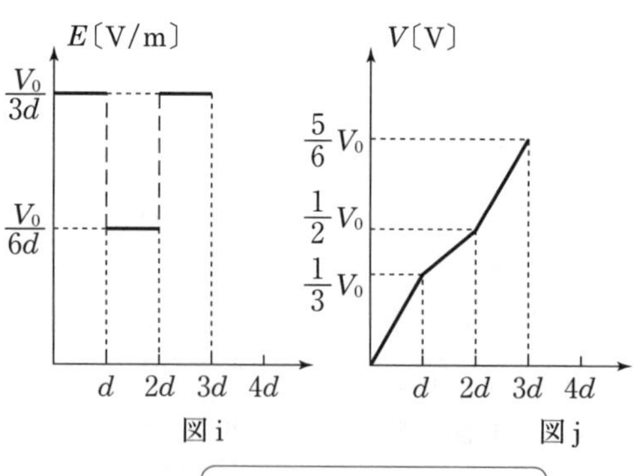

図ｉ　　図ｊ

電位と電位差は違う！
電位は０Ｖから順次決める。

17 コンデンサー

Ⅰ 面積S，間隔dで，$\pm Q$の電荷をもつ平行板コンデンサーの極板が引き合う力の大きさFは，次のように求めることができる。いま，かりに図1のように，一方の極板を止めたままで他方の極板に外力を加えて，静かにその間隔を微小距離Δdだけ増加させたとする。

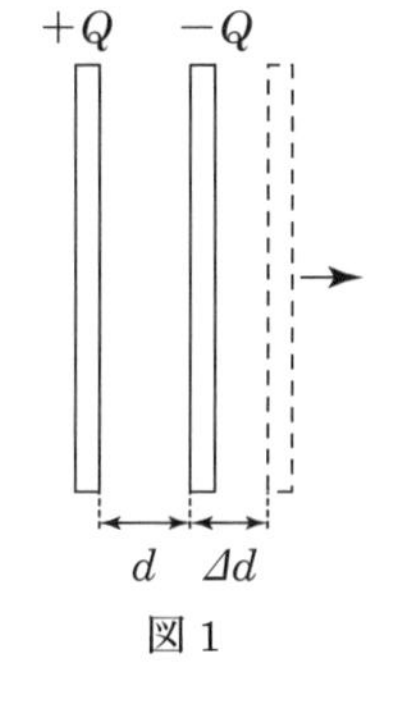

図1

(1) 静電エネルギーの増加と外力のなした仕事に注目して，FをQの関数として表せ。また，Fを電位差Vの関数として表せ。空気の誘電率をε_0とする。

Ⅱ 面積Sの極板のまわりに絶縁体の縁を付けた質量mの板Aを，細い導線で定点Pからつり下げる。Bは面積S，質量mの極板で，金属製のばね(自然長はl_0)によって支えられている。また，Aをつり下げている導線は質量が$5m$以上の物体をつり下げると切れる。Dは絶縁体の支持台である。Aの極板部分とBとは平行板コンデンサーをなし，絶縁体の影響は無視できる。

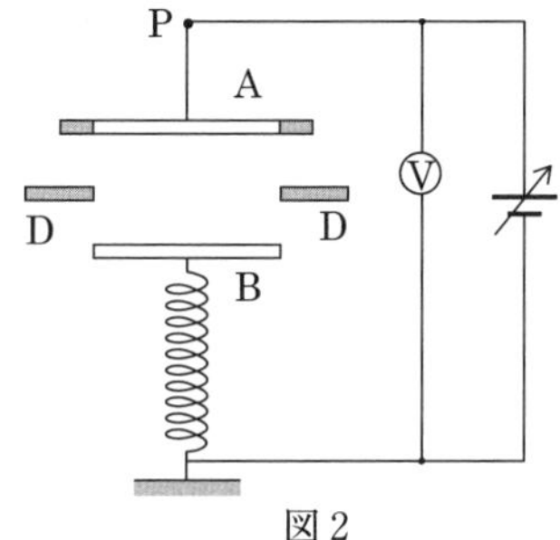
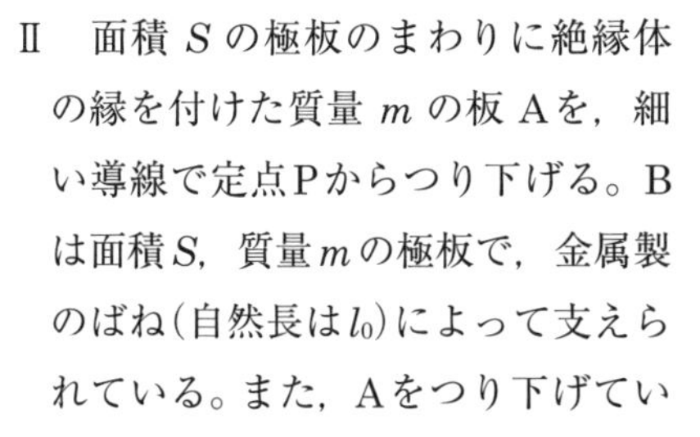

図2

最初，電圧計の読みが0のときには，ばねの長さは$0.99l_0$であり，AとBとの距離は$1.01l_0$であったが，電圧をゆっくり上げていくとばねは少しずつ伸びて，電圧計の読みがV_0となったときにばねの長さはl_0となった。電圧をさらにゆっくり上げていくと，電圧計の読みがV_1，ばねの長さがl_1のときに導線が切れた。

(2) ばねの長さl_1をl_0で表せ。また，V_1をV_0で表せ。

(3) 導線が切れた後，Aは$0.5l_0$落下して支持台Dに支えられて止まった。ばねの長さはいくらになるか。

(名古屋大)

Level (1)〜(3) ★

Point & Hint

静電エネルギー $= \frac{1}{2}CV^2 = \frac{1}{2}QV = \frac{Q^2}{2C}$

(1) エネルギー保存則より，外力の仕事は静電エネルギーの増加に等しい。

(2) BやAの力のつり合いの式をていねいに追う。

(3) Qの関数として表されたFの式に注目する。

LECTURE

(1)　初めの電気容量 C と静電エネルギー U は

$$C=\frac{\varepsilon_0 S}{d} \qquad U=\frac{Q^2}{2C}=\frac{Q^2}{2\varepsilon_0 S}d \quad \cdots\cdots①$$

あとの容量 C' と静電エネルギー U' は

$$C'=\frac{\varepsilon_0 S}{d+\varDelta d}$$

$$U'=\frac{Q^2}{2C'}=\frac{Q^2}{2\varepsilon_0 S}(d+\varDelta d) \quad \cdots\cdots②$$

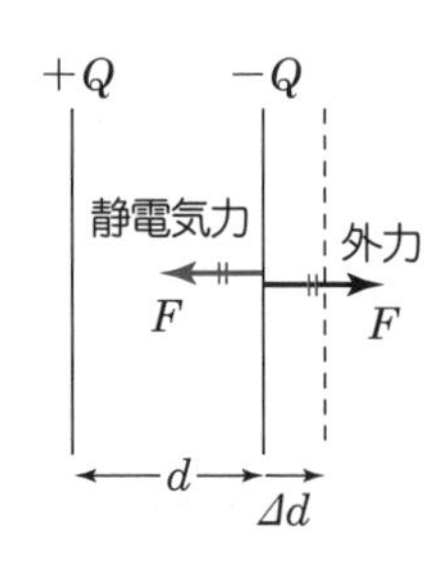

静かに動かしているので外力の大きさは，静電気力（極板間引力）F に等しく，外力の仕事$F\varDelta d$はエネルギー保存則より静電エネルギーの増加に等しいので

$$F\varDelta d = U'-U=\frac{Q^2}{2\varepsilon_0 S}\varDelta d \qquad \therefore \quad F=\frac{Q^2}{2\varepsilon_0 S} \quad \cdots\cdots③$$

$$Q=CV=\frac{\varepsilon_0 S}{d}V \text{ を代入すると } F=\frac{\varepsilon_0 S}{2d^2}V^2 \quad \cdots\cdots④$$

なお，ガウスの法則より電場（電界）の強さ Eは $E=(Q/\varepsilon_0)/S$ と表せるから，③より $\boldsymbol{F=\frac{1}{2}QE}$　これは覚えておくとよい。なぜ，$F=QE$ でなく，$\frac{1}{2}$ が付くかについてはエッセンス(下)p 72を参照。

(2)　ばね定数をk，重力加速度をgとすると，ばねは$0.01l_0$縮んでBを支えているから

$$k\times 0.01l_0 = mg$$

$$\therefore \quad k=\frac{100mg}{l_0}$$

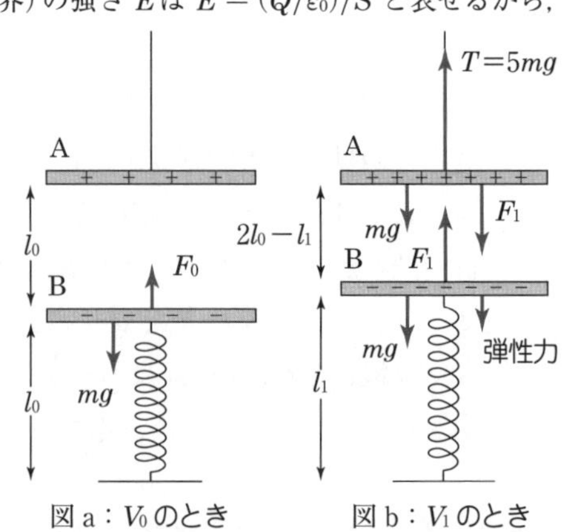

図a：V_0のとき　　図b：V_1のとき

Aと床との間の距離は $1.01l_0+0.99l_0=2l_0$ となっている。

電圧が V_0 のとき，AB間は l_0 で，弾性力は0となる（図a）。極板間引力を F_0 とすると，Bのつり合いより

$$mg=F_0$$
$$=\frac{\varepsilon_0 S}{2l_0^{\,2}}V_0^{\,2} \quad \cdots\cdots⑤$$

ここでは，式④を応用した。

電圧が V_1 のときが図bで，導線の張力 T が $5mg$ だから，極板間引力を F_1 とすると，力のつり合いより

Aについて：　$5mg=mg+F_1 \qquad \therefore \quad F_1=4mg \quad \cdots\cdots⑥$

Bについて：　$F_1=mg+k(l_1-l_0)$

$$\therefore \quad 4mg=mg+\frac{100mg}{l_0}(l_1-l_0) \qquad \therefore \quad l_1=\mathbf{1.03}\,\boldsymbol{l_0}$$

AB間は $2l_0-l_1$ であり，④を応用すると

$$F_1=\frac{\varepsilon_0 S}{2(2l_0-l_1)^2}V_1^{\,2}=\frac{\varepsilon_0 S}{2\cdot(0.97l_0)^2}V_1^{\,2} \quad \cdots\cdots⑦$$

一方，F_1 は⑥,⑤より　$F_1=4mg=\dfrac{2\varepsilon_0 S}{l_0^{\,2}}V_0^{\,2} \quad \cdots\cdots⑧$

⑦,⑧より　$V_1=\mathbf{1.94}\,\boldsymbol{V_0}$

(3) 導線が切れると電気量 Q が一定になるから，③より極板間引力は一定と分かる。したがって，Bに働く力は変わらないから，Bは動かない。ばねの長さは $l_1=\mathbf{1.03}\,\boldsymbol{l_0}$ のままになっている。

Q 一定なら，極板間の引力は一定。

Q 問(3)の後，Bを少し押し下げて放すと，Bは振動した。その周期 T はいくらか。（★）

18　コンデンサー

起電力V_0〔V〕で内部抵抗のない電池，電気容量C〔F〕，$2C$〔F〕，$3C$〔F〕の3つのコンデンサーC_1，C_2，C_3，および抵抗R_1，R_2とスイッチS_1，S_2からなる回路がある。はじめ，2つのスイッチは開いていて，各コンデンサーには電荷がない。空気の比誘電率を1とする。

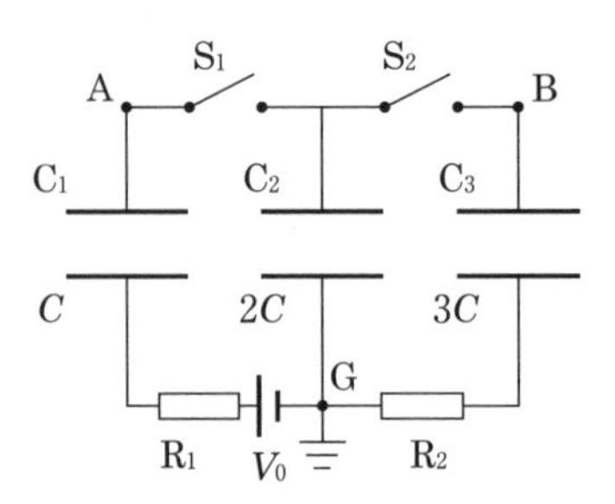

まず，S_1だけを閉じる。十分に時間がたったとき，

(1)　C_1の電気量と電圧を求めよ。

(2)　C_1とC_2の静電エネルギーの和を求めよ。

(3)　この間にR_1で発生したジュール熱を求めよ。

次に，S_1を開き，S_2を閉じる。十分に時間がたったとき，

(4)　点AとBの電位を求めよ。接地点Gの電位を0とする。

(5)　この間に抵抗R_2で発生したジュール熱を求めよ。

続いて，S_2を開き，C_3の極板間に，極板と同じ形で，極板間隔の半分の厚さをもつ誘電体をさし込んだ。すると，C_3の電圧は入れる前の$\frac{2}{3}$倍となった。

(6)　誘電体の比誘電率ε_rを求めよ。

Level　(1)〜(5) ★　(6) ★

Point & Hint

十分に時間がたつと，コンデンサーは充電を終わり，抵抗には電流が流れなくなる。すると抵抗は電位降下(電圧降下)を起こさず，等電位となる。静電気で扱った「導体は等電位」にほかならない。

並列や直列の合成容量の公式を

Base

並列

$C = C_1 + C_2 + \cdots$

直列

$\frac{1}{C} = \frac{1}{C_1} + \frac{1}{C_2} + \cdots$

※ 直列ははじめコンデンサーが帯電していないこと。

活用したい。

(3) エネルギー保存則を用いる。電池が出すエネルギー(化学エネルギーを電気エネルギーに変える分)は「電池のする仕事」とよばれる。

(電池のする仕事)

＝(電池を通った電気量)×(起電力)

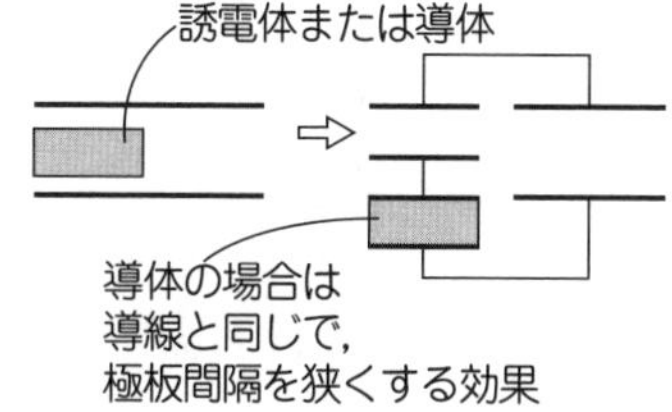

(6) 極板間に誘電体や導体をさし入れたときの電気容量は，上図のように直して並列や直列の公式を利用すればよい。

LECTURE

(1)　C_1 と C_2 は直列で，合成容量 C_{12} は

$$\frac{1}{C_{12}} = \frac{1}{C} + \frac{1}{2C} \qquad \therefore \quad C_{12} = \frac{2}{3}C$$

$$\therefore \quad Q = C_{12}V_0 = \boldsymbol{\frac{2}{3}CV_0}\,\text{〔C〕}$$

この電気量 Q は C_1 も C_2 も共通である。

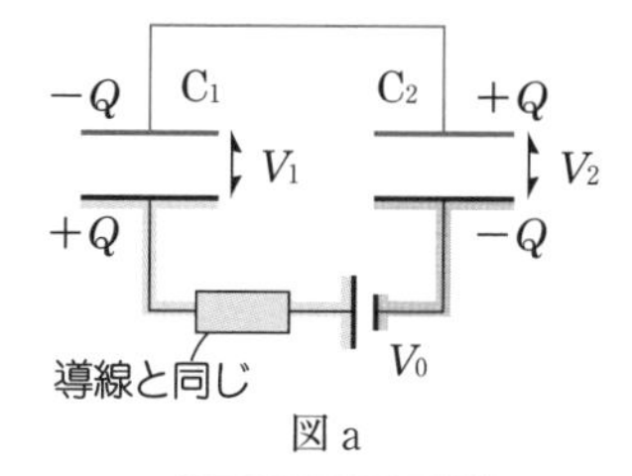

図 a

うっかり並列と思わないこと。同じ色の部分は同じ電位。

C_1の電圧を V_1とすると

$$Q = CV_1 \quad \text{より} \qquad V_1 = \frac{Q}{C} = \boldsymbol{\frac{2}{3}V_0}\,\text{〔V〕}$$

別解　**直列コンデンサーでは，電圧は容量の逆比になる**ので

$$V_1 = \frac{2C}{C+2C}V_0 = \boldsymbol{\frac{2}{3}V_0}\,\text{〔V〕}$$

(2)　C_2 の電圧は $V_2 = V_0 - V_1 = \frac{1}{3}V_0$ だから

$$\frac{1}{2}C\left(\frac{2}{3}V_0\right)^2 + \frac{1}{2}(2C)\left(\frac{1}{3}V_0\right)^2 = \boldsymbol{\frac{1}{3}CV_0^2}\,\text{〔J〕}$$

別解　1つの直列コンデンサーとして，$\frac{1}{2}C_{12}V_0^2$ と求めてもよい。

(3)　エネルギー保存則は，電池を通った電気量 $Q = \frac{2}{3}CV_0$ に目を向けて

RI^2 では手が出ない。電流 I は変わっているし充電時間も分からない。

(電池のする仕事)

＝(静電エネルギー)＋(ジュール熱 H)

$$\frac{2}{3}CV_0 \cdot V_0 = \frac{1}{3}CV_0^2 + H \qquad \therefore \quad H = \boldsymbol{\frac{1}{3}CV_0^2}\,\text{〔J〕}$$

(4)　S_1が開かれているため，C_1 は電気量 Q と電圧 V_1 を保持している。R_1

は等電位であり，電位はGから電池でV_0上がり，C_1でV_1下がる（＋極板から－極板へ移る）から，Aの電位は

$$V_0 - V_1 = \mathbf{\frac{1}{3}V_0}\ \text{〔V〕}$$

一方，C_2とC_3は並列になる。その電圧をVとする。陽極板(赤)の総電気量は図aでC_2の上側の極板がもっていた$+Q\left(=\frac{2}{3}CV_0\right)$だから

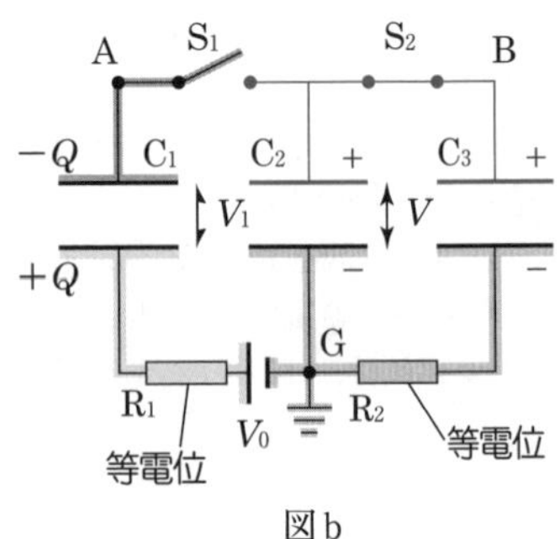

図b

$$Q = (2C+3C)V \quad \therefore \quad V = \frac{Q}{5C} = \frac{2}{15}V_0$$

R_2が等電位で　Gが0Vだから，Bの電位は　$\mathbf{\frac{2}{15}V_0}$〔V〕

なお，C_3の電気量　Q_3は　　$Q_3 = (3C)V = \frac{2}{5}CV_0$〔C〕

(5)　エネルギー保存則から，C_2，C_3全体での静電エネルギーの減少分がR_2でのジュール熱に等しいといえる(電池とC_1は何もしていない)。

$$\frac{1}{2}(2C)\left(\frac{1}{3}V_0\right)^2 - \frac{1}{2}(2C+3C)V^2 = \mathbf{\frac{1}{15}CV_0^2}\ \text{〔J〕}$$

(6)　C_3の極板の面積をS，間隔をdとすると　$3C = \varepsilon_0 S/d$　　誘電体を入れると2つのコンデンサーC_{I}とC_{II}の直列と同じになる。その容量をC'とすると

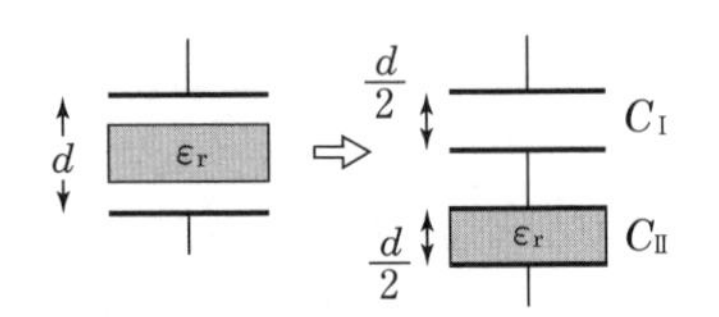

$$C_{\text{I}} = \frac{\varepsilon_0 S}{d/2} = 6C \qquad C_{\text{II}} = \frac{\varepsilon_r \varepsilon_0 S}{d/2} = 6\varepsilon_r C$$

$$\frac{1}{C'} = \frac{1}{C_{\text{I}}} + \frac{1}{C_{\text{II}}} = \frac{\varepsilon_r + 1}{6\varepsilon_r C} \qquad \therefore \quad C' = \frac{6\varepsilon_r}{\varepsilon_r + 1}C$$

S_2が開かれ，C_3の電気量$Q_3 = \frac{2}{5}CV_0$は変わっていないから，題意より

$$Q_3 = C'\left(V\times\frac{2}{3}\right) \qquad \therefore \quad \frac{2}{5}CV_0 = \frac{6\varepsilon_r}{\varepsilon_r+1}C\cdot\frac{4}{45}V_0 \qquad \therefore \quad \varepsilon_r = \mathbf{3}$$

別解　C_{I}内の電場は誘電体を入れる前と変わらず，C_{II}内は$1/\varepsilon_r$倍になる。公式$\boldsymbol{V = Ed}$より電圧はC_{I}が$\frac{1}{2}V$，C_{II}が$\frac{1}{2\varepsilon_r}V$となる。その和が$\frac{2}{3}V$だから，

$$\frac{1}{2}V + \frac{1}{2\varepsilon_r}V = \frac{2}{3}V \qquad \therefore \quad \varepsilon_r = \mathbf{3}$$

19 コンデンサー

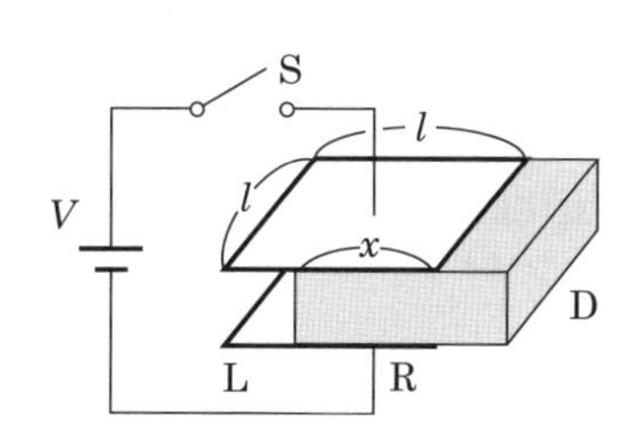

電気容量C_0のコンデンサーに起電力Vの電池をつなぎ，スイッチSを閉じて充電する（極板間は空気で，これをはじめの状態とよぶ）。コンデンサーの極板は1辺が長さ l の正方形で，極板間の電場は一様とする。また，空気の比誘電率を1とする。

Ⅰ．はじめの状態からSを開き，コンデンサーと同形で比誘電率 ε_rの誘電体Dを図のように x だけゆっくりと滑らかに挿入する。

(1)　このときのコンデンサーの電気容量 C と電圧 V_1を求めよ。

(2)　Dの挿入の際，外力のした仕事 W_1を求めよ。

Ⅱ．はじめの状態に戻し，S を閉じたままD をxだけゆっくりと滑らかに挿入する。

(3)　Dが挿入されていないL側と挿入されているR側について，次の量の比は，何：何となっているか。

(ア)　電場

(イ)　極板の電荷密度（単位面積あたりの電気量）

(4)　x の位置から，さらにDをΔx だけ押し込む。この間について次の量を求めよ。

(ア)　電池のした仕事 W_E

(イ)　外力のした仕事 W_2

(ウ)　誘電体に働く静電気力の大きさF

(5)　Dを完全に挿入した後，Sを開く。そして，Dを極板間から完全に引き出すとき，外力のする仕事 W_3を求めよ。

（静岡大＋山口大）

Level　(1) ★　(2), (3) ★　(4) ★★　(5) ★

Point & Hint

スイッチが開なら電気量が一定，閉なら電圧が一定 に注意する。

(2) エネルギー保存則で考える。

(4) (ア) 一般に，変数 y が x に比例していて，$\boldsymbol{y = ax}$（$\boldsymbol{a}$ **は定数）と表されるとき，変化量に対して，**$\boldsymbol{\Delta y = a\Delta x}$ **が成り立つ。**　$y = ax + b$ でも同じこと。

(イ) やはりエネルギー保存則だが，電池が仕事をしていることも忘れないように。

LECTURE

(1)　真空の誘電率を ε_0，極板間隔を d，はじめの電気量を Q_0 とすると

$$C_0 = \frac{\varepsilon_0 l^2}{d} \qquad Q_0 = C_0 V$$

Dを入れると，右のような2つのコンデンサーの並列と考えてよい。まず，L側の容量 C_1 は

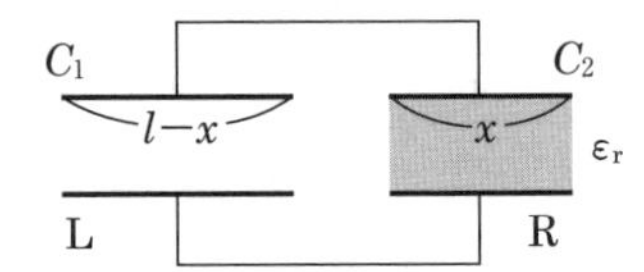

$$C_1 = \frac{\varepsilon_0 l(l-x)}{d} = \frac{l-x}{l}\cdot\frac{\varepsilon_0 l^2}{d} = \frac{l-x}{l}C_0$$

R側の容量 C_2 は　$C_2 = \dfrac{\varepsilon_r \varepsilon_0 lx}{d} = \dfrac{\varepsilon_r x}{l}\cdot\dfrac{\varepsilon_0 l^2}{d} = \dfrac{\varepsilon_r x}{l}C_0$

$$\therefore \quad C = C_1 + C_2 = \boldsymbol{\frac{l + (\varepsilon_r - 1)x}{l}C_0} \quad \cdots\cdots①$$

Sを開いているので電気量は $Q_0 = C_0 V$ で一定だから

$$Q_0 = CV_1 \quad \text{より} \qquad V_1 = \frac{Q_0}{C} = \boldsymbol{\frac{l}{l + (\varepsilon_r - 1)x}V}$$

(2)　外力の仕事は静電エネルギーの変化に等しいから

$$W_1 = \frac{1}{2}Q_0 V_1 - \frac{1}{2}C_0 V^2 = \boldsymbol{-\frac{(\varepsilon_r - 1)C_0 V^2 x}{2\{l + (\varepsilon_r - 1)x\}}}$$

実は，誘電体は極板間に引き込まれようとしている。それは誘電分極によって現れた電荷が極板上の左側の電荷から静電気力を受けるからである。外力は右向きに加えているので，挿入のときの仕事は負になる。

ただし，エネルギー保存則の式を立てるときは，外力は正の仕事をし，静電エネルギーを増加させたと分かりやすく考えるとよい。

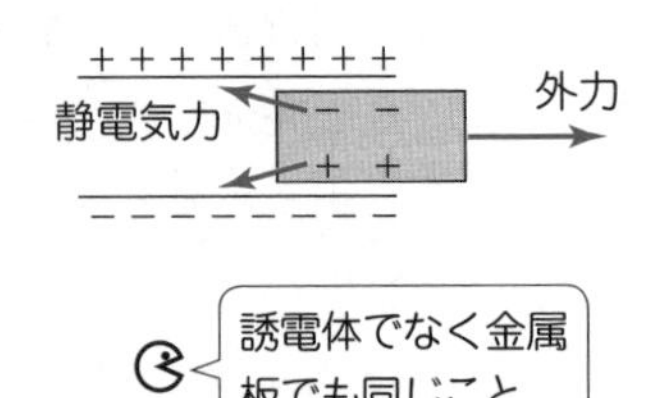

(3)(ア)　L側，R側ともに電圧 V と極板間隔 d が同じだから，

$V=Ed$ より，電場 E も同じになっている。よって，　**1：1**

(イ)　L側の電気量は $Q_1=C_1V$ であり，電荷密度 σ_1 は

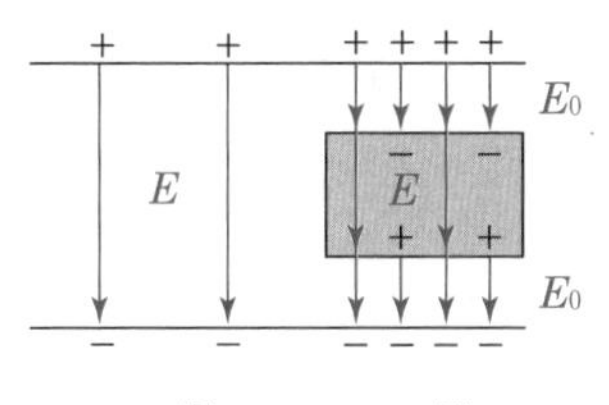

L側　　R側

$$\sigma_1=\frac{Q_1}{l(l-x)}=\frac{C_0V}{l^2}$$

一方，R側の電気量は $Q_2=C_2V$ であり，電荷密度 σ_2 は

$$\sigma_2=\frac{Q_2}{lx}=\frac{\varepsilon_r C_0V}{l^2}\qquad\therefore\quad \sigma_1:\sigma_2=\mathbf{1}:\boldsymbol{\varepsilon_r}$$

図では，分かりやすくすき間をもうけ，誘電分極の影響を見やすくしている。L側と同じ電場 E となるために，R側の電荷密度は大きくなっている。なお，すき間の電場を E_0 とすると，$E=E_0/\varepsilon_r$ である。

(4)(ア)　x のときの電気量は $Q=CV$ であり，$x+\varDelta x$ のときの電気量を Q'，電気容量を C' とすると，①を用いて

$$Q'=C'V=\frac{l+(\varepsilon_r-1)(x+\varDelta x)}{l}C_0V$$

よって，$\varDelta x$ だけ挿入する間に電池を通った電気量 $\varDelta Q$ は

$$\varDelta Q=Q'-Q=C'V-CV=\frac{(\varepsilon_r-1)\varDelta x}{l}C_0V\quad\cdots\cdots②$$

$$\therefore\quad W_E=\varDelta Q\cdot V=\boldsymbol{\frac{(\varepsilon_r-1)C_0V^2}{l}\varDelta x}$$

$Q=CV$ と①より Q は x の1次式となっている。「$y=ax+b$ なら $\varDelta y=a\varDelta x$」（エッセンス(上) p 162）を用いると，②へすぐ移れる。

(イ)　外力と電池がエネルギーの供給をし，コンデンサーの静電エネルギーを増加させていると考えると，エネルギー保存則は

分かりやすく考えるのがコツ

$$W_2+W_E=\frac{1}{2}C'V^2-\frac{1}{2}CV^2$$

$$\therefore\quad W_2=\frac{(\varepsilon_r-1)\varDelta x}{l}\cdot\frac{C_0V^2}{2}-\frac{(\varepsilon_r-1)C_0V^2}{l}\varDelta x=\boldsymbol{-\frac{(\varepsilon_r-1)C_0V^2}{2l}\varDelta x}$$

(ウ)　ゆっくりと挿入しているので力のつり合いが成り立ち，外力の大きさは静電気力の大きさ F に等しい。

$$W_2 = -F\Delta x \quad より \qquad F = \frac{(\boldsymbol{\varepsilon_r} - \mathbf{1})\,\boldsymbol{C_0 V^2}}{\boldsymbol{2l}}$$

この値は x によらないから F は一定であることが分かる。

(5)　Dを完全に入れたとき（$x = l$）の容量は $C = \varepsilon_r C_0$ だから，そのときの電気量 Q_T と静電エネルギー U_T は

$$Q_T = \varepsilon_r C_0 \cdot V \qquad U_T = \frac{1}{2}(\varepsilon_r C_0) V^2$$

Dを引き抜くと容量は C_0 に戻るが，Sが開かれているので Q_T は変わらない。外力の仕事は静電エネルギーの変化に等しく

$$W_3 = \frac{Q_T^2}{2C_0} - U_T = \frac{1}{2}\varepsilon_r^2 C_0 V^2 - \frac{1}{2}\varepsilon_r C_0 V^2 = \frac{\boldsymbol{\varepsilon_r(\varepsilon_r - 1)}}{\mathbf{2}}\boldsymbol{C_0 V^2}$$

引き出すときは，外力の向きにDを移動させるから，仕事は当然ながら正になる。

なお，問題図には抵抗が入っていないが，もし入っていたとしても，ゆっくりとDを挿入するので電流は0でジュール熱は発生せず，以上の結論に変わりはない。(5)でもDをゆっくりと引き出せばよい。

Q　はじめの状態からSを開き，極板と同形で厚さ $\frac{d}{2}$ の金属板Mを完全に挿入する。そしてMをゆっくりと引き出す。引き出した距離が y から $y + \Delta y$ となるまでの間に外力のする仕事 W を調べ，Mに働く静電気力の大きさ F を y の関数として表せ。Δy は微小量なので近似せよ。(★★)

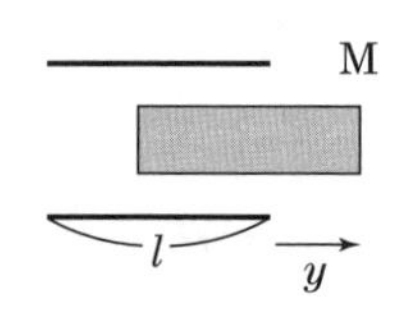

20 コンデンサー

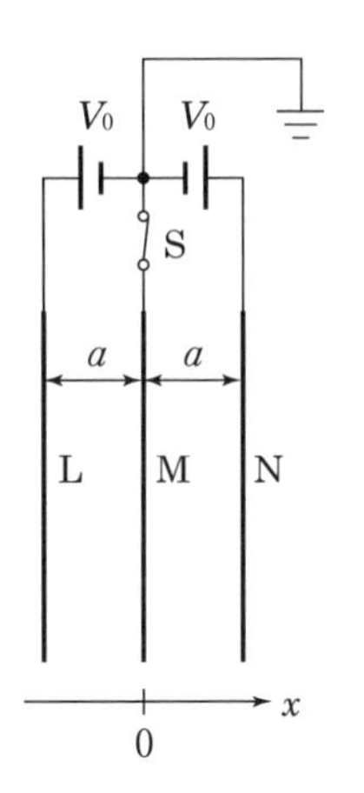

3枚の同形の極板L, M, Nを平行に並べ，図のように起電力V_0の2個の電池をつなぐ。極板L, N は間隔$2a$を保って固定してあり，M はL, N と平行を保って移動できる。

LとNの中央を原点としてx軸をとり，Mの位置座標をx($-a < x < a$)とする。

まず，極板Mを$x=0$に置き，スイッチSを閉じる。このときのLM間およびMN間の電気容量をそれぞれC_0とする。次に，Sを開いた後，Mを位置xまで静かに移動させる。

(1)　$x=0$ で，極板Mがもつ電荷Q_Mを求めよ。

(2)　位置xで，LM間およびMN間の電気容量 C_1とC_2を求めよ。

(3)　位置xで，極板Nのもつ電荷Q_Nを求め，これをxの関数として図示せよ。

(4)　アース電位を0として，位置xでのMの電位V_Mを求め，これをxの関数として図示せよ。

(5)　位置xでSを再び閉じる。Sを通る電気量(正とする)を求めよ。また，Sを通る向きは上向きか下向きか。必要があれば，$x>0$，$x<0$ の場合に分けて答えよ。

(6)　Mを$x=0$ に戻し，Sを開く。そして，Mを一定の速さvで右へ動かす。Nに流入する電流Iを求めよ。　（東京大＋慶應大）

Level　(1), (2) ★　(3)〜(5) ★　(6) ★★

Point & Hint

(1) 極板の指定があれば，電荷(電気量)の符号も考慮して答えなければならない。Mの左右両面に電荷が現れることに注意。

(3) **孤立部分の電気量保存則**。　Sが開かれているので，Mの電気量保存に着目する。直列や並列で扱いきれなくなったら，電位による解法を用いるとよい。

その原理は，右図で極板 X の電気量が符号を含めて $C(x-y)$ と表せることにある（詳しくは，エッセンス（下）p 63）。

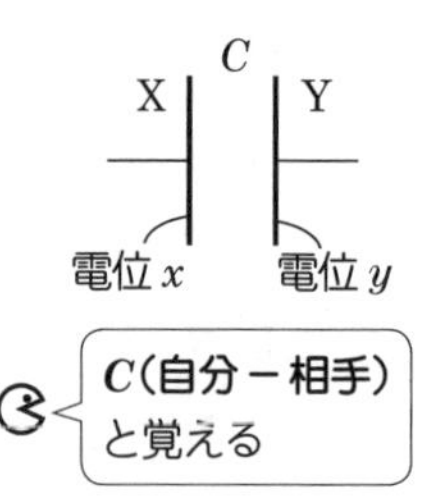

(5) x の正負によるかどうか定性的にも考えてほしい。

(6) 微小時間 Δt の間に N の電気量が ΔQ_N 増すとすると，電流は $I=\Delta Q_N/\Delta t$ と表せる。〔A〕=〔C/s〕であり，電流値は，1 s 間に N に入ってくる電気量に対応している。

LECTURE

(1)　図のように電荷が現れる。$Q=C_0V_0$ より

$$Q_M=-2Q=\boldsymbol{-2C_0V_0}$$

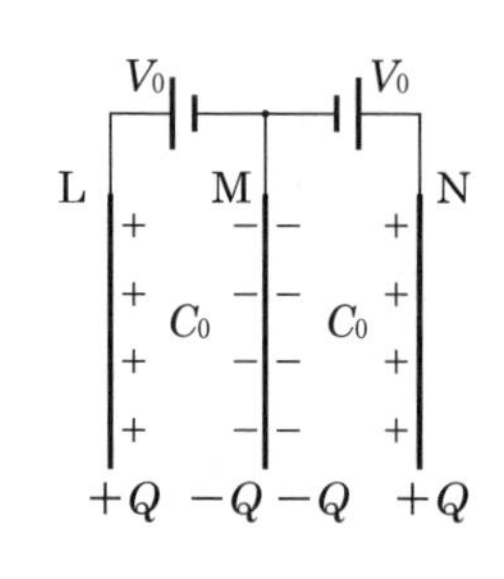

(2)　空気の誘電率を ε，極板面積を S とすると

$$C_0=\frac{\varepsilon S}{a}$$

$$C_1=\frac{\varepsilon S}{a+x}=\frac{a}{a+x}\cdot\frac{\varepsilon S}{a}=\boldsymbol{\frac{a}{a+x}C_0}$$

同様に　　$C_2=\dfrac{\varepsilon S}{a-x}=\boldsymbol{\dfrac{a}{a-x}C_0}$

(3)　L と N の電位は等しいから，2 つのコンデンサーの電圧は等しく，V とする。

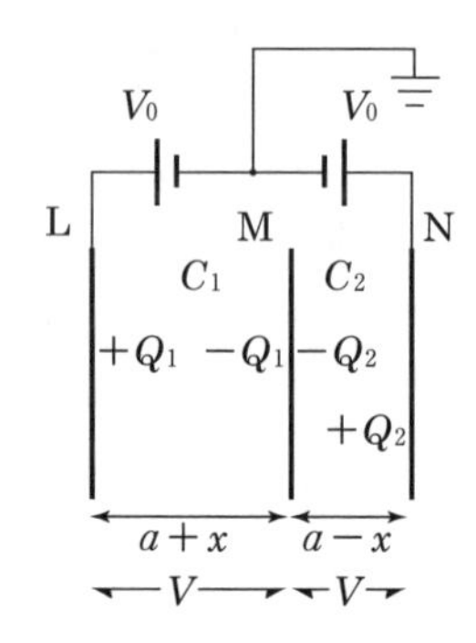

図の電気量 Q_1, Q_2 は

$$Q_1=C_1V=\frac{a}{a+x}C_0V \quad \cdots\cdots①$$

$$Q_2=C_2V=\frac{a}{a-x}C_0V \quad \cdots\cdots②$$

S が開かれ，M の電気量は保存しているので

$$-Q_1+(-Q_2)=-2C_0V_0 \quad \cdots\cdots③$$

①〜③より　　$V=\dfrac{a^2-x^2}{a^2}V_0$　……④

$$Q_N=+Q_2=\boldsymbol{\frac{a+x}{a}C_0V_0} \quad \cdots\cdots⑤$$

以上，一応 $x>0$ を想定して解いているが，$x<0$ でも式は同じであり，Q_N のグラフは右のように直線になる。

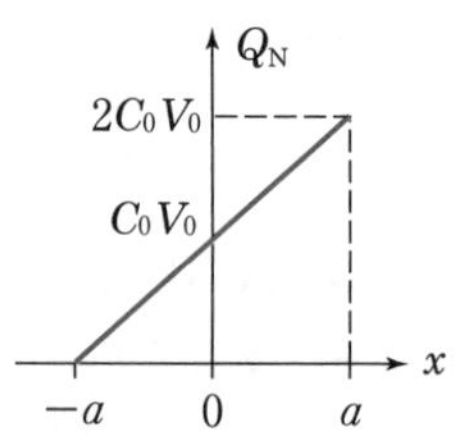

別解　2つのコンデンサーは電圧が等しく，並列となっていることが見抜ければ，$Q_1+Q_2=(C_1+C_2)V$ と③とから答えを求めることもできる。

別解　電位による解法を用いる。L，Nの電位は共に$+V_0$であり，Mの電位を V_Mとすると，M の電気量保存より

$$C_1(V_M-V_0)+C_2(V_M-V_0)=-2C_0V_0$$

C_1，C_2 を代入して解くと　　$V_M=\dfrac{x^2}{a^2}V_0$

$$\therefore\quad Q_N=C_2(V_0-V_M)=\frac{a}{a-x}C_0(V_0-V_M)=\boldsymbol{\frac{a+x}{a}C_0V_0}$$

(4)　M は N より Vだけ低電位だから（∵　$Q_N>0$）

$$V_M=V_0-V=\boldsymbol{\frac{x^2}{a^2}V_0}$$

グラフは放物線となる。なお，電位の方法ならV_Mは既に求められている。

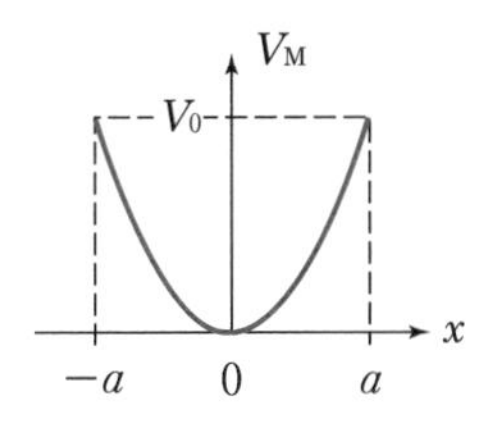

(5)　S を閉じると LM 間も MN 間も電圧が V_0となる。M の両面とも負に帯電し，その和 Q'_Mは

$$Q'_M=-C_1V_0+(-C_2V_0)=-\frac{2a^2}{a^2-x^2}C_0V_0$$

M の電気量の変化は　$Q'_M-(-2C_0V_0)=-\dfrac{2x^2}{a^2-x^2}C_0V_0<0$

M の電気量は減少しているので，正電荷は M から出ていき，Sを**上向き**に通ったことになる。その量は　　$\boldsymbol{\dfrac{2x^2}{a^2-x^2}C_0V_0}$

装置の対称性から考えても xの正負にはよらないはず。

(6)　t秒後の位置は $x=vt$ だから，⑤より　　$Q_N=\dfrac{a+vt}{a}C_0V_0$

その後，微小時間 Δt の間に N に入る電気量 ΔQ_N は

$$\Delta Q_N=\frac{v}{a}C_0V_0\Delta t\qquad（∵\quad Q_N は t の1次式）$$

$$\therefore\quad I=\frac{\Delta Q_N}{\Delta t}=\boldsymbol{\frac{C_0V_0v}{a}}$$

Q　前半（問(1)～(4)）について，$x\,(>0)$の位置でMに加えている外力の大きさと向きを求めよ。極板間引力の知識（p 62）を用いてよい。（★★）

21　コンデンサー

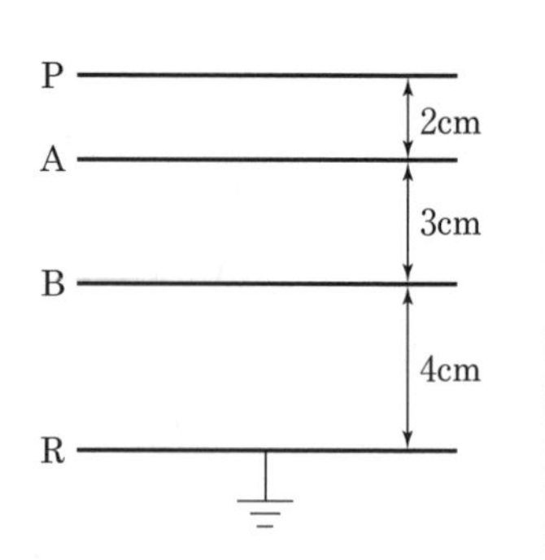

大きな導体板P, R が，間隔 9 cmで平行に置かれ，Rは接地されている。Pに$+Q$〔C〕，Rに $-Q$〔C〕の電気量を与え，PR間に一様な電場(電界)をつくる。接地点の電位を 0 とする。

(1)　P, R と同形で電気的に中性な，薄い 2 枚の導体板 A および B を，A はPから間隔 2 cm離れた位置に，Bは Rから 4 cm離れた位置に入れ，P と A を導線でつないだ。このとき，B の電位は 36 V であった。P, A および B の電荷はそれぞれいくらか。また, A, Bを入れる前の，Pの電位はいくらであったか。

(2)　次に, Pと Aをつなぐ導線を切り離し，A と Bを導線でつないでから，Pを接地した。AおよびBの電荷はそれぞれいくらになるか。また，Bの電位はいくらか。

(3)　(2)に続いて, Bを固定し，A とBを導線でつないだまま，A をBまで動かし接触させた。Rから大地へ向かって，どれだけの電気量が移動したか。また，このとき，PA間，BR間の電場の強さはそれぞれいくらか。

(立命館大)

Level　(1), (2) ★　(3) ★★

Point & Hint

(1) **電気量Qが一定なら電場Eが一定**に目を向け，公式 $V=Ed$ を活用するとよい。もちろん $Q=CV$ でも対処できる。電気容量は極板間隔に反比例することから，たとえばBR 間の容量を C とおけば他の部分も計算できる。
(2), (3) A, B 全体で孤立部分となっている。

LECTURE

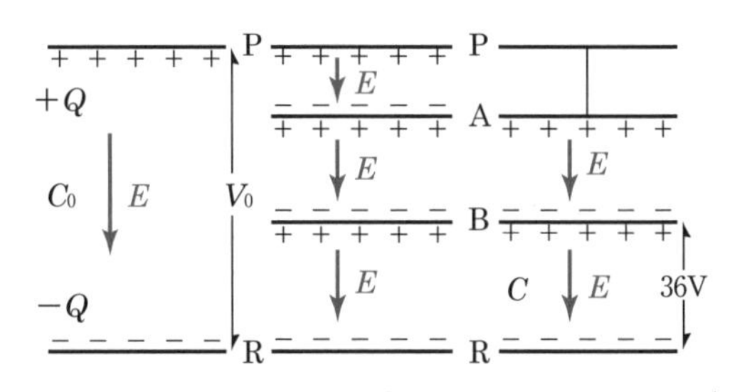

(1)　AとBを入れると，静電誘導が起こるが，極板間の電場 E に変わりはない(図b)。PとAを導線で結ぶと，PとAの上面の電荷は中和して消える（図c）。よって，電荷は　P：**0〔C〕**　A：**＋Q〔C〕**　B：**0〔C〕**

（Bは上面に－Q，下面に＋Q）

図cのBR間に対して　$36 = E \times 0.04$　∴　$E = 900$〔V/m〕

図aのPR間に対して　$V_0 = E \times 0.09 = 900 \times 0.09 =$ **81〔V〕**

R の電位が0Vなので，電圧 V_0 はそのまま電位と読み替えてよい。

別解　BR間の容量を C とすると　$Q = C \times 36$　……①

図aの容量を C_0 とすると，間隔はBR間の $\frac{9}{4}$ 倍だから，容量は $\frac{4}{9}$ 倍で

$C_0 = \frac{4}{9}C$　そこで　$Q = C_0V_0 = \frac{4}{9}CV_0$　……②

①, ②より　$V_0 =$ **81〔V〕**

(2)　AとBを導線でつないだときが図d。AB間の電荷が中和している。ただし，AB全体としては＋Qがあり，この値は図eのようにPと大地をつないでも変わらない。図eでは等電位の所を色分けしてみたが，PA間とBR間は共に赤・黒の電位差 V で共通。

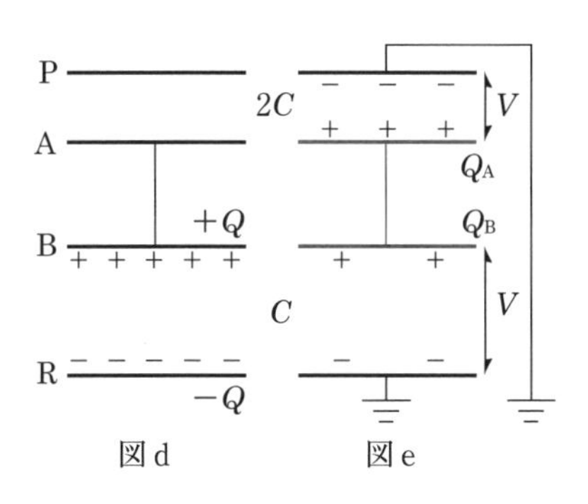

A, B上の電荷を Q_A, Q_B とすると，PA間の容量は $2C$ と表せるから(BR間の半分の間隔)

PA間：　$Q_A = (2C)V$　……③　　BR間：　$Q_B = CV$　……④

ABの電気量保存より　$Q_A + Q_B = Q$　……⑤

これら3式より　$V = \frac{Q}{3C} =$ **12〔V〕**　（∵　①）

また　　$Q_A = \boldsymbol{\frac{2}{3}Q}$〔**C**〕　　$Q_B = \boldsymbol{\frac{1}{3}Q}$〔**C**〕

別解　２つのコンデンサーの電圧 V が等しく並列だから(図eの２つのアース点を導線でつないでみると分かりやすい)

$$Q = (2C + C)\,V \qquad \therefore \quad V = \frac{Q}{3C} = \mathbf{12}\text{〔V〕}$$

Q_A，Q_B は③，④から求めればよい。

別解　電位による解法を用いる。赤い部分A，Bの電位を x とすると

$$\underbrace{2C(x-0)}_{\text{A 上の電荷 } Q_A} + \underbrace{C(x-0)}_{\text{B 上の電荷 } Q_B} = Q \qquad \therefore \quad x = \frac{Q}{3C} = \mathbf{12}\text{〔V〕}$$

(3)　PA 間は 5 cm で BR 間の $\frac{5}{4}$ 倍だから，PA 間の容量は $\frac{4}{5}C$　PA 間と BR 間の電圧は等しく，V' とすると

PA 間：　$Q_A' = \frac{4}{5}CV'$

BR 間：　$Q_B' = CV'$

A，Bの電気量保存より　　$Q_A' + Q_B' = Q$

これら３式より

$$V' = \frac{5Q}{9C} = \frac{5}{9} \times 36 = 20\text{〔V〕} \qquad (\because \ ①)$$

$$Q_A' = \frac{4}{9}Q\text{〔C〕} \qquad Q_B' = \frac{5}{9}Q\text{〔C〕}$$

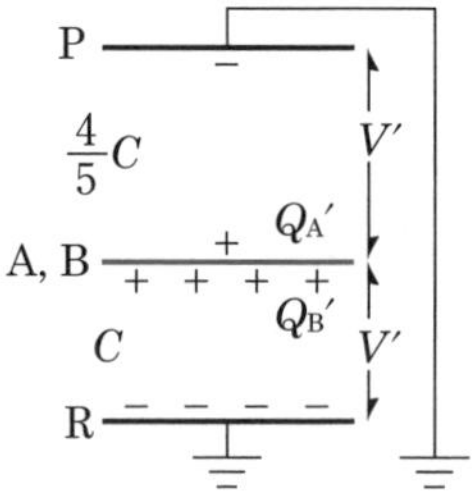

図 f

R の電気量は図 e の $-Q_B = -\frac{1}{3}Q = -\frac{3}{9}Q$ から $-Q_B' = -\frac{5}{9}Q$ に減っている。よって，差 $\boldsymbol{\frac{2}{9}Q}$〔**C**〕が大地へと移動したことが分かる。

別解　並列とみなせるので　$Q = \left(\frac{4}{5}C + C\right)V'$　　$\therefore$　$V' = \frac{5Q}{9C}$（以下略）

別解　A，B の電位を x' とおくと

$$\frac{4}{5}C(x'-0) + C(x'-0) = Q \qquad \therefore \quad x' = \frac{5Q}{9C}$$

よって，R 上の電気量は　　$C(0-x') = -\frac{5}{9}Q$　（以下略）

PA 間，BR 間の電場の強さを E_{PA}，E_{BR} とすると

PA 間：　$20 = E_{PA} \times 0.05$　　$\therefore$　$E_{PA} = \mathbf{400}$〔**V/m**〕

BR 間：　$20 = E_{BR} \times 0.04$　　$\therefore$　$E_{BR} = \mathbf{500}$〔**V/m**〕

22　コンデンサー

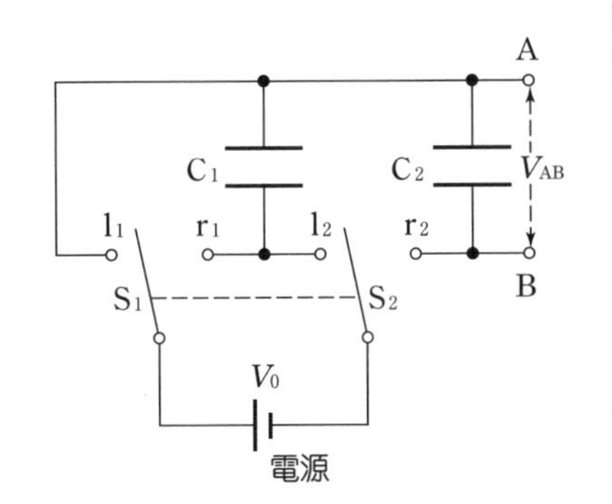

電圧 V_0 の電源1個を使って，それより大きな電圧をうる方法を考えよう。電圧 V_0 の電源，コンデンサー C_1，C_2，スイッチ S_1，S_2 を結んで図の回路をつくった。S_1，S_2 はいつも連動して働き，左側接点と接続（S_1 が l_1，S_2 が l_2 と同時に接続）するか，右側接点と接続（S_1 が r_1，S_2 が r_2 と同時に接続）するか，または左右どちらの接点にも接続しないかのいずれかであるとする。次のⅠ以下の操作を順に行う。Ⅰ～Ⅴの各場合について，A，B間に現れる電圧 V_{AB} を求めよ。ただし，C_1，C_2 の電気容量はいずれも C であり，はじめに，S_1，S_2 は左右どちらの接点にも接続していないとし，またそのとき，C_1，C_2 はいずれも帯電していないとする。

Ⅰ　連動スイッチ S_1，S_2 を左側接点に接続する。

Ⅱ　次に，連動スイッチ S_1，S_2 をいったん右側接点に接続する。

Ⅲ　次に，連動スイッチ S_1，S_2 をいったん左側接点に接続してから，右側接点に接続する。

Ⅳ　操作Ⅲをもう一度繰り返す。

Ⅴ　この後，操作Ⅲをさらに多数回繰り返したとき，V_{AB} はどのような値に近づくか。

（東京大）

Level　Ⅰ ★★　Ⅱ～Ⅳ ★　Ⅴ ★★

Point & Hint

Ⅱ　2つのコンデンサーは一見すると直列だが，すでにC_1が帯電しているので直列にはなっていない。

Ⅴ　計算で漸化式から攻める方法と，定性的に決める方法がある。いずれも試みてほしい。

LECTURE

Ⅰ　C_2 には電圧がかからないから　$V_{AB}=\mathbf{0}$

ていねいに追えば，C_2 の下側の極板 G は孤立していて電気量は 0 のまま。そこで上側の極板 F の電気量も 0（向かい合う極板の電気量の絶対値は等しい）。電気量が 0 だから，電圧 V_{AB} も 0 。

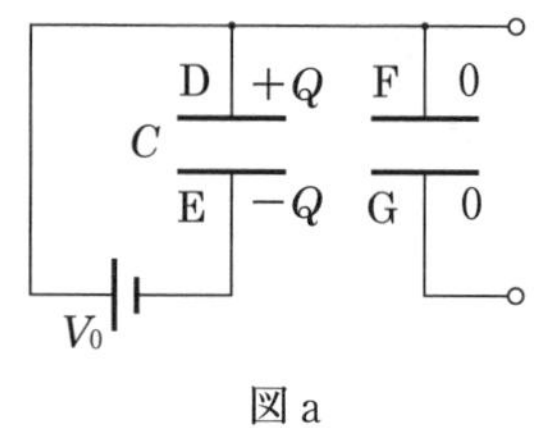

図 a

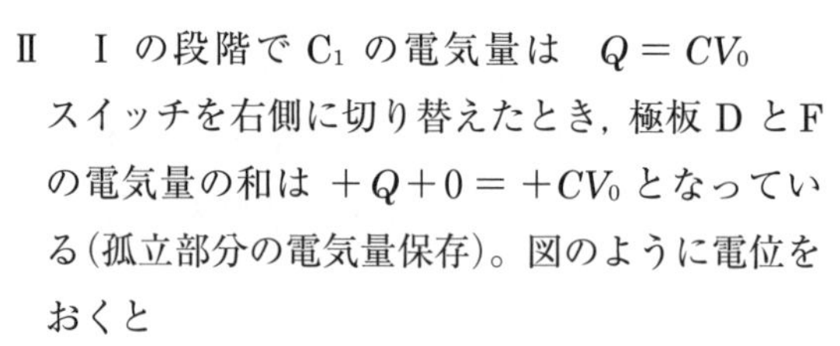

Ⅱ　Ⅰ の段階で C_1 の電気量は　$Q=CV_0$

スイッチを右側に切り替えたとき，極板 D と F の電気量の和は $+Q+0=+CV_0$ となっている（孤立部分の電気量保存）。図のように電位をおくと

$$C(x_1-V_0)+C(x_1-0)=+CV_0 \qquad \therefore \quad x_1=V_0$$

V_{AB} は FG 間の電圧に等しく

$$V_{AB}=x_1-0=\boldsymbol{V_0}$$

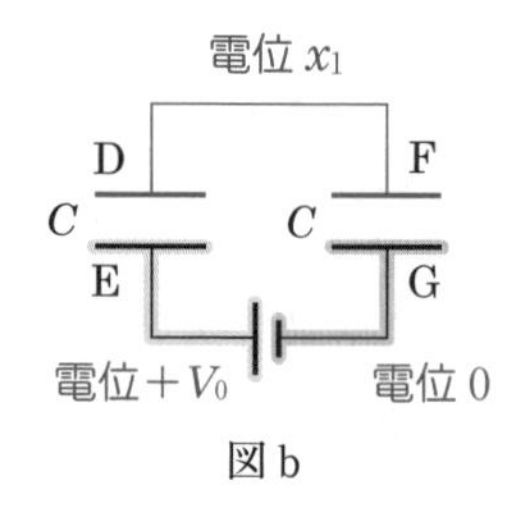

図 b

なお，次のⅢのために F の電荷を調べておくと　$C(x_1-0)=+CV_0$

別解　各コンデンサーの電気量と電圧を右のようにおく。すると

$Q_1=CV_1$　……①　　$Q_2=CV_2$　……②

電気量保存則より

$$Q_1+Q_2=+CV_0 \quad ……③$$

G と D の電位差を G→E→D というルートと G→F→D というルートで調べると

$$V_0+V_1=V_2 \quad ……④$$

図 c

＋，−の配置は適当でよい。ただし，電位の高低の判断はそれに従うこと。

①〜④より　$V_1 = 0$　$V_2 = \boldsymbol{V_0}(= V_{AB})$　$Q_1 = 0$　$Q_2 = CV_0$

電位による解法なら1つの式ですむが，このような標準的な方法では多くの連立方程式になってしまう。以下は電位の方法で解いていく。

Ⅲ　スイッチを左側に切り替えたときが図dで，再びC_1は V_0 で充電され $Q = CV_0$ の電気量をもつ（図bのときどれだけの電気量をもっていたかとは無関係！）。右側に切り替えたのが図eで，DとFの電気量の保存より

図d

$$C(x_2 - V_0) + C(x_2 - 0) = +CV_0 + CV_0$$

$$\therefore\quad x_2 = \frac{3}{2}V_0 \quad \therefore\quad V_{AB} = x_2 - 0 = \boldsymbol{\frac{3}{2}V_0}$$

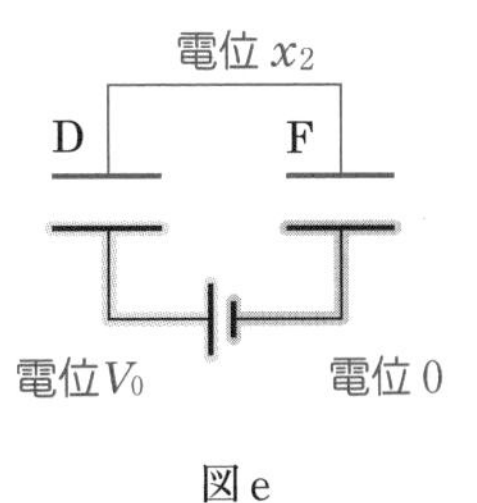

図e

孤立部分の電気量だけが図dと図eでつながる量である。なお，このときのFの電気量は　$C(x_2 - 0) = +\dfrac{3}{2}CV_0$

Ⅳ　左側接点では，図dと同様にDは$+CV_0$にされ，Fは$+\dfrac{3}{2}CV_0$をもつ。右側にすると図eのような状態になるから，D，Fの電位を x_3 とおくと

$$C(x_3 - V_0) + C(x_3 - 0) = +CV_0 + \frac{3}{2}CV_0$$

$$\therefore\quad x_3 = \frac{7}{4}V_0 \qquad \therefore\quad V_{AB} = \boldsymbol{\frac{7}{4}V_0}$$

Ⅴ　n回の操作を終わったときのD，Fの電位を x_n とすると，Fの電気量は$C(x_n - 0)$ となる。次に，スイッチを左側にすると図fのようになる。右側にしたときのD，Fの電位を x_{n+1}とすると，図eと同様に

図f

$$C(x_{n+1} - V_0) + C(x_{n+1} - 0) = +CV_0 + C(x_n - 0)$$

$$\therefore\quad x_{n+1} = \frac{1}{2}x_n + V_0 \quad \cdots\cdots⑤$$

$$\therefore\quad x_{n+1} - 2V_0 = \frac{1}{2}(x_n - 2V_0)$$

まったくのテクニック！

x_1-2V_0, x_2-2V_0, … は公比 $\frac{1}{2}$ の等比数列をなすから

$$x_n-2V_0=(x_1-2V_0)\left(\frac{1}{2}\right)^{n-1}$$

Ⅱより $x_1=V_0$ であり　　$x_n=2V_0-\frac{V_0}{2^{n-1}}$

$n\to\infty$ とすると　　$x_n\to \mathbf{2V_0}$

このように厳密にしなくても，物理としては（収束することを前提として），⑤から　$x_\infty=\frac{1}{2}x_\infty+V_0$　　∴　$x_\infty=2V_0$　としてよい。

別解　左側接点で C_1 はいつも V_0 で充電され，スイッチを右側にしたとき C_2 に対して $V_0+V_0=2V_0$ の電圧をかける。C_2 側の電圧が $2V_0$ より低い間は C_1 から＋が C_2 に送られる。そこで，C_2 の電圧は $\mathbf{2V_0}$ が最終値であることが分かる。充電されたコンデンサーは「電池」とみなすと分かりやすい。直列につながれた $2V_0$ の電池で C_2 は充電されようとしている。

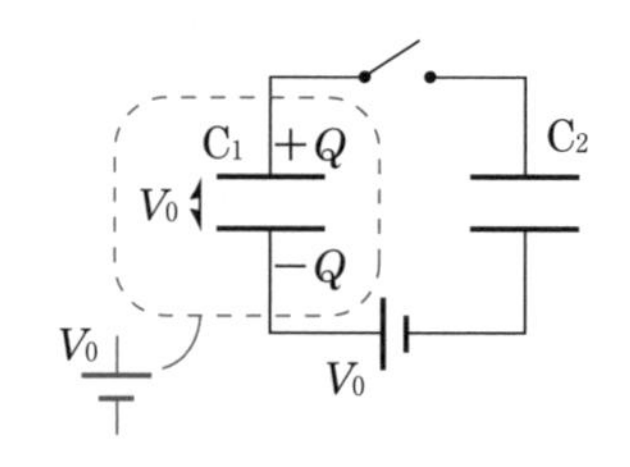

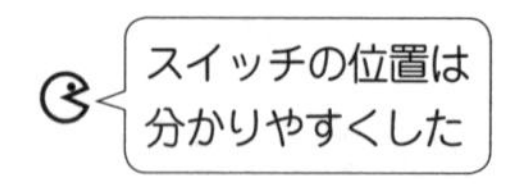

この観点なら，C_1 と C_2 の電気容量が異なっていてもよいことが分かる。

23 コンデンサー

起電力 V_0 の電池（内部抵抗は 0），電気抵抗 R の抵抗，電気容量 C のコンデンサー C（はじめの電気量は 0），およびスイッチ S からなる回路がある。S を閉じた瞬間 ($t=0$) から測った時間 t と，そのとき抵抗を流れる電流の強さ $I(t)$ の関係を調べる実験を行った。

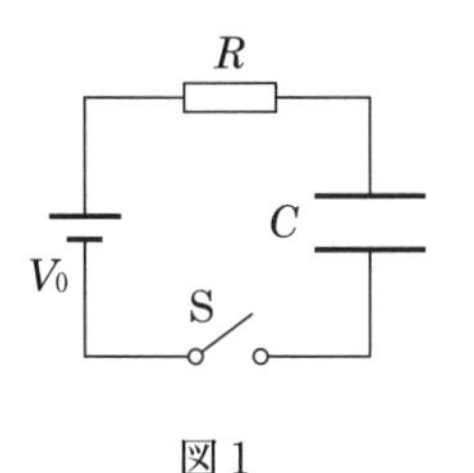

図 1

(1)　時刻 t における C の電位差を $V(t)$ として，電流 $I(t)$ を求めよ。

(2)　$I(t)$ が $t=0$ における値の $\frac{1}{2}$ になる時刻における C の電気量を求めよ。

(3)　$V_0=4.00$〔V〕にしたときの実験結果は図 2 の実線のようになった。

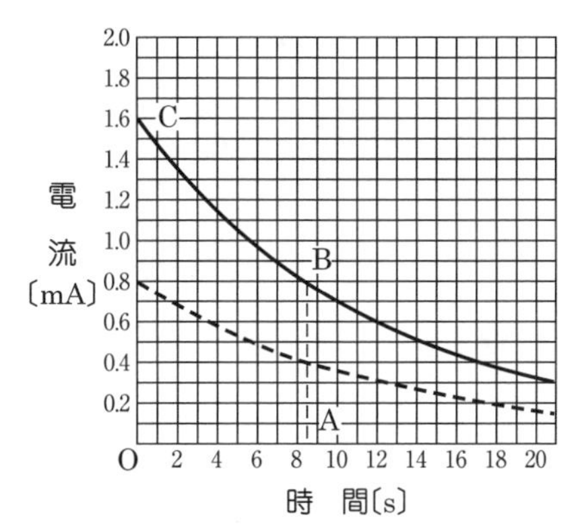

図 2

(ア)　この図から R の値を求めよ。

(イ)　図 2 で点 A は $I(t)$ が $t=0$ における値の $\frac{1}{2}$ になる時刻を表す。OABC で囲まれた図形の中の方眼の数を数えたところ，ほぼ 100 個であった。このことから充電が終了したときの C の電気量 Q を求めよ。また，電気容量 C はいくらか。

(4)　V_0 は同じにして，R と C の値を適当に変えたところ，図 2 の点線のように，電流が常に $\frac{1}{2}$ となるグラフが得られた。R と C はそれぞれ元の何倍にしたか。　（早稲田大）

Level　(1), (2) ★　(3), (4) ★

Point & Hint

充電過程の問題。

(1) キルヒホッフの法則で。

(2) コンデンサーの電気量を $q(t)$ とすると，たえず $q(t)=CV(t)$ は成り立っている。

(3)(ア) $t=0$ に注目。(イ) 電流-時間グラフの面積は何を意味しているのか？ 1つ1つの棒グラフの意味から決まる。$I\varDelta t$ といえば…。

(4) グラフの2つの特徴を生かす。

Base　キルヒホッフの法則

第1法則：　任意の点で

流入する電流 ＝ 流出する電流

第2法則：　任意の閉回路について

起電力の和 ＝ 電位降下の和

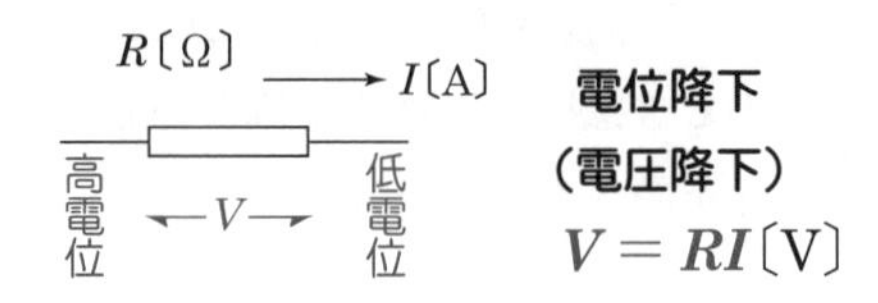

電位降下（電圧降下）

$V=RI$〔V〕

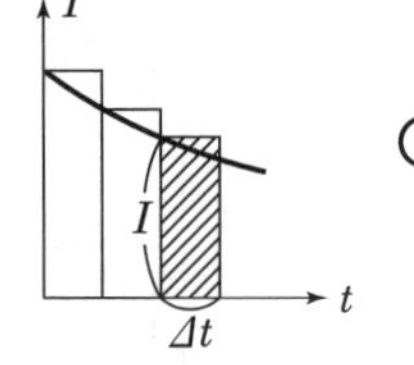

本来，電位降下とよぶべきもの。$I=0$ のとき等電位となることにも注意！

LECTURE

(1)　コンデンサーで $V(t)$ の電位降下があるので，キルヒホッフの法則より

$$V_0=RI(t)+V(t)$$

$$\therefore \quad I(t)=\frac{\boldsymbol{V_0-V(t)}}{\boldsymbol{R}}$$

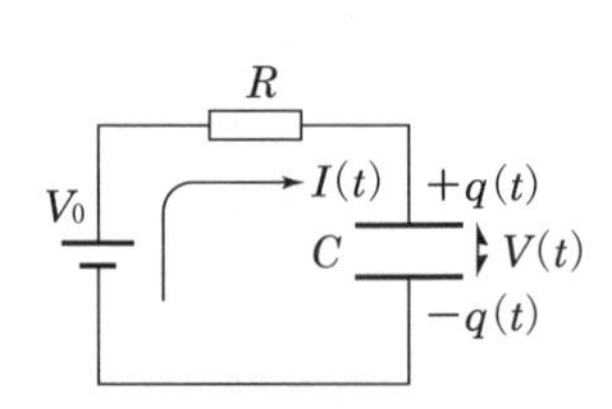

コンデンサーを「電池」とみなして，$V_0-V(t)=RI(t)$ と立式してもよい。

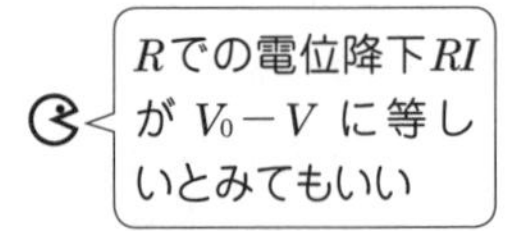

(2)　$t=0$ のときは，コンデンサーの電気量は0であり，$V(0)=0$ なので上の式から

$$I(0)=\frac{V_0}{R}\quad\cdots\cdots①$$

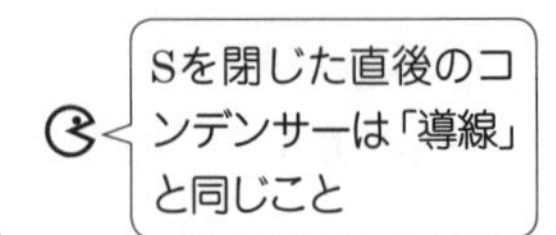

一方，題意より　$I(0)\times\dfrac{1}{2}=\dfrac{V_0-V(t)}{R}$

$$\therefore \quad V(t)=\frac{V_0}{2}$$

コンデンサーの電気量 $q(t)$ は

$$q(t)=CV(t)=\boldsymbol{\frac{1}{2}CV_0}\quad\cdots\cdots②$$

(3)(ア)　$t=0$ のとき $I(0)=1.60\times10^{-3}$〔A〕に着目して，①を用いると

$$1.60\times10^{-3}=\frac{4.00}{R}$$

$$\therefore\quad R=\mathbf{2.50\times10^{3}}\text{〔}\mathbf{\Omega}\text{〕}$$

(イ)　グラフで囲まれた面積が電気量を表す。まず，方眼1個に対応する電気量 Δq は

$\Delta q=0.1\times10^{-3}$〔A〕$\times1$〔s〕$=1\times10^{-4}$〔C〕

よって

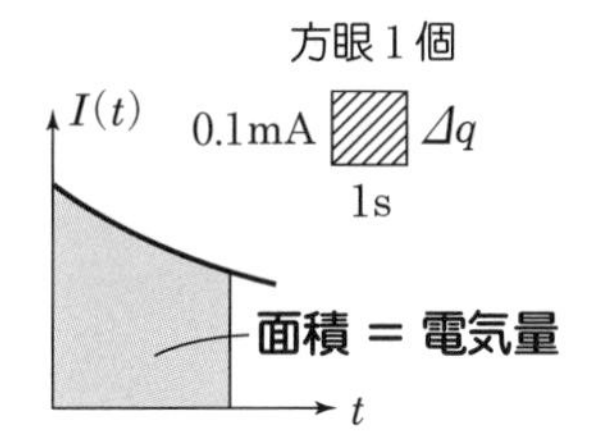

$$q(t)=100\times1\times10^{-4}=1.00\times10^{-2}\text{〔C〕}$$

充電が終わると $Q=CV_0$ がたまる（電流は0で，抵抗は等電位となり，コンデンサーの電圧は V_0）。②より $q(t)$ はその $\frac{1}{2}$ に当たるから

$$Q=2q(t)=\mathbf{2.00\times10^{-2}}\text{〔}\mathbf{C}\text{〕}$$

方眼の数は「ほぼ100個」だが，100は有効数字3桁なので3桁で答える。

このように，充電が終われば抵抗は等電位となり導線と同じことになる。そこで，問題**22**のようにコンデンサーの最終状態だけを問題にするときには，抵抗は図から省略されることが多い(回路に抵抗がないといっているわけではない)。

また，直流回路に組み込まれたコンデンサーは，十分に時間がたてば充電が終わり，電流を通さなくなることも大切。

$Q=CV_0$　より　$C=\dfrac{Q}{V_0}=\dfrac{2.00\times10^{-2}}{4.00}=\mathbf{5.00\times10^{-3}}$**〔F〕**

(4)　①より $I(0)$ の値が $\frac{1}{2}$ となるためには，R は**2倍**と分かる。グラフの面積が半分になるから，最終的にたまる電気量も半分。電圧 V_0 は同じだから C は $\mathbf{\frac{1}{2}}$ **倍**と決まる。もし，C が同じなら曲線はもっとゆるやかに減少していくはずである（面積が一致するため）。

なお，グラフの面積が半分になるのは，1つ1つの棒グラフの面積が半分となることから判断できる。

積分を習っていれば，$Q'=\int_0^\infty\frac{1}{2}I(t)dt=\frac{1}{2}\int_0^\infty I(t)dt=\frac{1}{2}Q$ と理解してもよい。

24　コンデンサー

電気容量C〔F〕, $2C$〔F〕, C〔F〕の3個のコンデンサーC_1, C_2, C_3, スイッチS_1, S_2, 起電力E〔V〕, $2E$〔V〕の2個の電池，および抵抗値R_1〔Ω〕, R_2〔Ω〕の2つの抵抗が図のように接続されている。S_1, S_2が開かれ，すべてのコンデンサーの電荷が0のときを初期状態とよぶ。G点の電位を0とし，電池の内部抵抗は無視できる。

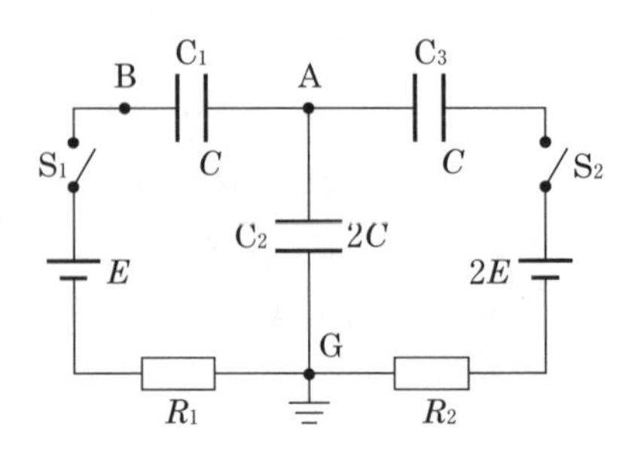

初期状態から，スイッチS_1を閉じる。

(1)　S_1を閉じた直後，S_1を流れる電流はいくらか。

(2)　十分に時間がたったとき，A点の電位はいくらか。

続いて，S_1を開き，S_2を閉じ十分に時間がたったとき，

(3)　A点の電位はいくらか。また，B点の電位はいくらか。

(4)　S_2を通過した電気量の大きさはいくらか。

(5)　抵抗R_2で発生したジュール熱はいくらか。

初期状態にもどしてから，スイッチS_1およびS_2を同時に閉じた。

(6)　十分に時間がたったとき，A点の電位はいくらか。　　（早稲田大）

Level　(1),(2) ★　(3),(4) ★　(5),(6) ★★

Point & Hint

(1) 直後なら，電荷0のコンデンサーは回路上，導線と同じこと(☞p 82)。

(3) この問いからは電位による解法を用いたい。もちろん，孤立部分の電気量保存則が決め手。

(4) どの極板上の電気量を調べればよいか。

(5) エネルギー保存則だが，少し応用力を発揮してほしい。考えるべきエネルギーはジュール熱のほかに2種ある。

LECTURE

(1) B–A–G 間は導線と思ってよいから，直後の電流は　$I_0 = \dfrac{\boldsymbol{E}}{\boldsymbol{R_1}}$〔A〕

(2) A 点の電位はC_2の電圧 V_2 と同じであり，直列コンデンサーでは，電圧は容量の逆比になるから

$$V_2 = \frac{C}{C+2C}E = \frac{\mathbf{1}}{\mathbf{3}}\boldsymbol{E}\text{〔V〕}$$

直列公式を用いるのがふつうだが（☞p 65）

なお，C_2 の電気量は $Q=(2C)V_2 = \dfrac{2}{3}CE$〔C〕で，$C_1$ の電圧は $\dfrac{2}{3}E$〔V〕となっている。

別解　A 点の電位を x とすると，A につながるC_1とC_2の極板の電気量の和は 0 だから

$$C(x-E)+2C(x-0)=0 \qquad \therefore\ x=\frac{\mathbf{1}}{\mathbf{3}}\boldsymbol{E}\text{〔V〕}$$

(3) S_1 が開かれ，C_1 は $\dfrac{2}{3}E$〔V〕のまま「凍結」状態となる。A 点の電位 x は，赤い部分の電気量保存より

$$2C(x-0)+C(x-2E)=+\frac{2}{3}CE+0$$

$$\therefore\ x=\frac{\mathbf{8}}{\mathbf{9}}\boldsymbol{E}\text{〔V〕}$$

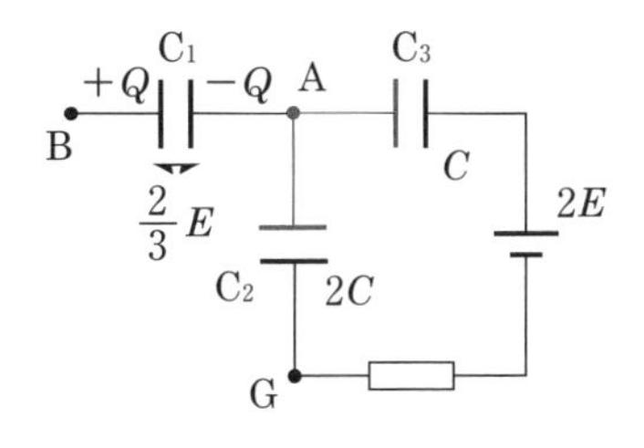

B の電位は A より $\dfrac{2}{3}E$ だけ高いから

$$x+\frac{2}{3}E=\frac{\mathbf{14}}{\mathbf{9}}\boldsymbol{E}\text{〔V〕}$$

C_2，C_3 は直列ではない！

(4) C_3 の右側極板の電気量 q は

$$q=C(2E-x)=C\left(2E-\frac{8}{9}E\right)=\frac{\mathbf{10}}{\mathbf{9}}\boldsymbol{CE}\text{〔C〕}$$

この極板の電荷ははじめ 0 だったから，これはS_2を通った電気量にほかならない。

(5) まず，C_2，C_3 の静電エネルギーの増加$\varDelta U$は

$$\varDelta U=\frac{1}{2}\cdot 2C(x-0)^2+\frac{1}{2}C(2E-x)^2-\frac{1}{2}\cdot 2C\left(\frac{1}{3}E\right)^2$$

$x=\dfrac{8}{9}E$ を代入すると　$\varDelta U=\dfrac{35}{27}CE^2$

一方，$2E$ の電池がした仕事は $q\cdot 2E$ で，それが $\varDelta U$ と R_2でのジュール熱 H を生み出しているから

$$q \cdot 2E = \varDelta U + H$$

$$\therefore \quad H = \frac{10}{9}CE \cdot 2E - \frac{35}{27}CE^2 = \boldsymbol{\frac{25}{27}CE^2} \text{〔J〕}$$

なお，電池は正電荷 q を負極から正極へと通しているから電池がした仕事 W は正で，$W = q \cdot 2E$ としている。もしも，正電荷を逆向きに通した場合には，W は負となり，電池はエネルギーをもらう（充電される）ことになる。その場合も含めて　$W = \varDelta U + H$ は成り立っている。

(6)　赤い部分の電気量の和が 0 だから，

A点の電位 x は

$$C(x - E) + 2C(x - 0) + C(x - 2E) = 0$$

$$\therefore \quad x = \boldsymbol{\frac{3}{4}E} \text{〔V〕}$$

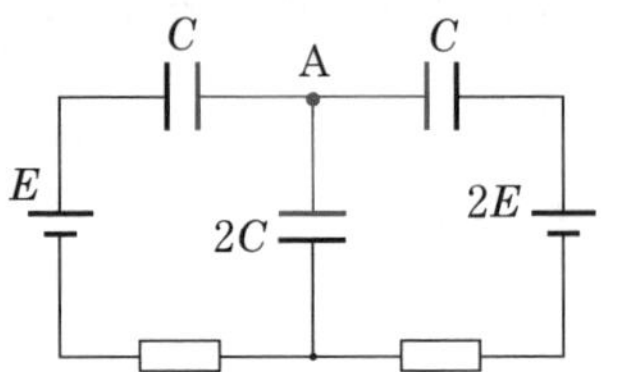

電位による解法なら恐いものなし

Q　右のように回路を組み替え（はじめどのコンデンサーも帯電していない），S_1 を閉じる。十分に時間がたったときの C_1 の電圧はいくらか。（★★）

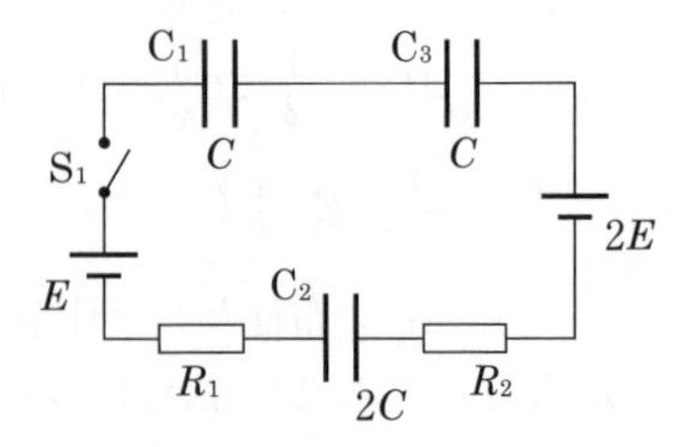

25 直流回路

図において，R_1，R_2，R_3，R_4 はそれぞれ 30Ω, 20Ω, 10Ω, 30Ω の抵抗で，C_1，C_2 はそれぞれ 20μF，30μF のコンデンサーである。E は起電力 12 V の電池で内部抵抗は無視できる。S_1, S_2 はスイッチである。以下の(1)〜(3)の操作のはじめには，コンデンサーには電荷が蓄えられていないものとする。

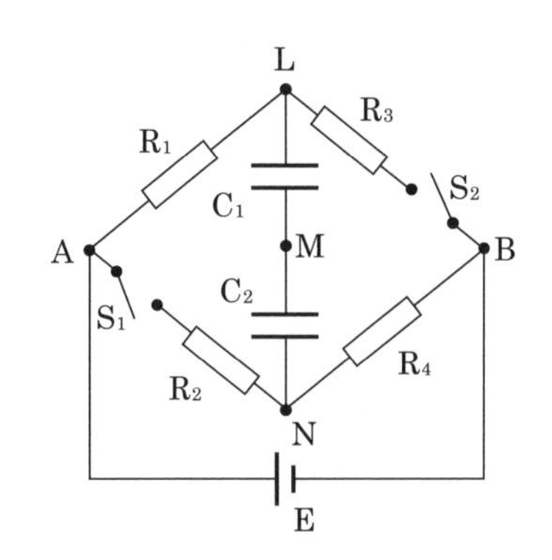

(1) S_1，S_2 をともに開いた状態で，L に対する M の電位はいくらか。

(2) S_1 を閉じ，S_2 を開いた状態で，AB 間を流れる電流を求めよ。また，L と N ではどちらの電位が高いか。そして，LN 間の電位差はいくらか。

(3) S_1, S_2 をともに閉じた状態で，

(ア) AB 間を流れる電流を求めよ。

(イ) C_1 の L 側の極板に蓄えられた電荷を求めよ。

(ウ) 回路全体での消費電力を求めよ。

(エ) C_1, C_2 に電荷が蓄えられないようにするには，R_3 を何 Ω の抵抗と取り換えるとよいか。

（室蘭工大）

Level (1), (2) ★ (3) (ア) ★ (イ)〜(エ) ★

Point & Hint

コンデンサーを含む直流回路では，**十分に時間がたてば，コンデンサーには電流が流れ込んでいない。** 直流回路の問題では，**ある抵抗に電流が流れていないとき，その抵抗は等電位**――それがキーポイントになることが多い。とくに断りがなければ，十分に時間がたち，定常状態（時間的に変わらない安定した状態）になったときについて尋ねられている。

LECTURE

(1)　コンデンサーは(最終的には)電流を通さないので，R_1，R_4の電流も0であって等電位となり，電池の電圧はそのまま直列コンデンサーにかかっている。C_1の電圧 V_1 は容量の逆比(p 65)より

$$V_1=\frac{30}{20+30}\times 12=7.2\,〔\mathrm{V}〕$$

Lの方が電位が高いから，Lに対するMの電位は　**−7.2〔V〕**

(2)　電流 I が右のように流れ，R_2 と R_4 は直列だから，オームの法則より

$$12=(20+30)I \qquad \therefore\quad I=\mathbf{0.24}\,〔\mathbf{A}〕$$

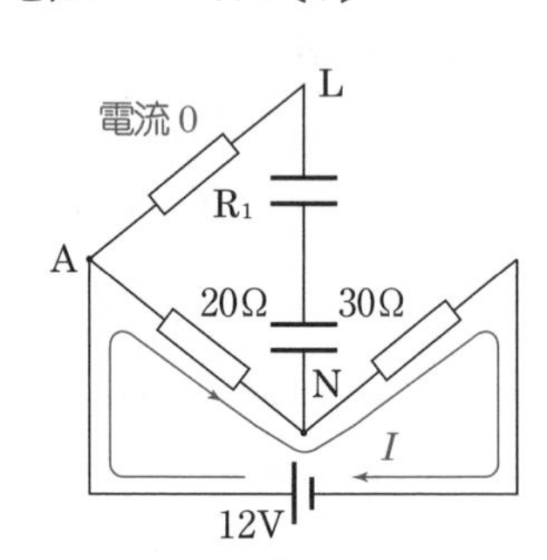

Aの方がNより高電位。一方，R_1には電流が流れていないのでAとLは等電位。したがって，Nより**L**の方がAN間の電位降下分だけ電位が高い。LN間の電位差は

$$20\times 0.24=\mathbf{4.8}\,〔\mathbf{V}〕$$

直列抵抗での電圧は抵抗に比例するから　$\frac{20}{20+30}\times 12=4.8$〔V〕としてもよい。

(3)(ア)　下側(A→N→B)を流れる電流は(2)と同じで $I=0.24$〔A〕。上側は

$$12=(30+10)i \qquad \therefore\quad i=0.3\,〔\mathrm{A}〕$$

よって，AB間では　$I+i=\mathbf{0.54}$〔**A**〕

別解　AB間の全抵抗を R とすると

$$\frac{1}{R}=\frac{1}{30+10}+\frac{1}{20+30} \qquad \therefore\quad R=\frac{200}{9}$$

全電流を I_{all} とすると，オームの法則より

$$12=\frac{200}{9}I_{\mathrm{all}} \qquad \therefore\quad I_{\mathrm{all}}=\mathbf{0.54}\,〔\mathbf{A}〕$$

(イ)　Bの電位を0とすると，Lの電位は　$10i=10\times 0.3=3$〔V〕

Nの電位は　$30I=30\times 0.24=7.2$〔V〕

よって，LN間の電位差は　$V_{\mathrm{LN}}=7.2-3=4.2$〔V〕

こんどはNの方が高電位!

C_1，C_2 は直列で，その合成容量 C は

$$\frac{1}{C}=\frac{1}{20}+\frac{1}{30} \qquad \therefore \quad C=12\,[\mu\mathrm{F}]$$

$Q=CV$ の単位は
〔μC〕＝〔μF〕×〔V〕
でもよい

電気量 Q は

$$Q=CV_{\mathrm{LN}}=12\times4.2=50.4\,[\mu\mathrm{C}]$$

L の方が N より低電位なので，C_1 の L 側の極板の電気量は

$$\mathbf{-50.4\,[\mu C]=-5.04\times10^{-5}\,[C]}$$

(ウ)　各抵抗での消費電力の和をとると

$$(30+10)\times0.3^2+(20+30)\times0.24^2=\mathbf{6.48\,[W]}$$

別解　エネルギー保存則より，全体での消費電力は電池の供給電力に等しいはずだから　　$EI_{\mathrm{all}}=12\times0.54=\mathbf{6.48\,[W]}$

(エ)　LN 間の電位差が 0 になればよい。それは L と N が等電位になることである。N の電位はやはり 7.2〔V〕だから，L の電位を抵抗比から求めると

$$\frac{R_3}{30+R_3}\times12=7.2 \qquad \therefore \quad R_3=\mathbf{45\,[\Omega]}$$

別解　AL 間電圧＝AN 間電圧　より　　$R_1i=R_2I$　……①
LB 間電圧＝NB 間電圧　より　　$R_3i=R_4I$　……②

$\frac{①}{②}$より　　$\frac{R_1}{R_3}=\frac{R_2}{R_4}$　……③

$$\therefore \quad \frac{30}{R_3}=\frac{20}{30} \qquad \therefore \quad R_3=\mathbf{45\,[\Omega]}$$

別解　ホイートストン・ブリッジ回路と同じ状況になっている。③を書き換えた $\frac{R_1}{R_2}=\frac{R_3}{R_4}$ あるいは $R_1R_4=R_2R_3$ は公式化されている。

26　直流回路

図の回路で，Eは内部抵抗の無視できる起電力 E の電池，C_1，C_2 は電気容量 C_1，C_2 のコンデンサー，そして R_1，R_2 は抵抗値 R_1，R_2 の抵抗である。

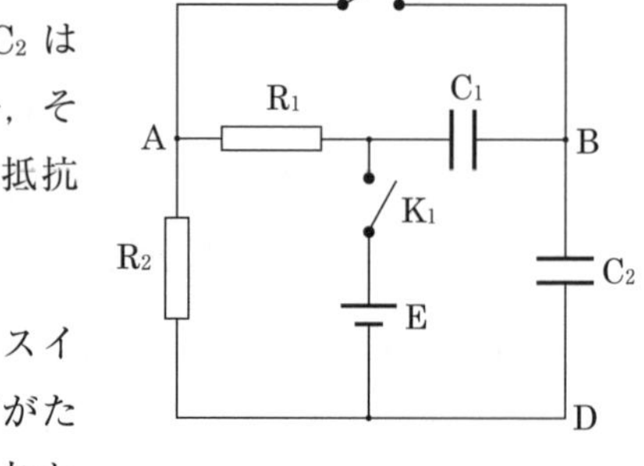

(1)　スイッチ K_2 を開いたままスイッチ K_1 を閉じ，十分に時間がたったときコンデンサー C_1 に加わっている電圧は［ア］であり，Bに対するAの電位は［イ］である。この定常状態で電池Eが単位時間に失うエネルギーは［ウ］であり，コンデンサー C_2 に蓄えられているエネルギーは［エ］である。

(2)　次に，K_1 を閉じたまま K_2 も閉じる。十分に時間がたったときの C_1 の電気量は［オ］である。そして，この間に K_2 を通った電気量の大きさは［カ］である。

(3)　K_2 を開き，次に K_1 を開く。Dに対するBの最終的な電位は［キ］となる。　　　　（慶應大）

Level　ア〜エ★　オ〜キ★

Point & Hint

まず，どこをどんな電流が流れるかから考え始める。特に断りがなければ，はじめのコンデンサーの電荷は0とみなす。

イ「Bに対する」は「Bを0Vとしたとき」と同じこと。

ウ 電池の供給電力＝(起電力 V)×(電流 I)

オ C_1 や C_2 の電圧は回路の別の部分に顔を出している。等電位のところをしっかりたどってみること。

カ K_2 と関連する極板の電気量を押さえる。

LECTURE

ア　C_1，C_2は直列で，電圧 E がかかっている。直列での電圧は容量の逆比になるから，C_1 の電圧 V_1 は

$$V_1 = \frac{\boldsymbol{C_2}}{\boldsymbol{C_1 + C_2}}\boldsymbol{E}$$

イ　FA間の電位降下を E_1 とすると，直列抵抗での電圧は抵抗に比例するから

$$E_1 = \frac{R_1}{R_1 + R_2}E$$

B → F → A と電位をたどると，B から F まで V_1 上がり，FA 間で E_1 だけ下がる。よって，B に対する A の電位は

$$V_1 - E_1 = \left(\frac{\boldsymbol{C_2}}{\boldsymbol{C_1 + C_2}} - \frac{\boldsymbol{R_1}}{\boldsymbol{R_1 + R_2}}\right)\boldsymbol{E} = \frac{\boldsymbol{C_2R_2 - C_1R_1}}{\boldsymbol{(C_1 + C_2)(R_1 + R_2)}}\boldsymbol{E}$$

別解　G の電位を 0 として，A，B の電位 V_A，V_Bを調べてもよい。

V_A は R_2 での電位降下 E_2 に等しく　$V_A = E_2 = \dfrac{R_2}{R_1 + R_2}E$

V_B は C_2 の電圧 V_2 に等しく　$V_B = V_2 = \dfrac{C_1}{C_1 + C_2}E$

よって，求める電位は

$$V_A - V_B = \left(\frac{\boldsymbol{R_2}}{\boldsymbol{R_1 + R_2}} - \frac{\boldsymbol{C_1}}{\boldsymbol{C_1 + C_2}}\right)\boldsymbol{E}$$

通分すると同じ答え

ウ　オームの法則より　$E = (R_1 + R_2)I$　　$\therefore\ I = \dfrac{E}{R_1 + R_2}$

Eの供給電力は　$EI = \dfrac{\boldsymbol{E^2}}{\boldsymbol{R_1 + R_2}}$

なお，上の E_1，E_2 は R_1I，R_2I として求めてもよい。

エ　$\dfrac{1}{2}C_2V_2^2 = \dfrac{1}{2}C_2\left(\dfrac{C_1}{C_1 + C_2}E\right)^2 = \dfrac{\boldsymbol{C_1^2C_2E^2}}{\boldsymbol{2(C_1 + C_2)^2}}$

オ　電流を追うと，(1)と同じ電流 I が流れているはず。B と A は電位が等しいから，C_1 の電圧（赤・黒間）は FA 間の電位降下 E_1 に等しいことが分かる。そこでC_1の電気量 Q_1 は

$$Q_1 = C_1E_1 = \frac{\boldsymbol{C_1R_1E}}{\boldsymbol{R_1 + R_2}}$$

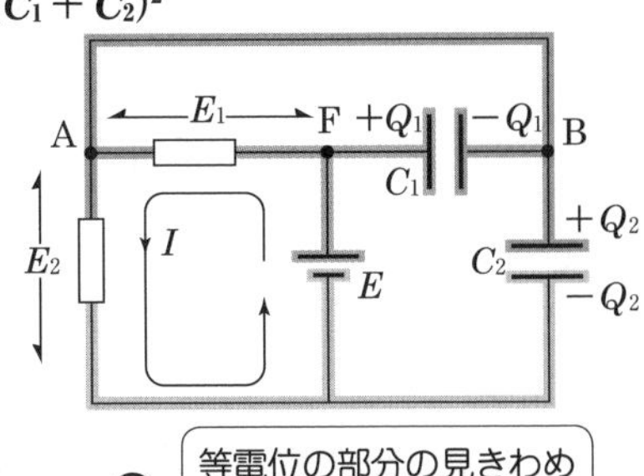

等電位の部分の見きわめが何より大切！

カ C_2 の電圧は E_2 に等しいことも読み取れて（濃淡の灰色の差）

$$Q_2 = C_2E_2 = \frac{C_2R_2E}{R_1+R_2}$$

C_1 の右側極板と C_2 の上側極板の電気量の和は K_2 をつなぐまで 0 であったが，いまは $-Q_1+Q_2$ となっている。この和は電荷が K_2 を通ることによってしか変わらないから，求める電気量の大きさは

$$|-Q_1+Q_2| = \frac{|C_2R_2-C_1R_1|E}{R_1+R_2}$$

$C_2R_2 > C_1R_1$ なら正の電気が K_2 を右へ通ったことになるし，逆なら左へ通ったことになる。いずれにしろ，あるスイッチを通った電気量は，それにつながる極板の総電気量を調べることによって分かる。

キ K_2 を開くと再び右図の赤の部分が孤立する。次に K_1 を開くと，電池が切り離され，最終的には電流は 0 となる。2 つの抵抗は等電位となり，C_1，C_2 の電圧 V' は等しくなる（赤と黒の差）。つまり，2 つは並列となる。赤い部分の総電気量は $-Q_1+Q_2$ であり，仮に正としてみると

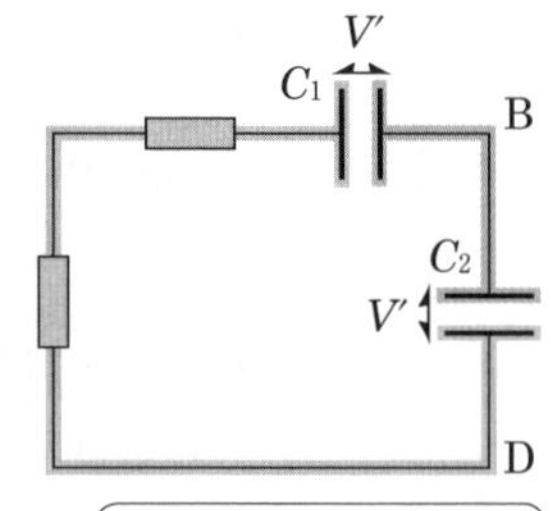

2 通り考えられる場合は，分かりやすい方を選んで解いてみる。

$$Q_2 - Q_1 = (C_1+C_2)V'$$

$$\therefore \quad V' = \frac{C_2R_2 - C_1R_1}{(C_1+C_2)(R_1+R_2)}E$$

$Q_2 > Q_1$ なら B が高電位側で，V' はそのまま D に対する電位になるし，もし，$Q_1 > Q_2$ なら赤の部分は負の電気量がたまっていて，電位も負となるが，上の答えはこのケースも満たしている。

別解 D の電位を 0，B の電位を x とすると，赤い部分の電気量保存より

$$C_1(x-0) + C_2(x-0) = -Q_1 + Q_2$$

この方法なら，右辺が正か負かはまったく問題にならない。

Q (3)で，K_1 を開いた後に R_1 で発生するジュール熱を求めよ。ただし，$C_2 = 2C_1$，$R_2 = 2R_1$ とする。（★★）

27　直流回路

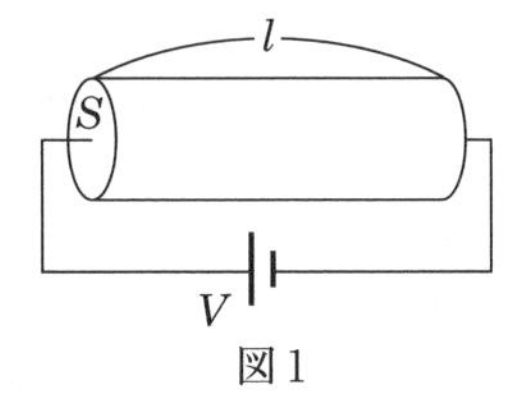

図1

長さ l，断面積 S の導体棒の両端に電圧 V をかけて電流を流す(図１)。導体中には，単位体積当たり n 個の自由電子(質量 m，電荷 $-e$)が含まれているとする。

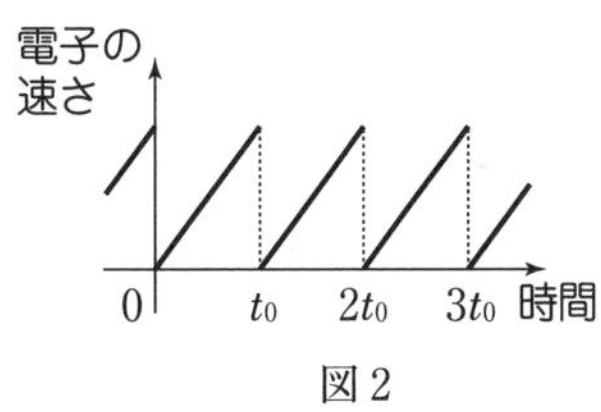

図2

導体内部の自由電子は電場（電界）によって加速され，熱振動している陽イオンなどと衝突する。導体を流れる電流は電子がこの加速と衝突の運動を繰り返しながら移動することによって生じる。ここでは，電子の運動は図２のような一定時間 t_0 だけ加速した後停止することの繰り返しであり，すべての電子が同じ運動をしていると単純化して考えることにする。

(1)　導体内部の電場の大きさはいくらか。また，電子の加速度の大きさはいくらか。

(2)　電子がイオンと衝突する直前の速さはいくらか。

(3)　電子の平均の速さを $\bar{v}$ とし，導体棒を流れる電流の大きさ I を $\bar{v}$ を含む式で表せ。

(4)　問(2)，(3)の結果からオームの法則を導き，導体の抵抗率 ρ を，m，e，n，t_0 で表せ。

(5)　電子が衝突で失った運動エネルギーは導体中で熱（ジュール熱）に変わる。導体中で単位時間に発生するジュール熱を求め，m，e，n，t_0，l，S，V で表せ。また，V，I で表せ。

(6)　導体(金属)の温度を上げると電気抵抗は増加するか，それとも減少するか。理由とともに50字程度で答えよ。　（玉川大＋徳島大）

Level　(1)～(4) ★　(5) ★　(6) ★

Point & Hint

ミクロな電子の立場からオームの法則を理論的に導くのがテーマ。

(1) 導体内部には一様な電場ができる。公式 $V=Ed$ で。

(3) 電流は，ある断面を単位時間(1s間)に通過する電気量のこと。

(4) 抵抗値を R とすると，**オームの法則は** $\boldsymbol{V=RI}$ となる。この形をめざす。抵抗率 ρ との間には $\boldsymbol{R=\rho\frac{l}{S}}$ の関係がある。

(5) 1個の電子が1s間に何回衝突するかから考え始める。

LECTURE

(1)　電場を E とすると

$$V=El \qquad \therefore \quad E=\boldsymbol{\frac{V}{l}}$$

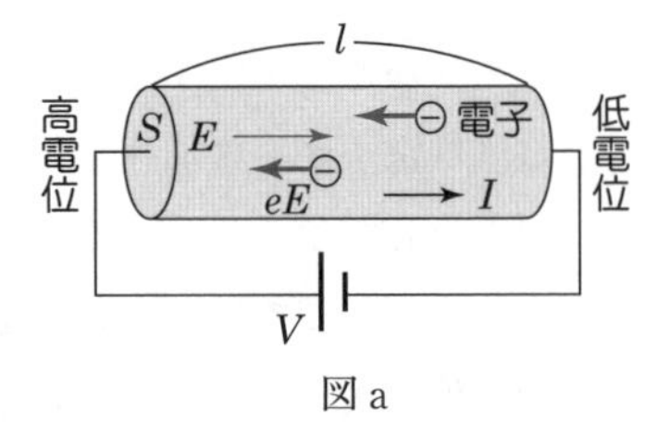

図 a

電子は静電気力 eE を受ける。運動方程式より

$$ma=eE \qquad \therefore \quad a=\frac{eE}{m}=\boldsymbol{\frac{eV}{ml}}$$

なお，電場は右向きにでき，電子は左へ動く(電流は右向きに流れる)。

(2)　求める速さを $v_{\max}$ とすると，等加速度運動の公式より

$$v_{\max}=at_0=\boldsymbol{\frac{eVt_0}{ml}}$$

(3)　斜線で示した断面を1s間に通過していく電子は右側 $\bar{v}$〔m〕の範囲内にいる電子である。この部分の体積は $S\bar{v}$〔m³〕で，電子数 N は $n(S\bar{v})$ 個。

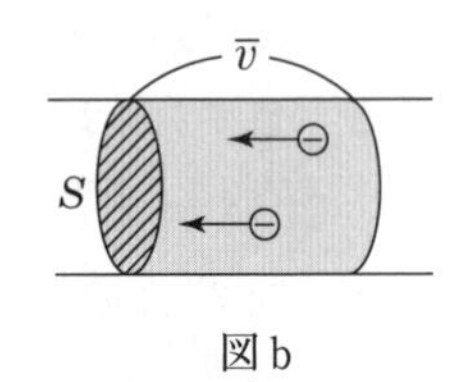

図 b

よって　　$I=eN=\boldsymbol{enS\bar{v}}$

(4)　与えられた図より電子の初速は0で最大の速さは $v_{\max}$ だから

$$\bar{v}=\frac{0+v_{\max}}{2}=\frac{eVt_0}{2ml}$$

これを前問の結果に代入すると　　$I=\dfrac{e^2nSVt_0}{2ml}$　　……①

$$\therefore \quad \boldsymbol{V=\frac{2ml}{e^2nSt_0}\cdot I}$$

これは V と I が比例するというオームの法則を表している。抵抗値 R は

$$R = \frac{2m}{e^2nt_0}\cdot\frac{l}{S}$$

$$\therefore \quad \rho = \boldsymbol{\frac{2m}{e^2nt_0}}$$

$\boldsymbol{R=\rho\frac{l}{S}}$ の証明までしたことになっている

(5)　1個の電子はイオンと 1s 間に $\frac{1}{t_0}$ 回衝突し，導体内には全部で $n(Sl)$ 個の電子がいるから

$$\frac{1}{2}mv_{\max}^{2}\times\frac{1}{t_0}\times nSl = \boldsymbol{\frac{e^2V^2t_0nS}{2ml}} = \boldsymbol{VI}$$

①を用いた

$V=RI$ より，この結果は RI^2 とも表すことができ，こうして消費電力の公式までもが導出できたことになる。

なお，導体棒の左端近くの電子は1sの間に導線部へ抜け出してしまうので，衝突回数は $1/t_0$ より少なくなるのでは…と気になる人もいよう。ところが一方で，右端から導体棒に入ってくる電子もいるので答えには影響しない。左端から抜け出した電子がそのまま右端から入ってくると考えるとよい。

(6)　**温度が上がると，陽イオンの熱振動が激しくなり，電子はイオンと衝突しやすくなるため，電気抵抗は増加する。**（51字）

ここで扱ったモデルでいえば，衝突の時間間隔 t_0 が短くなり，抵抗率 ρ が増加することが電気抵抗 R の増加につながっている。

なお，図aから分かるように，**抵抗では電流は高電位側から低電位側へと流れ，その間の電位降下は $\boldsymbol{RI}$** と表される。抵抗だけに注目したこの見方が大切で，キルヒホッフの法則につながっていく。

「導体は等電位」というのは静電気，つまり電流が流れていない状態でのことで，$I=0$ だから $V=RI=0$ と式の上でも確かめられる。

28　直流回路

内部抵抗が10Ωで，最大目盛り10mAの電流計が2個ある。いま，その一方を最大目盛り100mAの電流計Aとして使用し，他方を最大目盛り10Vの電圧計Vとして使用したい。数値の答は有効数字2桁まで求めよ。

(1)　そのためには，元の電流計にそれぞれ何Ωの抵抗を，どのように接続すればよいか。

(2)　そのときの電流計Aおよび電圧計Vの内部抵抗 r_A および r_V を求めよ。

さて，この電流計Aと電圧計Vを電池に接続して，ある抵抗の抵抗値Rを測定しようと思う。その場合，図1および図2に示す2通りの接続が考えられる。しかし，いま，この2通りの接続について，電圧計Vの読みを電流計Aの読みで割って求めた抵抗値を，それぞれ R_1 および R_2 とすると，それらはいずれも正しい R の値を与えない。

(3)　計器を示す○の中にA，Vの記号を入れよ。また，R_1，R_2 および R の大小関係を不等式で表せ。

(4)　図1の接続において，電流計Aおよび電圧計Vの読みが，それぞれ67mA，5.8Vであった。このときの R_1 と R の値を求めよ。

(5)　同じ抵抗を図2のように接続して測定すると，R_2 の値はいくらになるか。

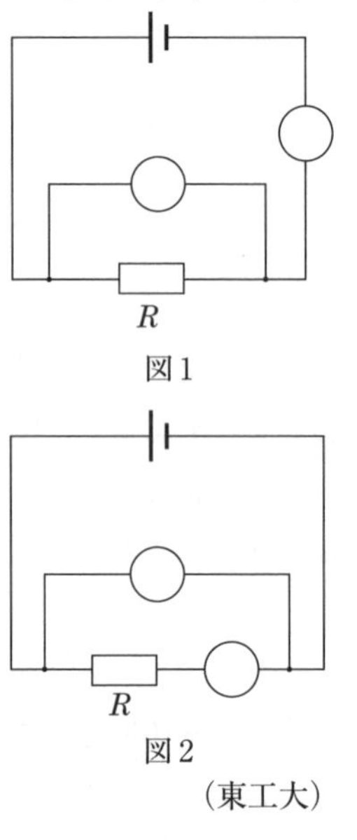

図1
図2

（東工大）

Level　(1)～(3) ★　(4),(5) ★

Point & Hint

(1) 最大値のときを考える。A： 100mAのうち10mAまでしか電流計に通せないのだから…。　V： 10Ωに10mAを流してできる電圧は $10\times10\times10^{-3}=0.1$〔V〕 これではとうてい10Vに達しない。そこで…。

(3) 大小関係は細かい計算なしで定性的に決めたい。

(4) R の他に，R と V を流れる電流 I_R, I_V を未知数として用いるとよい。電圧計の示す電圧は，自身を流れる I_V が内部抵抗 r_V で生じる電位降下（電圧降下）でもあることがポイント。

LECTURE

(1)　100 mAのうち 10 mA までしか元の電流計A_0 に流せないから，残り 90 mA は逃げ道を**並列**に接続して通す。その抵抗値を r_1 とすると，並列で電圧が等しいことより

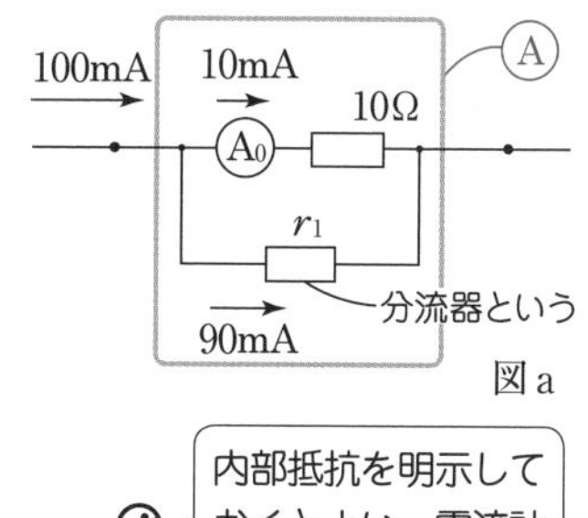

図 a

$$10 \times 10 = r_1 \times 90$$

$$\therefore \quad r_1 = \frac{10}{9} \fallingdotseq \mathbf{1.1}\,〔\Omega〕$$

内部抵抗を明示しておくとよい。電流計A_0 も1つの抵抗体。

ここでは〔mA〕のまま用いた。左辺と右辺が同形式の等式の場合はこのようにしてもよい。
また，最大電流のときを考えたが，たとえば 50〔mA〕のときは A_0 は 5〔mA〕を指す（r_1 に 45 mAが流れる）。つまり，A_0 の指示値の 10 倍を測定値とすればよい。

電圧計にするためには，抵抗 r_2 を**直列**につないで，電位降下を増す必要がある。右の図より

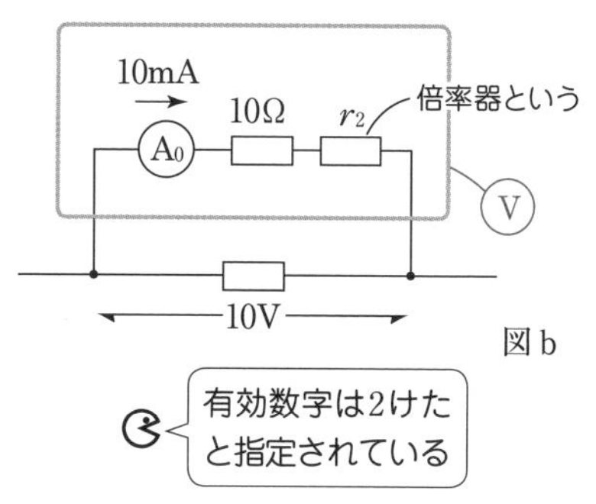

図 b

$$10 = (10 + r_2) \times 10 \times 10^{-3}$$

$$\therefore \quad r_2 = 990 = \mathbf{9.9 \times 10^2}\,〔\Omega〕$$

この場合は，A_0 の読みが 5〔mA〕なら 5〔V〕と，単位を〔mA〕から〔V〕に読み替えて使用することになる。

有効数字は2けたと指定されている

(2)　図 a より A の全抵抗 r_A は

$$\frac{1}{r_A} = \frac{1}{10} + \frac{1}{10/9} \qquad \therefore \quad r_A = \mathbf{1.0}\,〔\Omega〕$$

図 b より V の全抵抗 r_V は　　$r_V = 10 + 990 = \mathbf{1.0 \times 10^3}\,〔\Omega〕$

電流計の内部抵抗は小さく（理想は0），電圧計の内部抵抗は大きい（理想は無限大）という常識と照らし合わせたい。

(3)　**電流計は測りたい相手に対して直列につなぎ，電圧計は並列につなぐ。**

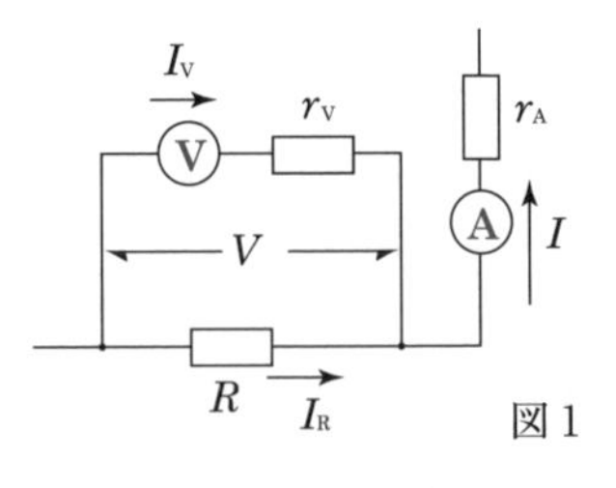

図1

AとVの読みをI，Vとすると，図1の場合，Rの両端の電圧はVで正しく測られているが，Aで測ったIはVを通ってきた電流I_Vも含めているので，正しい値I_Rより大きくなっている($I>I_R$)。正しいRは　V/I_Rで与えられるので

$$R_1=\frac{V}{I}<\frac{V}{I_R}=R$$

図2では，電流IはRを通ってきた値を正しく測っているが，電圧Vはr_Aでの電位降下も含めて測ってしまっている。Rだけでの電圧をV_Rとすると，$V>V_R$　正しいRはV_R/Iで与えられるので　　$R_2=\dfrac{V}{I}>\dfrac{V_R}{I}=R$

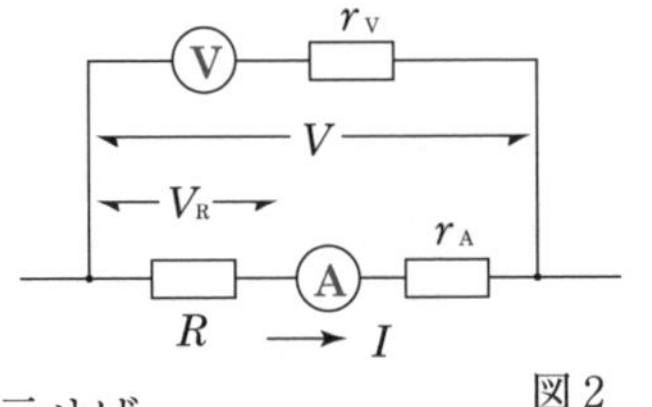

図2

以上をまとめると　　　$\boldsymbol{R_1<R<R_2}$

(4)　　$R_1=\dfrac{V}{I}=\dfrac{5.8}{67\times10^{-3}}=86.5\cdots\fallingdotseq\mathbf{87}$〔Ω〕

図1より，関係式を文字と数値でそれぞれ示せば

$I=I_R+I_V$ ……… $67\times10^{-3}=I_R+I_V$ ……①

$V=RI_R$ ……… $5.8=RI_R$ ……②

$V=r_VI_V$ ……… $5.8=1000\,I_V$ ……③

この連立方程式を解くと　　$R=94.7\cdots\fallingdotseq\mathbf{95}$〔Ω〕

③が立てられるかどうかがポイント。電圧計は相手の電圧を測ることが目的だが，並列に入れることによって自分の内部で起こった電位降下を測っている点が盲点になりやすい。

(5)　図2より　　$V=(R+r_A)I$

$$\therefore\quad R_2=\frac{V}{I}=R+r_A=94.7+1.0=95.7\fallingdotseq\mathbf{96}\text{〔Ω〕}$$

この場合，正しい値95Ωに対して，図1だと87Ω，図2だと96Ωとなっていて，図2の方がまさっている。

Q　電流計の内部抵抗は無視できるが，電圧計の内部抵抗が十分に大きくはない場合，図1，2のいずれの接続を選ぶべきか。また，電流計の内部抵抗がかなりあり，電圧計の内部抵抗が十分大きい場合はどうか。(★)

29 直流回路

図1に乾電池の起電力 E〔V〕と内部抵抗 r〔Ω〕を測定するために必要な器具を記号で示す。これらの器具を用いて，乾電池の端子電圧 V〔V〕と電流 I〔A〕を測定した結果は図2のようなグラフになった。

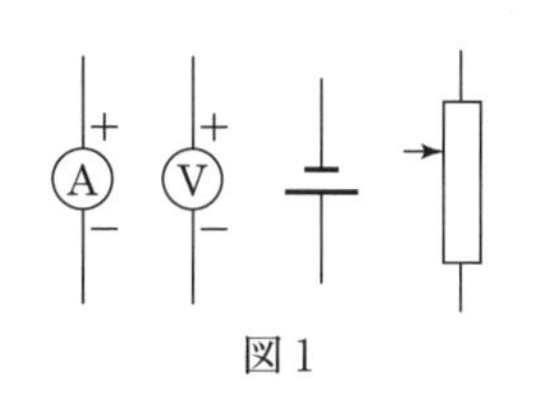

図1

電圧計と電流計は理想的な計器を用いたものとし，数値の答は小数点以下第3位まで求めよ。

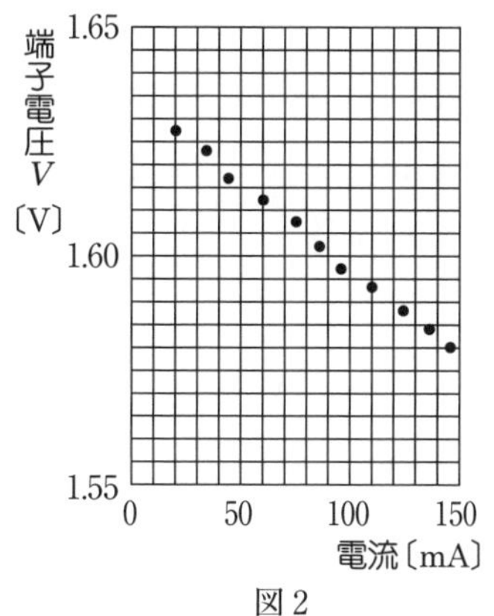

図2

(1)　図1の記号を用いて，乾電池の起電力と内部抵抗を測定する回路を図示せよ。

(2)　V, E, r, I の間に成立する関係式を示せ。

(3)　この乾電池の起電力はいくらか。また，内部抵抗はいくらか。

(4)　可変抵抗での消費電力が最大になるときの抵抗値はいくらか。そのときの消費電力はいくらか。E や r を用いて文字式で答えよ。

（鳥取大＋宮崎大）

Level　(1)〜(3) ★　(4) ★

Point & Hint

(1) 電流計 A や電圧計 V は＋が高電位側になる（計器内を＋から－に電流が通る）ようにつなぐ。抵抗の図の矢印はスライド接点で，可変抵抗器を表している。

(2) 端子電圧 V は，内部抵抗 r による電位降下（電圧降下）の分だけ起電力 E と異なっている。

(3) (2) の結果から，図2のグラフは本来どうなるのか。実験値は誤差を伴うので，全体を見て本来の線を描く。そして，(2) の結果と見比べると，グラフのどこから求められるのかが見えてくる。

LECTURE

(1)　Aは電池に直列に，Vは並列に入れることが基本で，答えは一通りではない。右のような例があげられる。

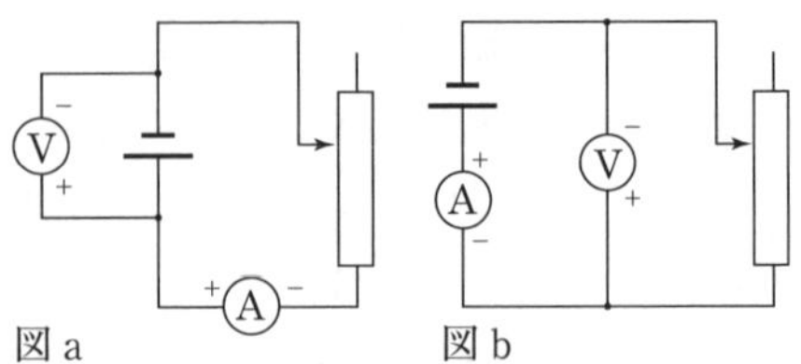

図 a　　図 b

(2)　内部抵抗 r を明示しておくとよい。電位は電池で E 上がり，rI だけ下がるから，端子電圧 Vは　$\boldsymbol{V=E-rI}$　……①

あるいは，キルヒホッフの法則を用いると $E=rI+V$　この V は可変抵抗での電位降下とみている。

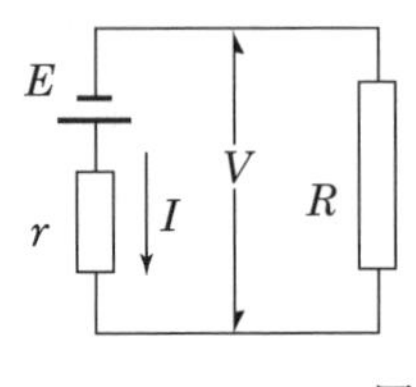

図 c

(3)　①より V は I の1次式だから，グラフは直線となる。そのとき，E は縦軸の切片に対応するから，右の図より

$$E=\mathbf{1.635}〔\mathrm{V}〕$$

また，r はグラフの傾き(の絶対値)に対応する。

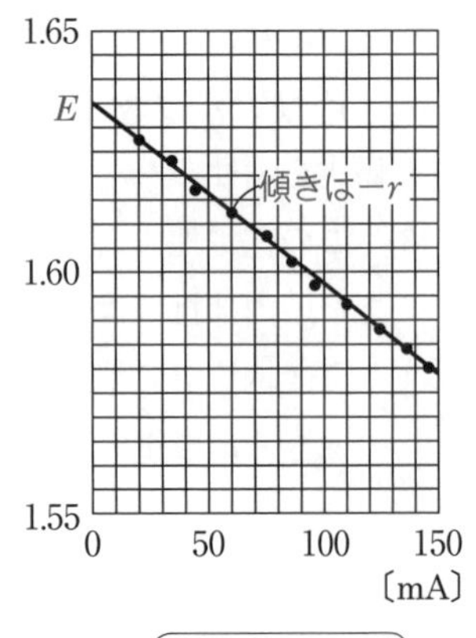

$I=120$〔mA〕で　$V=1.590$〔V〕を用いて　$r=\dfrac{1.635-1.590}{(120-0)\times10^{-3}}=\mathbf{0.375}〔\Omega〕$

E，r の値には読み取りの誤差があるので，最終けたが1程度ずれてもよい。

傾きを測るには，広い範囲を利用するのがよい。

(4)　可変抵抗の値を R とすると，図 c より　$E=(R+r)I$

R での消費電力 P は　$P=RI^2=\dfrac{RE^2}{(R+r)^2}=\dfrac{E^2}{R+2r+r^2/R}$

分母の $f(R)=R+\dfrac{r^2}{R}$ を最小にすればよく　$f(R)=\left(\sqrt{R}-\dfrac{r}{\sqrt{R}}\right)^2+2r$

(　　)の中が0になれば $f(R)$ は最小。よって，$R=\boldsymbol{r}〔\Omega〕$で P は最大となり　$P=\dfrac{\boldsymbol{E^2}}{\boldsymbol{4r}}〔\mathrm{W}〕$

$f(R)$ に対して微分を用いると速い。R と $\dfrac{r^2}{R}$ に対して，相加平均と相乗平均の関係を利用する手もある。

30 直流回路

図のような回路がある。AB 間には，断面積 1.0 mm²，長さ 2.0 m の一様な抵抗線Rが張られており，その抵抗値は120 Ω である。AC 間の抵抗 R_1 は，R と同じものを長さ 1.0 m の点で二つ折りにしたものである。BC 間の R_2 は未知の抵抗である。

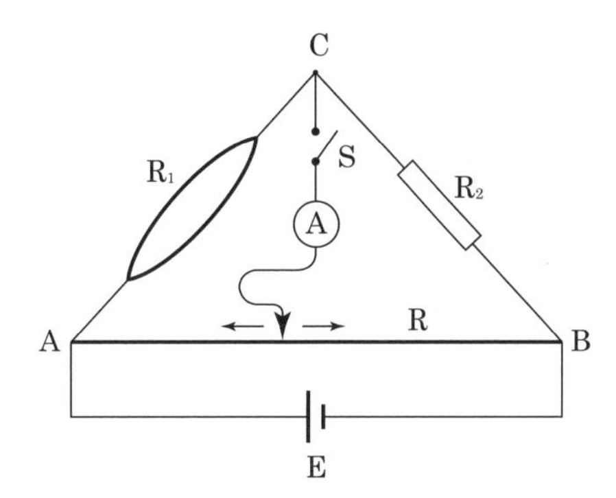

Ⓐは内部抵抗 2.0 Ω の電流計で，スイッチ S を通して C 点と R の任意の点を接続できる。電池 E の起電力は 10 V で，内部抵抗は無視できる。有効数字 2 桁で答えよ。

(1) AC 間の抵抗 R_1 について，抵抗値を求めよ。また，抵抗率を求めよ。

(2) S を閉じて，電流計の端子を R に接触させながら動かしたところ，A 点から 1.2 m の点 D_1 で電流計のふれが 0 になった。

(ア) 電池を流れる電流と，R_2 の抵抗値を求めよ。

(イ) AD_1 間の抵抗を R_3，BD_1 間の抵抗を R_4 とするとき，最も電力を消費する抵抗は R_1，R_2，R_3，R_4 のうちどれか。また，その抵抗での消費電力を求めよ。

(3) R_1 のすべてを使用して，断面積 5.0 mm² の一様な太さの 1 本の抵抗線に作りかえた。

(ア) この抵抗線の両端間の抵抗値 R_5 を求めよ。

(イ) この抵抗線を R_1 のかわりに接続した場合，電流計のふれが 0 になる接触点 D_2 の A 点からの距離を求めよ。　(岩手大)

Level (1), (2) ★　(3) ★

Point & Hint

(1) 抵抗値 R は，抵抗率 ρ と断面積 S，長さ l で決まり　$\boldsymbol{R = \rho \dfrac{l}{S}}$

(2)(ア) 右のような回路で検流計 G に電流が流れない場合，$\boldsymbol{\dfrac{R_1}{R_3} = \dfrac{R_2}{R_4}}$ が成立している(ホイートストン・ブリッジ)。ただし，この公式に頼らず解くこともできるように。　(イ) 定性的に決めたい。消費電力は　$\boldsymbol{RI^2 = \dfrac{V^2}{R} = VI}$

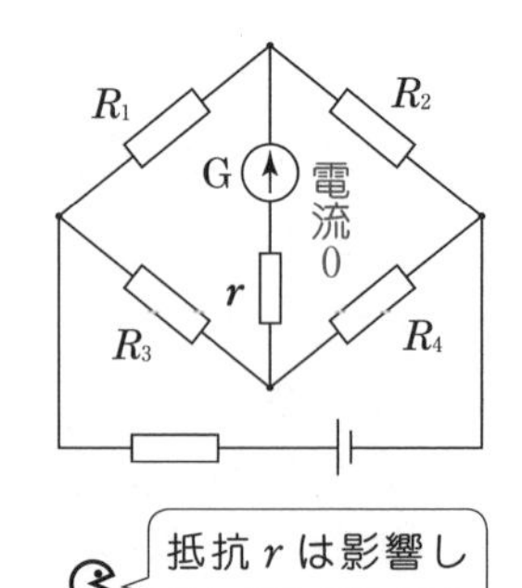

LECTURE

(1)　1本分は 60 Ω で，それが並列になっているから

$$\frac{1}{R_1} = \frac{1}{60} + \frac{1}{60} \qquad \therefore\ R_1 = \mathbf{30}\ [\Omega]$$

長さは 1.0 m，断面積は 2 本分で 1.0 mm^2×2 だから

$$R = \rho\frac{l}{S}\ \text{より}\qquad 30 = \rho\cdot\frac{1.0}{1.0\times10^{-6}\times2}\qquad \rho = \mathbf{6.0\times10^{-5}}\ [\Omega\cdot\text{m}]$$

ρ の単位は，公式を $\rho = \dfrac{RS}{l}$ と書き換えてみれば，〔Ω·m〕と決まる。覚える必要はない。

別解　ρ は材質で決まる定数なので，もとの1本の状態 120 Ω から求めてもよい。　$120 = \rho\cdot\dfrac{2.0}{1.0\times10^{-6}}$

(2)(ア)　A→D_1→B と流れる電流を I とすると，AB 間で 10V の電位降下だから　$10 = 120I$　∴ $I = \dfrac{1}{12}$〔A〕

AD_1 間の電圧は　$10\times\dfrac{1.2}{2.0} = 6$〔V〕

C と D_1 は等電位だから，この値は AC 間の電圧に等しい。A→C→B と流れる電流を i とすると

$$6 = 30i \qquad \therefore\ i = 0.2\ [\text{A}]$$

よって，電池を流れる電流は

$$I + i \fallingdotseq 0.083 + 0.20 \fallingdotseq \mathbf{0.28}\ [\text{A}]$$

CB 間の電圧は D_1B 間の電圧に等しく，$10\times\dfrac{0.8}{2.0} = 4$〔V〕だから(10−6=4

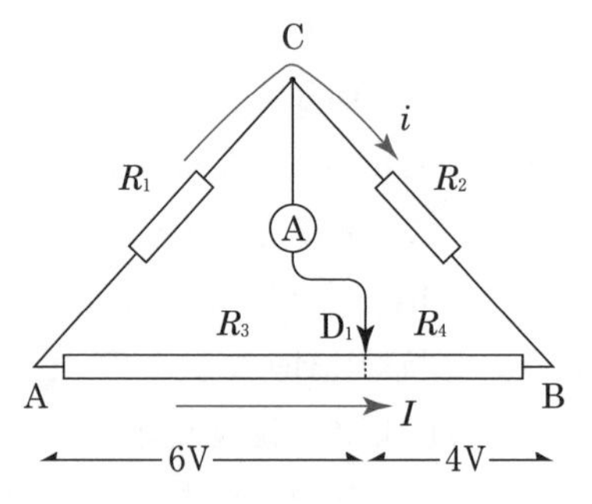

と求めてもよい）　$4 = R_2 \times 0.2$　$\therefore\ R_2 = \mathbf{20}\,〔\Omega〕$

別解　ホイートストン・ブリッジの公式を用いれば

$$\frac{30}{120\times\dfrac{1.2}{2.0}} = \frac{R_2}{120\times\dfrac{0.8}{2.0}} \qquad \therefore\ R_2 = \mathbf{20}\,〔\Omega〕$$

こうして先に R_2 が決まれば，A → C → B 間に目を向けて，

$10 = (30+20)i$ から $i = 0.2$〔A〕も決まる。

(イ)　公式 RI^2 を考えれば，同じ電流なら抵抗が大きいほど消費電力が大きいから R_1(=30Ω) と R_3(=72Ω) が候補となる。次に，公式 V^2/R で考えると，同じ電圧なら抵抗が小さい方が消費電力が大きい。よって，$\boldsymbol{R_1}$

$$R_1 i^2 = 30\times 0.2^2 = \mathbf{1.2}\,〔\mathrm{W}〕$$

$V^2/R_1 = 6^2/30$ として求めてもよい。

(3)(ア)　断面積を R の 5 倍にするのだから，5 本に分けて並列にすることと同じで，1 本の抵抗は

$$120 \div 5 = 24\,〔\Omega〕$$

並列だから　$\dfrac{1}{R_5} = \dfrac{1}{24} + \cdots + \dfrac{1}{24} = \dfrac{1}{24}\times 5$

同じ抵抗の並列は一本分を本数で割ればよい

$$\therefore\ R_5 = \mathbf{4.8}\,〔\Omega〕$$

別解　$R = \rho\dfrac{l}{S}$ より　$R_5 = 6.0\times10^{-5}\times\dfrac{\dfrac{2.0}{5}}{1.0\times10^{-6}\times5} = \mathbf{4.8}\,〔\Omega〕$

別解　R は l に比例し，S に反比例する。l を $\dfrac{1}{5}$ 倍に，S を 5 倍にしていることから $\dfrac{1}{5}\times\dfrac{1}{5}=\dfrac{1}{25}$ 倍　になることに気づけば，$120\times\dfrac{1}{25}$ として求めることもできる。

(イ)　求める距離を x とすると，ホイートストン・ブリッジの公式より

$$\frac{4.8}{120\times\dfrac{x}{2.0}} = \frac{20}{120\times\dfrac{2.0-x}{2.0}} \qquad \therefore\ x = \frac{12}{31} \fallingdotseq \mathbf{0.39}\,〔\mathrm{m}〕$$

なお，ホイートストン・ブリッジは抵抗値の厳密な測定に用いられる。問題 **28** のように電流計と電圧計だけで測ると誤差を生じるからである。そして，実際には電流計でなく，検流計を用いて S を通る電流が完全に 0 になることを確かめる。

31 直流回路

電圧 100 V で使用すると，80 W を消費する電球 L と，40 W を消費する電球 M がある。L, M にかかる電圧 V〔V〕と，電球を流れる電流 I〔A〕との関係を示す特性曲線は図 1 のようである。有効数字 2 桁で答えよ。

(1) L に電圧 80 V をかけて使用するとき，L の抵抗値はいくらか。また，消費電力はいくらか。

(2) L を電圧 100 V で使用しているとき，L のフィラメントの温度はいくらか。ただし，抵抗の温度係数を 2.5×10^{-3}/℃，室温を 0 ℃とする。また，図 1 の点線は L の特性曲線の原点における接線を示すものとする。

(3) 図 2 において，E は内部抵抗の無視できる起電力 120 V の電池，R は 100 Ω の抵抗である。L を端子 XY 間に連結して使用するとき，L の電圧と消費電力はいくらか。

(4) L と 100〔Ω〕の抵抗 3 本を並列にして（図 3），図 2 の XY 間に連結して使用するとき，L にかかる電圧はいくらか。

(5) L と M を並列にして，図 2 の XY 間に連結して使用するとき，L の消費電力はいくらか。また，回路全体での消費電力はいくらか。

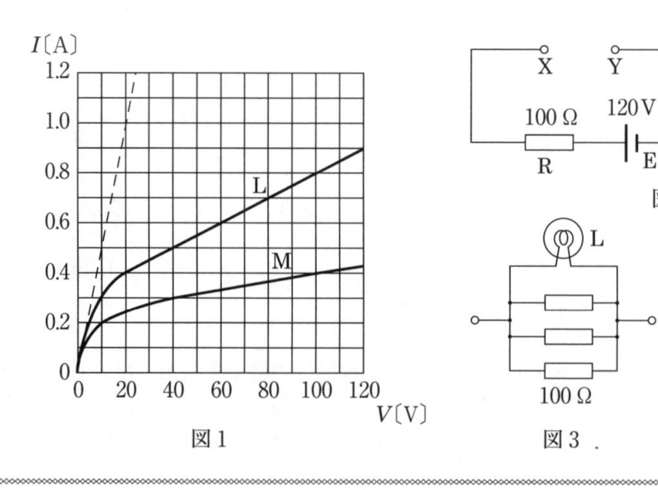

図 1　図 2　図 3

Level　(1) ☆　(2) ★　(3) ☆　(4) ★　(5) ★★

Point & Hint

(2) t〔℃〕での抵抗値 R は，0〔℃〕での値を R_0 として，$R=R_0(1+\alpha t)$ と表される（α は抵抗の温度係数）。消費電力 VI が大きいほど高温になる。つまり，グラフの右上に向かって温度が高くなっている。すると室温はどのあたりか。

(3),(4) 図1を生かしたいのでLにかかる電圧をV，流れる電流をIとして，キルヒホッフの法則で関係式をつくる。一種の連立方程式の問題だが，グラフ上で解くことになる。

(5) LとMを1つの電球とみて特性曲線をつくってみる。

LECTURE

(1)　図1より $V=80$〔V〕のとき $I=0.7$〔A〕の電流が流れるから，オームの法則 $V=RI$ より抵抗値 R は

$$R=\frac{V}{I}=\frac{80}{0.7}\fallingdotseq \mathbf{1.1\times10^2}\,〔\Omega〕$$

消費電力は　　$VI=80\times0.7=\mathbf{56}$〔W〕

RI^2 を用いてもよいが，VI ならダイレクトに計算できる。

(2)　$V=100$〔V〕のとき，$I=0.8$〔A〕だから

$$R=\frac{V}{I}=\frac{100}{0.8}=125\,〔\Omega〕$$

室温0℃はジュール熱の発生が無視できる原点近くの（VI が0に近い）状態である。0〔℃〕での抵抗値 R_0 のまま一定を保てば，特性曲線は点線のような直線となるはずだから　　$R_0=\dfrac{20}{1.0}=20\,〔\Omega〕$

よって，求める温度を t〔℃〕とすると

点線のどこを使ってもよい

$125=20\times(1+2.5\times10^{-3}t)$　　∴　$t=\mathbf{2.1\times10^3}$〔℃〕

(3)　Lの電圧，電流を V，I とすると，キルヒホッフの法則より

$120=100I+V$　……①

この関係を満たす V，I は次図の直線（実線）で表される。Lの特性曲線との交点が求める答えだから　　$V=\mathbf{60}$〔V〕　　$I=0.6$〔A〕

消費電力は　$VI=60\times0.6=\mathbf{36}$〔W〕

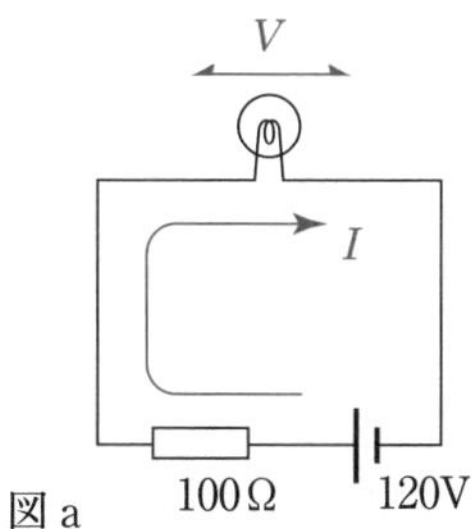

図a

式①をグラフ化するとき，1次式だから直線

になることは明らか。そこで，分かりやすい2点(たとえば，$V=0$ のとき $I=1.2$ とか，$I=0$ のとき $V=120$)を押さえればよい。

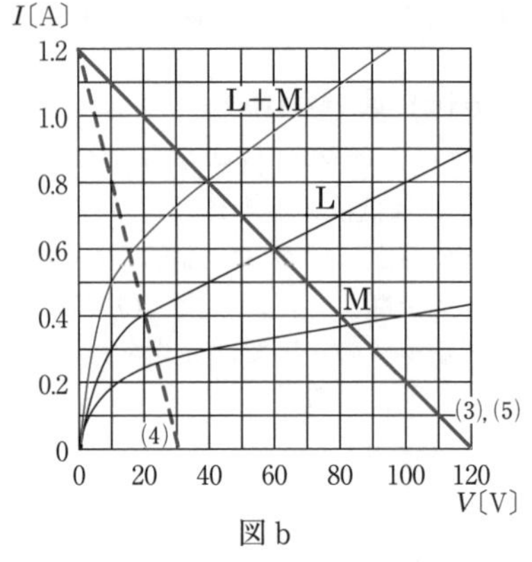

図 b

(4) Lと3本の抵抗は並列だから，電圧 V は共通。よって，1本ずつに $i=V/100$〔A〕が流れる。そして，Rには $I+3i$〔A〕が流れるから，キルヒホッフの法則より

$$120=100\times(I+3i)+V$$
$$=100\times\left(I+3\times\frac{V}{100}\right)+V \qquad \therefore\quad 30=25I+V$$

この直線のグラフ(点線)とLの特性曲線の交点より(上図)　　$V=$ **20〔V〕**　　$I=0.4$〔A〕

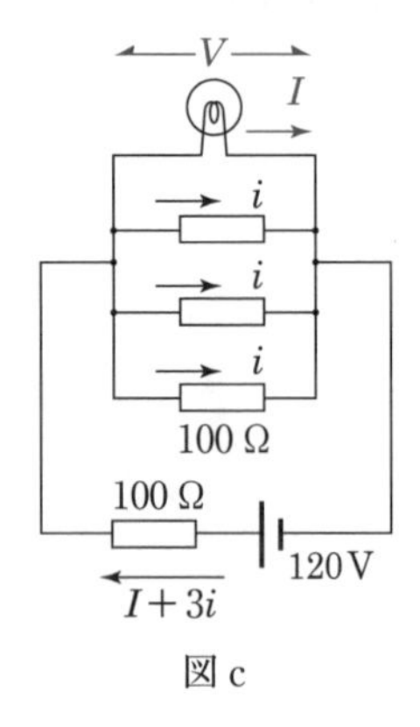

図 c

(5) LとMは並列で電圧が等しいから，LとMの全体に対する特性曲線は図bの「L＋M」のように電流の和をとることによってつくれる。電球「L+M」にかかる電圧を V，流れる電流を I とすると，図aと同じ状況であり　　$120=100I+V$

この直線のグラフ(問(3)の実線)と「L＋M」の交点より

$$V=40\text{〔V〕}\qquad I=0.8\text{〔A〕}$$

$V=40$〔V〕のとき，Lを流れる電流 I_L は図bより $I_L=0.5$〔A〕だから

$$VI_L=40\times0.5=\mathbf{20}\text{〔W〕}$$

同じくMを流れる電流 I_M は $I_M=0.3$〔A〕だから　$VI_M=40\times0.3=12$〔W〕

全体の消費電力は　　$RI^2+VI_L+VI_M=100\times0.8^2+20+12=$ **96〔W〕**

別解　エネルギー保存則より，全体での消費電力は電池の供給電力に等しい。電池には $I=0.8$〔A〕が流れているから　　$EI=120\times0.8=$ **96〔W〕**

Q　LとMを直列にして，XY間に連結して使用するとき，回路全体での消費電力はいくらか。(★★)

32 直流回路

図でE_0は内部抵抗 5.0Ω，起電力 60 Vの電池，Aは内部抵抗 1.0Ωの電流計，PQは長さ30.0 cm，抵抗 120.0Ωの太さ一様な抵抗線である。Sは抵抗線PQ上を滑り動く接点，Eは，起電力，内部抵抗ともに未知の電池である。まず，SをPQ上で滑らせたところ，SがPから 12.5 cmの距離にあるとき，Aの指針はゼロを示した。

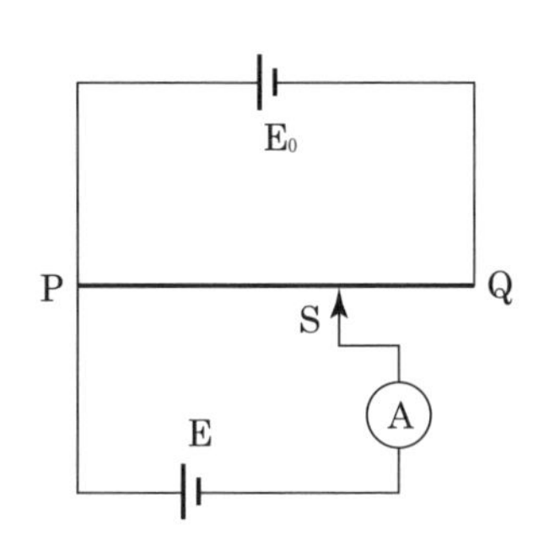

(1)　このとき，E_0を流れている電流はいくらか。

(2)　電池Eの起電力はいくらか。

(3)　PSの長さの読みに 0.1cm の誤差があったとすると，この読みの誤差によって生じる，Eの起電力の誤差はいくらか。有効数字１桁で示せ。

(4)　PS間を 12.5 cmより短くすると，Aには上下どちら向きの電流が流れるか。

(5)　次に，SをPQ上で滑らせてQまでもってきたとき，Aの指針は 4.0 Aを示した。電池Eの内部抵抗 r はいくらか。　（信州大）

Level　(1)〜(3) ★　(4), (5) ★

Point & Hint

電池の起電力を測定するための装置で，電位差計とよばれる。

(2) 起電力 E と等しい電位差の部分が別の場所に顔を出している。

(4) まずSを PQ から離した状態での，Sと接点との電位の高低を考える。Sをつなぐと，高い側から低い側へ電流が流れる。その向きは流れ始めたからといって変わることはない。

(5) 4.0〔A〕は A を上下どちら向きに流れているのか。それを考えた上でキルヒホッフの法則に入る。

LECTURE

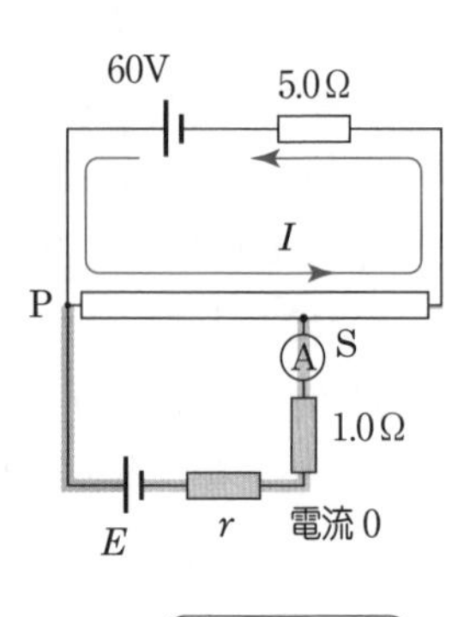

(1)　Aの電流が0だから，回路の上半分にしか電流 I は流れていない。オームの法則より

$$60 = (120.0 + 5.0)I$$

$$\therefore \quad I = \mathbf{0.48}\text{〔A〕}$$

(2)　Eの負極からSまでの間は，電流が0で等電位となっているから，起電力 E は一様な抵抗線のPS 間での電位降下に等しい。抵抗値は長さに比例するから

$$E = \left(120.0 \times \frac{12.5}{30.0}\right) \times 0.48 = \mathbf{24}\text{〔V〕}$$

(3)　0.1 cmの誤差があるということは，PS の長さは 12.5±0.1cm の範囲にあり，(2)と同様に

$$E = \left(120.0 \times \frac{12.5 \pm 0.1}{30.0}\right) \times 0.48 = 24 \pm 0.192$$

よって，E の誤差は　**0.2**〔V〕

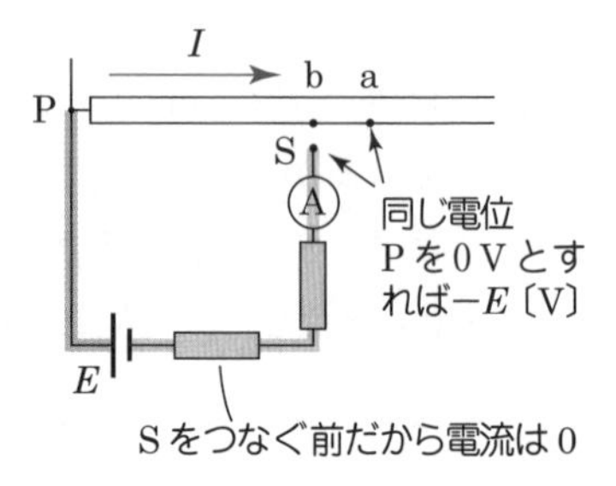

(4)　Sを切り離した状態で考える。問(2)のときの接点aとSの電位は等しい。次につなぐべき接点 b は a より高電位だから，電流は b からSへ，つまりAを**下向き**に流れる。

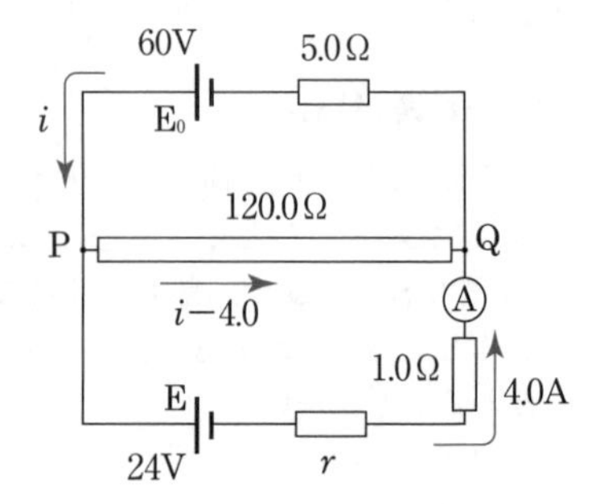

(5)　前問とは逆で，Sを点aの右側につなぐから，電流は A を上向きに流れる。E_0を流れる電流をiとする。まず，閉回路 $E_0 \to P \to Q \to E_0$ について

$$60 = 120.0 \times (i - 4.0) + 5.0i \quad \cdots①$$

$E_0 \to E \to E_0$　について

$$60 - 24 = (r + 1.0) \times 4.0 + 5.0i \quad \cdots②$$

①より　$i = \dfrac{540}{125} = 4.32$〔A〕

②へ代入して　$r = \mathbf{2.6}$〔Ω〕

33 直流回路

内部抵抗が無視できる2つの電池，いくつかの抵抗，ダイオードD，スイッチSを用いて図のような回路をつくった。Rは可変抵抗で，DはA→Bの向きには抵抗0で電流を流すが，逆向きには電流を通さない。はじめSは開かれている。

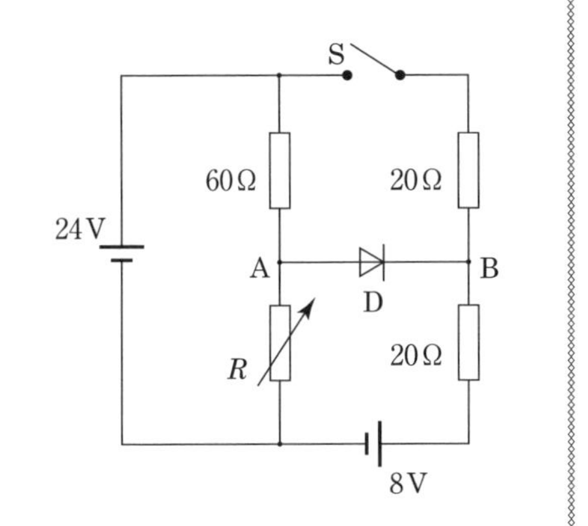

(1) $R=0$〔Ω〕としたとき，Dには電流が流れなかった。その理由を15字程度で述べよ。

(2) Rを0〔Ω〕からしだいに大きくしていくと，やがてDに電流が流れるようになる。このときのRの値はいくらか。

(3) $R=60$〔Ω〕としたとき，Dを流れる電流はいくらか。

(4) 次にSを閉じる。Rを0〔Ω〕からしだいに大きくしていくと，やがてDに電流が流れるようになる。このときのRの値はいくらか。

Level (1)〜(3) ★ (4) ★

Point & Hint

(1) ダイオードDが電流を流しているかどうかは，Dをはずした状態でAとBの電位を比較する。Aが高電位ならDは電流を流し導線状態となる（AとBは等電位なので，電流値は改めて解き直す）。一方，Bが高電位ならDは断線状態と決まる。

(2) Dに電流が流れ始めたときは，電流は実質的に0であり，Dは導線状態になっている。これは(4)にも通用する。

(3) キルヒホッフの法則が活躍する。

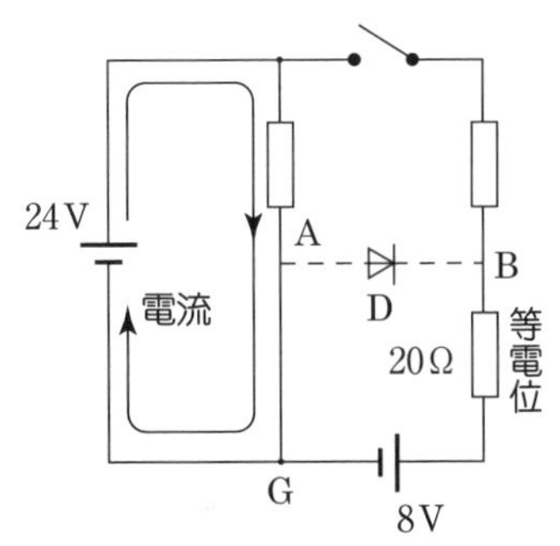

LECTURE

(1) 右図でGの電位を0とする（以下同様）。

Aの電位は0であり，Bの電位は+8V　B→Aの向きに電流を流そうとしているが，Dがあるので流れない。よって **AよりBの電位が高いから**。

(2)　回路の右半分には電流が流れていないので，Bの電位はやはり+8V　Aの電位も同じ値であり，Rによる電位降下は8V　60ΩとRは直列だから

$$8=24\times\frac{R}{60+R}\qquad \therefore\quad R=\mathbf{30}\,〔\Omega〕$$

$R<30$ のときはAG間の電位降下が8Vより小となり，Aの方がBより低電位なので，Dは電流を通さない。

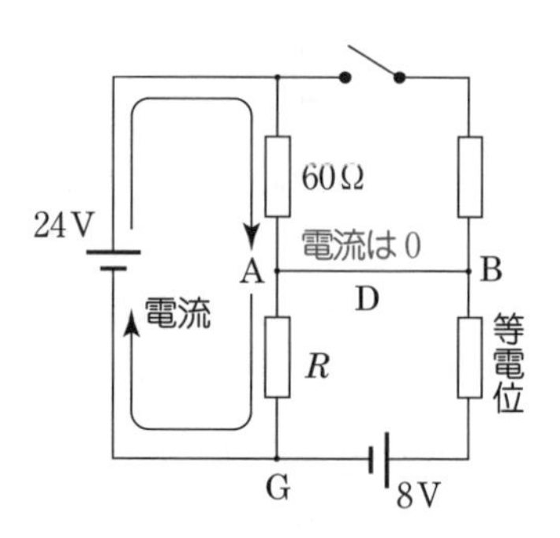

(3)　図のように電流I，iをおく。閉回路①について

$$24=60I+60(I-i)\quad \cdots\cdots ①$$

閉回路②について

$$8=-20i+60(I-i)\quad \cdots\cdots ②$$

①，②より　$i=\dfrac{2}{25}=\mathbf{0.08}$〔A〕

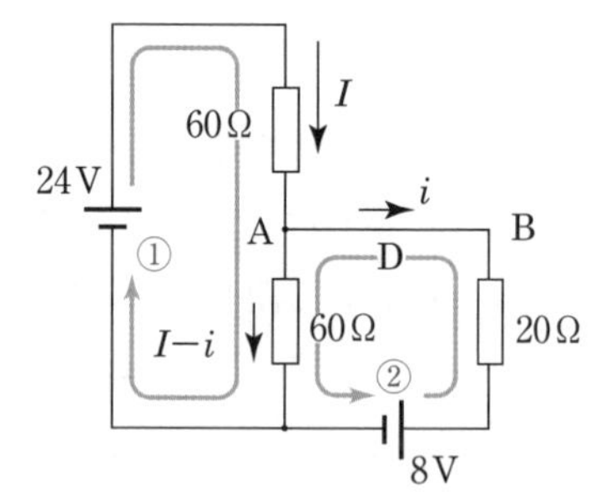

(4)　図のように電流I_1，I_2が流れる。赤矢印の閉回路について

$$24-8=20I_2+20I_2$$

$$\therefore\quad I_2=0.4〔A〕$$

Bの電位は　$8+20\times0.4=16$〔V〕

この値はAの電位でもあり，Rによる電位降下に等しいので

$$16=24\times\frac{R}{60+R}\qquad \therefore\quad R=\mathbf{120}\,〔\Omega〕$$

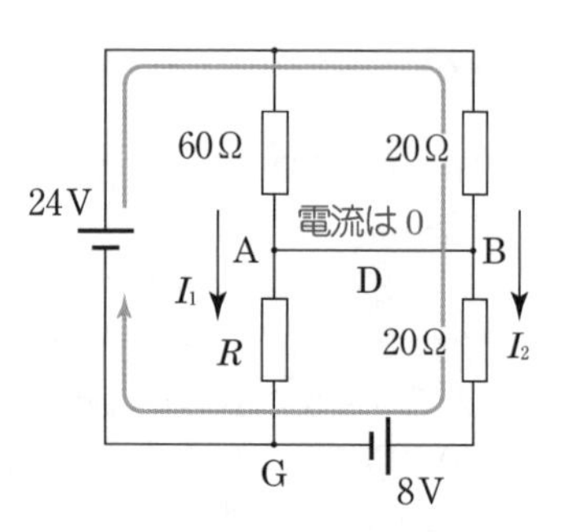

Q　Sを閉じ，$R=180$〔Ω〕としたとき，Dには電流が流れるかどうか。流れるとすれば電流値はいくらか。(4)に頼らず((4)はないものとして)解いてみよ。(★★)

34 電流と磁場

x 軸上の点Aおよび点Bを通り，z 軸に平行な十分長い2本の直線導線P，Qがある。OA＝OB＝r〔m〕であり，Pには I〔A〕の電流が z 軸の正の向きに，Qには I〔A〕の電流が z 軸の負の向きに流れている。空間の透磁率を μ_0〔N/A^2〕とする。

(1) Pの長さ l〔m〕の部分が受ける力の大きさと向きを求めよ。

次に，導線P，Qの他に十分長い直線導線Rを，原点Oから y 軸上の正方向に d〔m〕離れた点Cを通り，z 軸に平行に置き，負の向きに I〔A〕の電流を流す。

(2) Rの長さ l〔m〕の部分が受ける力の大きさと向きを求めよ。

最後に，十分長い直線導線Sを z 軸に平行に置き，$2I$〔A〕の電流を流すと導線Rに働く力はつり合った。

(3) Sが xy 平面と交わる点の x，y 座標を求めよ。また，Sに流した電流の向きを答えよ。

（奈良女子大）

Level (1),(2) ★　(3) ★

Point & Hint

電流が流れると磁場（磁界）を生じる。十分に長い直線電流 I〔A〕から r〔m〕離れた点での磁場 H は

$$H=\frac{I}{2\pi r}\text{〔A/m〕}$$

向きは右ネジを利用して決める。

電流 I が磁場中を流れると力(電磁力) F を受ける。その向きはフレミングの左手の

Base　電磁力

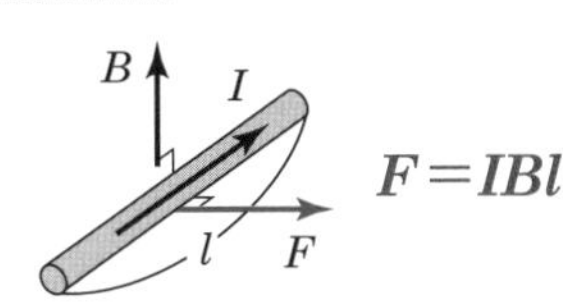

$F=IBl$

※ $\vec{B}$ と $\vec{I}$ が直角でないときは，どちらかの垂直成分を用いる。

※ $\vec{F}$ は $\vec{B}$ と $\vec{I}$ を含む平面に垂直になる。

法則などで決める。磁束密度 B〔T〕は磁場 H と $B=\mu H$（μ は透磁率）で結びついている。　(3)は2通りの答えがある。

LECTURE

(1)　Qの電流がPの位置につくる磁場 H は $+y$ 方向で　　$H=\dfrac{I}{2\pi(2r)}$

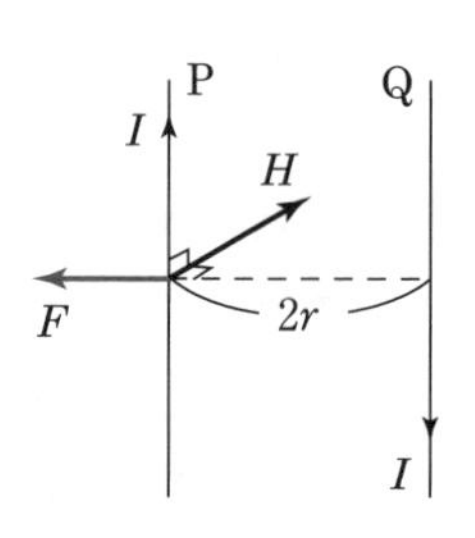

そこでPに働く電磁力 F は **x 軸の負の向き**となり

$$F=I(\mu_0 H)l=\boldsymbol{\frac{\mu_0 I^2 l}{4\pi r}}\text{〔N〕}$$

同方向に流れる電流は引力を及ぼし合い，逆方向の電流は反発力となることは知っておくとよい。

Qは右向きの力 F を受けている。それは作用・反作用でもある。

(2)　1つの電流による磁場 H_1 は

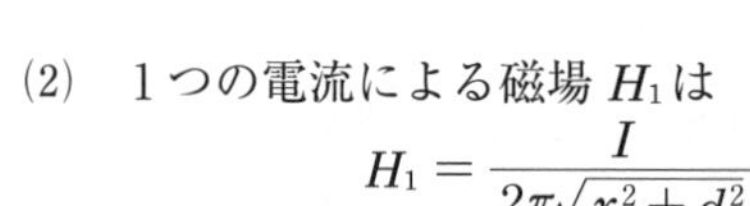

$$H_1=\frac{I}{2\pi\sqrt{r^2+d^2}}$$

右の図より合成磁場 H_C は $+y$ 方向となり

$$H_C=H_1\cos\theta\times 2=H_1\cdot\frac{r}{\sqrt{r^2+d^2}}\times 2$$

$$=\frac{Ir}{\pi(r^2+d^2)}$$

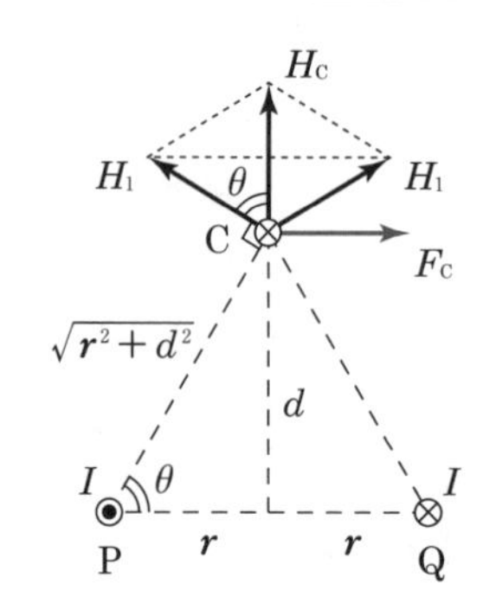

電磁力 F_C は **x 軸の正の向き**となり

$$F_C=I(\mu_0 H_C)l=\boldsymbol{\frac{\mu_0 I^2 rl}{\pi(r^2+d^2)}}\text{〔N〕}$$

別解　直接，電磁力から求めていくこともできる。(1)の答えの $2r$ を $\sqrt{r^2+d^2}$ に置き換えれば，2本の電流間の力 F_1 になる。

$$F_1=\frac{\mu_0 I^2 l}{2\pi\sqrt{r^2+d^2}}$$

引力か反発力かを確かめ，　$F_C=F_1\cos\theta\times 2$ として求める。

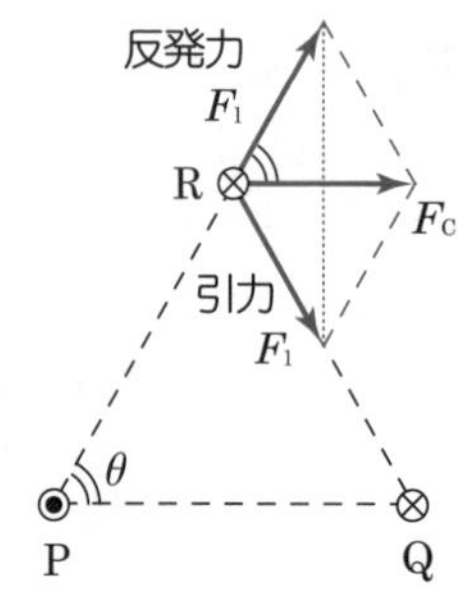

(3)　SをRの右に置き，Rと逆向きの電流を流して，反発力でつり合わせることができる（次図a）。

$$I\left(\mu_0 \cdot \frac{2I}{2\pi x}\right)l = F_C$$

$$\therefore \quad x = \frac{\boldsymbol{r^2 + d^2}}{\boldsymbol{r}}\,\text{〔}\mathbf{m}\text{〕} \qquad y = \boldsymbol{d}\,\text{〔}\mathbf{m}\text{〕}$$

電流は z 軸の**正の向き**

図 a

Rの左側に置いてRと同方向の電流を流し引力でつり合わせてもよい（図b）。SR間の距離は上と同じだから

図 b

$$x = -\frac{\boldsymbol{r^2 + d^2}}{\boldsymbol{r}}\,\text{〔}\mathbf{m}\text{〕} \qquad y = \boldsymbol{d}\,\text{〔}\mathbf{m}\text{〕}$$

電流は z 軸の**負の向き**

Sのつくる磁場が前ページの H_C を打ち消せばよいと考えて解くこともできる。 $H_C = 2I/2\pi x$ から x を求めることになる。

Q　Qに流す電流 I〔A〕を z 軸の正の向きとし，その他の状況は変えないとして，問(2), (3)に答えよ。**LECTURE** で現れた式や答えは利用してよい。（★）

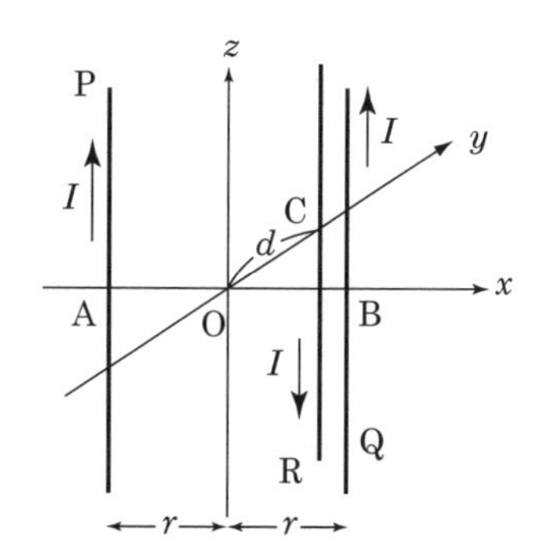

35　電流と磁場

図1のように，中空で薄い円筒形の導体に一様な電流を流す。導体は十分に長く，半径をdとする。電流の大きさをIとし，導体の中心軸上の点Oを中心として，中心軸に垂直な半径rの円形の輪を考える。その円輪上での磁場は，円輪を貫く電流が全て中心軸に集まった直線電流がつくる磁場に等しい。したがって，$r \geqq d$では，磁場の強さは$H=\dfrac{I}{2\pi r}$であり，$r<d$では円輪を貫く電流がないので，$H=0$となる。以下，電流は軸方向に一様に流れ，導体は軸方向に十分に長いとする。

図2のような円柱導体A（半径a）の外を，同じ中心軸をもつ薄い円筒導体B（半径b）が囲んでいるケースを考える。

Aに大きさIの電流を流し，Bにはその反対向きに同じ大きさIの電流を流した。このとき中心軸から距離rにおける磁場の強さは$a \leqq r < b$では［イ］であり，$r \geqq b$では［ロ］である。

次に，図3のように半径$3R$の円柱導体に，軸方向に半径Rの円柱形の空洞をあけた導体Cを考える。空洞の中心軸とCの軸lとの距離はRである。Cに電流Iが流れているとき，軸l上における磁場の強さを求めたい。そこで仮想的に，Cと同じ電流密度の電流が流れている導体Xで空洞を埋める（導体C＋X）。Xが軸lにつくる磁場とCがつくる磁場の和が，C＋Xがつくる磁場になることから，Cが軸l上につくる磁場の強さは［ハ］と求められる。

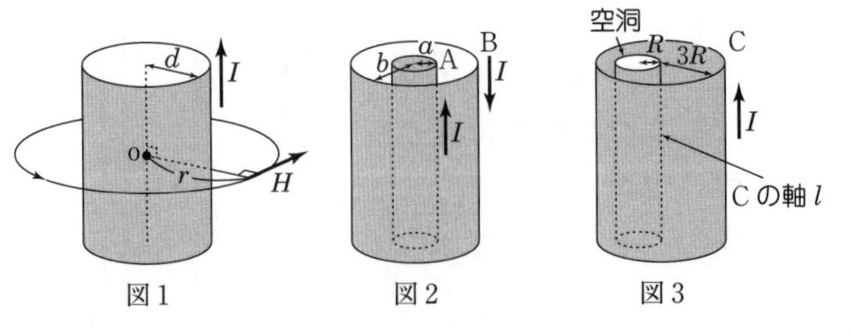

図1　図2　図3

（立教大）

Level　イ，ロ★　ハ★

Point & Hint

内容は高度だが，誘導がなされているので対応できるはず。

ハ　電流密度は軸に垂直な断面における単位面積あたりの電流値。

Xが軸 l につくる磁場は図2のAと同様に計算できる。C+X が軸 l につくる磁場が大きなポイント。問題文の初めに記された定理からも推測できるが，対称性に注目すればクリアーに決められる。

LECTURE

イ　Bによる磁場はない。Aによる磁場 H は，電流 I が中心軸上を流れていると考えてよいので　$H=\boldsymbol{\dfrac{I}{2\pi r}}$

ロ　Aによる磁場は $H_A=\dfrac{I}{2\pi r}$ で反時計回りの向き(上から見て)。一方，Bによる磁場は $H_B=\dfrac{I}{2\pi r}$ で時計回りの向き。同じ大きさで反対向きなので，合成磁場は **0** となる。

ハ　Cの断面積は $\pi(3R)^2-\pi R^2=8\pi R^2$ で，I を流している。

Xの断面積は πR^2 だからXを流れる電流 i は

$$i=\frac{\pi R^2}{8\pi R^2}I=\frac{1}{8}I$$

軸 l 上において，Xがつくる磁場は

$$H_X=\frac{i}{2\pi R}=\frac{I}{16\pi R}$$

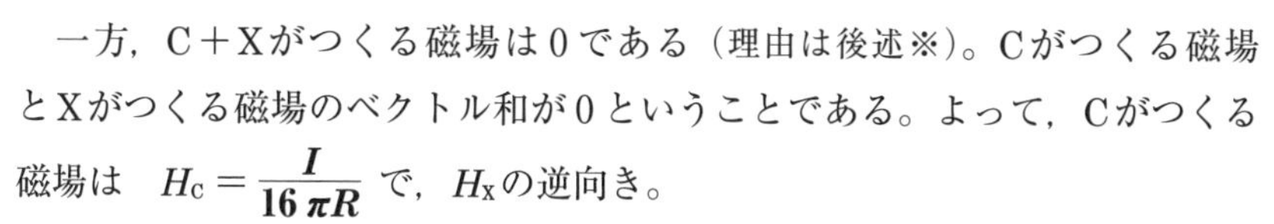

一方，C＋Xがつくる磁場は0である（理由は後述※)。Cがつくる磁場とXがつくる磁場のベクトル和が0ということである。よって，Cがつくる磁場は　$H_C=\boldsymbol{\dfrac{I}{16\,\pi R}}$ で，H_X の逆向き。

※　C＋X，つまり円柱を一様に流れる電流が軸 l 上につくる磁場 H_{C+X} について考える。軸 l の回りに導体を回転させても電流の状況は変わらない。この対称性から $H_{C+X}=0$ といえる。なぜなら，もし H_{C+X} があれば，回転と共に向きを変えていくことになる。それは回転しても電流が同じであることと矛盾する。

たとえば，H_{C+X} が時計の12時の向きなら（上から見て），導体C＋Xを時計回りに90°回転させれば H_{C+X} は3時の向きになる。ところが，回転後は回転前と同じ電流状態なので12時を向くはずという矛盾が生じている。

円柱を，中心軸を取り巻く無数の薄い円筒（同心円的な円筒）に分割して考える方法もある。それぞれの円筒を流れる電流は内側に磁場をつくらない。したがって，軸 l 上の磁場は0となる…と言いたいが，軸 l を流れる直線電流が残る。ただ，それはどこまでも細く微弱にできるので磁場は0…という論理である。あるいは，直線電流はそのまわりに磁場をつくるだけという知識があればよいが，対称性の論理の方がすっきりしていよう。

何より大切なことは，欠けた部分を補うことによって，既知の状態につなぐという手法である。重心を求めるときにも利用されている。円板から小さな円板をくり抜いた場合などで出会っている（☞エッセンス(上)p36：問題37）。

欠けを戻す手法！

Q　断面が半径 R の長い円柱に一様に電流 I を流す。中心軸から距離 r 離れた位置での磁場の強さ H を表すグラフを描け。（★）

36 電磁誘導

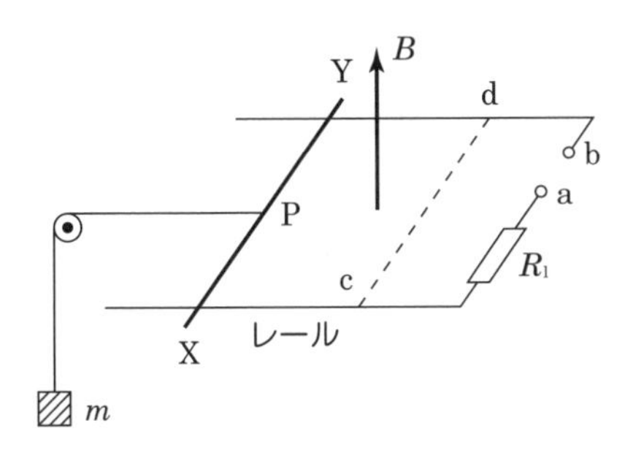

磁束密度 B の鉛直上向きの一様な磁場中に，間隔 l の平行で滑らかな2本のレールが水平に敷かれ，その上に導体棒Pがレールと直角に置かれている。Pに軽い糸の一端を結び，レールに平行に張って，滑らかな滑車にかけ，糸の他端に質量 m のおもりをつるす。抵抗値 R_1 の抵抗を図のようにつなぐ。重力加速度を g とし，抵抗以外の電気抵抗，電流による磁場は無視してよい。

(1) ab間に電池を入れる。おもりが静止するためには電池の正極はa，bどちら側にすべきか。また，電池の起電力 V_0 を求めよ。

(2) ab間を導線で結ぶ。Pがおもりに引かれて，一定の速さで左に動いているとき，XとYとではどちらの電位が高いか。また，Pの速さ v_1 を求めよ。

(3) ab間に起電力 V_1 の電池を入れ，レール間を抵抗値 R_2 の抵抗でつなぐ(点線部cd)。Pがおもりを引き上げながら一定の速さで右に動いているとき，

(ア) 抵抗値 R_2 の抵抗を流れる電流の向きと強さを求めよ。

(イ) Pの速さ v_2 を求めよ。 (東海大)

Level (1)★ (2)★ (3)★★

Point & Hint

導体棒が磁場中で動くと誘導起電力を生じる(1つの電池となる)。その大きさ V は $V=vBl$ で与えられる。向きの決め方は自分なりの方法を身につけておくこと。たとえば，$\vec{v}$ から $\vec{B}$ へ右ねじを回

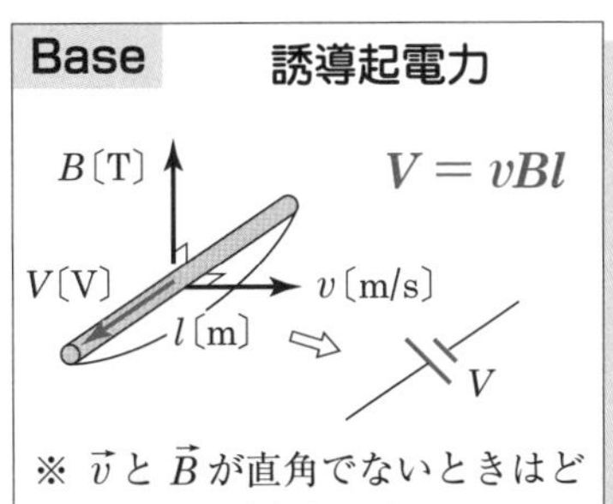

し，ねじの進む向きとして決めることができる(公式は $\dot{v}\dot{B}l$ とねじを回す順で覚える)。　この公式を用いる方が，ファラデーの電磁誘導の法則から入るよりも早く解ける。 **電池に置き換えれば，もはや直流回路の問題**にすぎない。 (2) 電位は，P を流れる電流の向きで判断すると誤りやすい。 **等速度運動は力のつり合い**に注意。

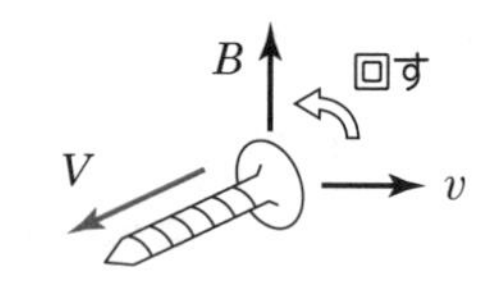

(3) キルヒホッフの法則を用いる。

LECTURE

(1)　Pを静止させるには電磁力を右向きに働かせなければならない。そのためには電流 I を図のように流す必要がある。よって，電池の正極は **a** 側にする。

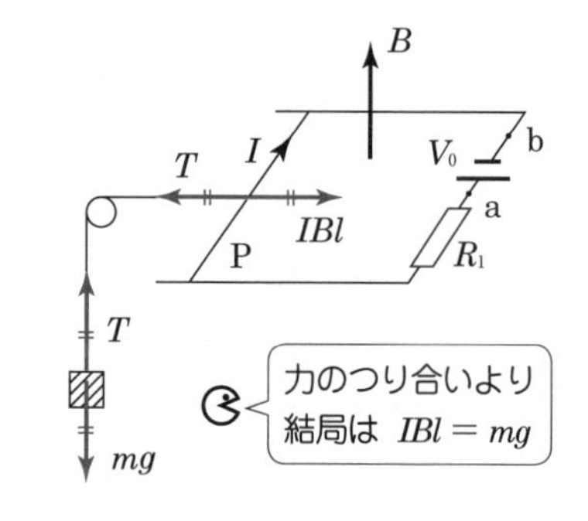

糸の張力を T とすると，おもりのつり合いより　　$T = mg$

一方，Pのつり合いより　　$T = IBl$

オームの法則より

$$V_0 = R_1 I = R_1 \frac{T}{Bl} = \boldsymbol{\frac{mgR_1}{Bl}}$$

(2)　Pの誘導起電力は v_1Bl で右図の向きだから，正極に該当する **Y** の電位が高い。

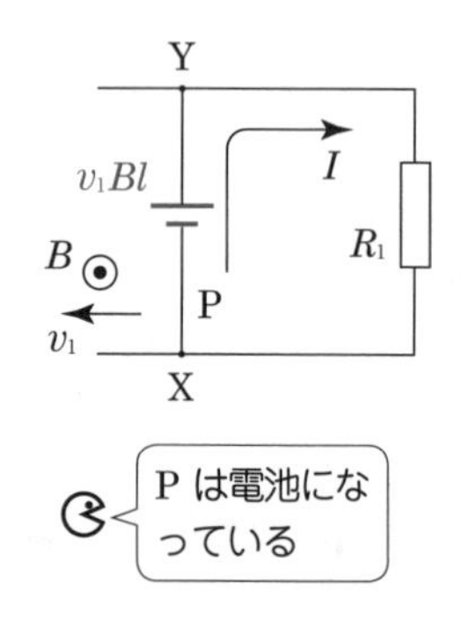

Pは等速度運動をしているので力のつり合いが成り立つ。力の状況は上図と同じことだから

$$IBl = mg \quad \cdots\cdots①$$

オームの法則より

$$v_1Bl = R_1 I \quad \cdots\cdots②$$

①, ②より I を消去して　　$v_1 = \boldsymbol{\frac{mgR_1}{B^2 l^2}}$

少し背景を説明しておこう。Pを静かに放すと，Pはおもりに引かれて左に動き始める。Pの速さが遅いうちは誘導起電力が小さく，電流も電磁力も小さいからおもりによってPは加速されていく。すると，Pの誘導起電力が大きくなる(電流と電磁力も大きくなる)ので，やがてこの設問のように力がつり合う等速運動に入るのである。

(3)(ア) Pを右へ動かすには，問(1)と同様a側を正極とする必要がある。やはり，力のつり合いだから①が成り立つ（全問を通じてPを流れる電流Iは強さ，向きともに同じである！）。

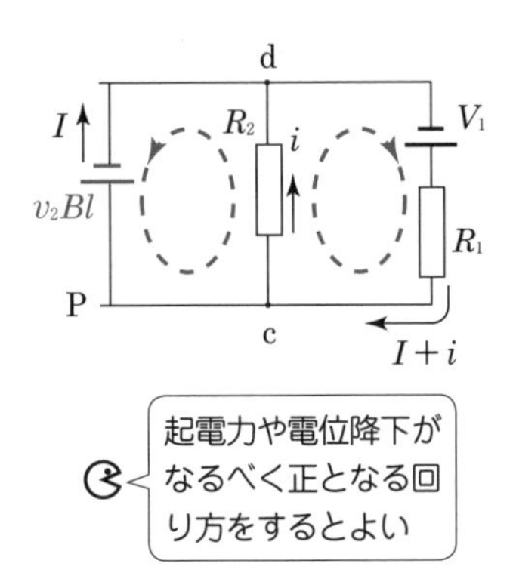

Pは右へ動いているので誘導起電力v_2Blは図のように下向きとなる。cの方が高電位だから，**c→dの向き**に電流iが流れる。右半分の閉回路についてキルヒホッフの法則を用いると（赤点線の向きに一周すると）

$$V_1 = R_1(I+i) + R_2 i$$

$$\therefore \quad i = \frac{V_1 - R_1 I}{R_1 + R_2} = \boldsymbol{\frac{BlV_1 - mgR_1}{Bl(R_1 + R_2)}}$$

なお，Pを右へ動かすには$V_1 > V_0$という条件が必要であり，(1)の結果より$BlV_1 > mgR_1$ したがって $i > 0$ となっている。

(イ) 上図の左半分の閉回路について

$$v_2Bl = R_2 i \qquad \therefore \quad v_2 = \frac{R_2 i}{Bl} = \boldsymbol{\frac{R_2(BlV_1 - mgR_1)}{B^2l^2(R_1 + R_2)}}$$

別解 $V_1 \to R_1 \to$ Pという閉回路については $V_1 - v_2Bl = R_1(I+i)$

これにiと①の $I = \dfrac{mg}{Bl}$ を代入してv_2を求めることもできる。

なお，電流Iの向きが誘導起電力v_2Blと逆向きになっているが，これでおかしくはない。V_1の方がv_2Blより大きいためであり，このように本物の電池がある場合には，誘導起電力の向きに電流が流れるとは限らない。

Q1 (2)で，Pの速さが$v(< v_1)$のときの，Pの加速度の大きさaを求めよ。Pの質量をMとする。（★）

Q2 (2)のとき成り立つエネルギー保存則（単位時間について）を記せ。v_1と電流Iを用いてよい。また，(3)についてもv_2, I, iを用いて記せ。

（(2) ★　(3) ★★）

37 電磁誘導

図のような長方形の回路がある。各辺の長さは l で，各辺の抵抗はすべて R であり，af間には容量 C のコンデンサーが接続されている。平行直線L，L′ではさまれた幅 l の斜線で示された領域には，紙面に垂直に裏から表に向かう一様な磁束密度 B の磁場（磁界）がある。回路の辺cd を L と平行に保ちながら，右向きに一定の速さ v で移動させる。 辺cdが Lと一致した時刻を $t=0$ とし，誘導電流による磁場は B に比べて無視できるとする。

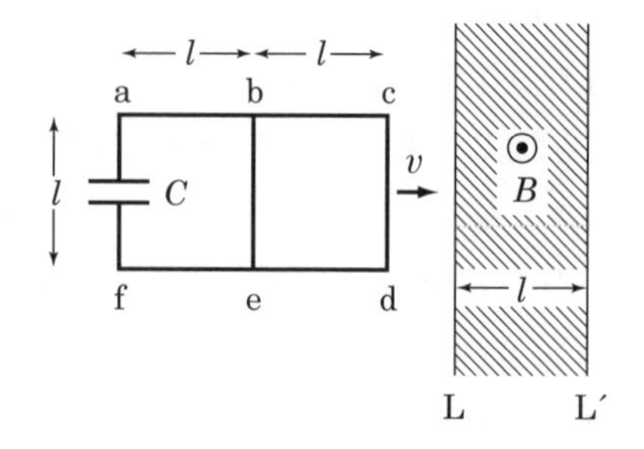

Ⅰ $0<t<l/v$ の間で，回路を流れる電流が一定になったとき，

(1) 辺beを流れる電流の向きと強さを求めよ。

(2) コンデンサーのa側の極板の電荷を求めよ。

(3) 回路全体での消費電力を求めよ。また，回路に加えている外力の大きさと向きを求めよ。

Ⅱ $l/v<t<2l/v$ の間で，回路を流れる電流が一定になったとき，

(4) コンデンサーに蓄えられているエネルギーを求めよ。また，回路に加えている外力の大きさと向きを求めよ。 （名城大）

Level (1)～(3) ★ (4) ★

Point & Hint

この問題でもファラデーの電磁誘導の法則を用いようとすると，どこがコイルなのか分かりにくい。しかし，$V=vBl$ なら簡明に対処できる。 直流回路内のコンデンサーは定常状態では電流を通さないことを思い出したい。

LECTURE

(1) 誘導起電力 V は磁力線を切るように動く部分cdで生じ，次図の向きとなり $V=vBl$

コンデンサーは充電が終わって電流を通さないから，電流 I は右半分だけを流れ，**e→bの向き**。4つの抵抗が直列となっているから

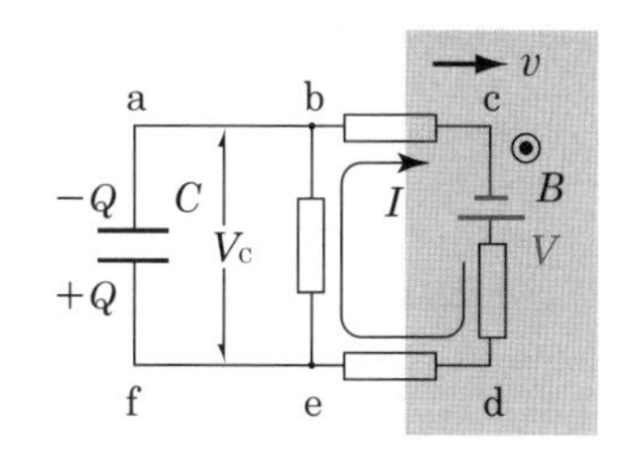

$$V=(4R)I \qquad \therefore \quad I=\frac{V}{4R}=\boldsymbol{\frac{vBl}{4R}}$$

(2) コンデンサーの電圧 V_C は eb 間での電位降下に等しいから

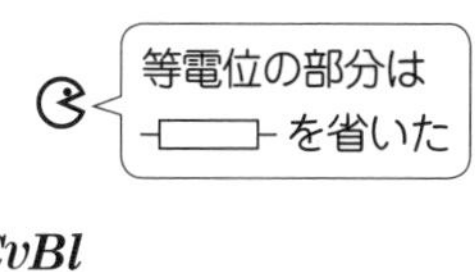

$$Q=CV_C=C(RI)=\frac{1}{4}CvBl$$

a側の極板は負に帯電しているので　$\boldsymbol{-\frac{1}{4}CvBl}$

(3) 消費電力 P は　$P=(4R)I^2=\boldsymbol{\frac{(vBl)^2}{4R}}$

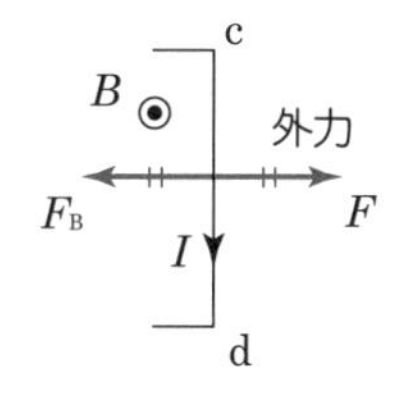

辺 cdには電磁力 $F_B=IBl$ が左向きに働く。等速度運動だから力のつり合いが成りたち，外力 F は**右向き**で

$$F=F_B=IBl=\boldsymbol{\frac{vB^2l^2}{4R}}$$

別解 エネルギー保存則より，外力の仕事率(1s間にする仕事)は消費電力に等しいはずなので，$Fv=P$より求めてもよい。

(4) 辺 beに誘導起電力 $V=vBl$ が生じ，電流 Iが右半分を流れる。コンデンサーの電圧 V_C' は be 間の電圧に等しく

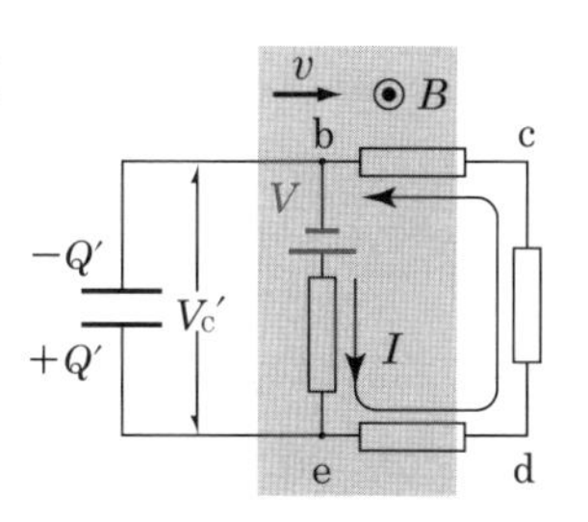

$$V_C'=V-RI=vBl-R\cdot\frac{vBl}{4R}=\frac{3}{4}vBl$$

静電エネルギーは　$\frac{1}{2}CV_C'^2=\boldsymbol{\frac{9}{32}C(vBl)^2}$

なお，e→d→c→b と電位が下がっていくので e の方が b より高電位。beに働く電磁力 F_B は左向き(cdは磁場外で電磁力は0)だから，外力 F は**右向き**で，力のつり合いより

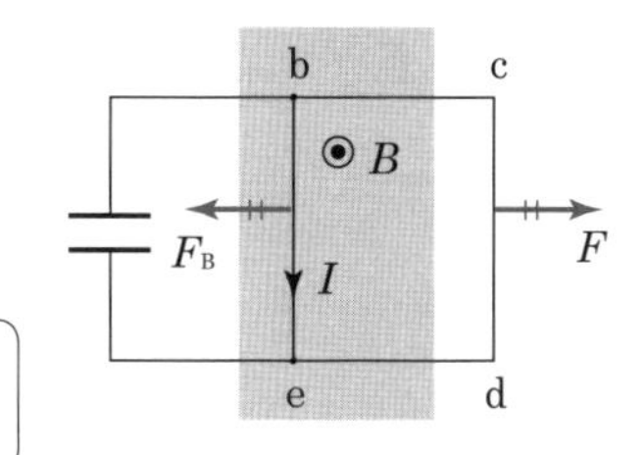

$$F=F_B=IBl=\boldsymbol{\frac{vB^2l^2}{4R}}$$

(3)の別解もまた成立

38　電磁誘導

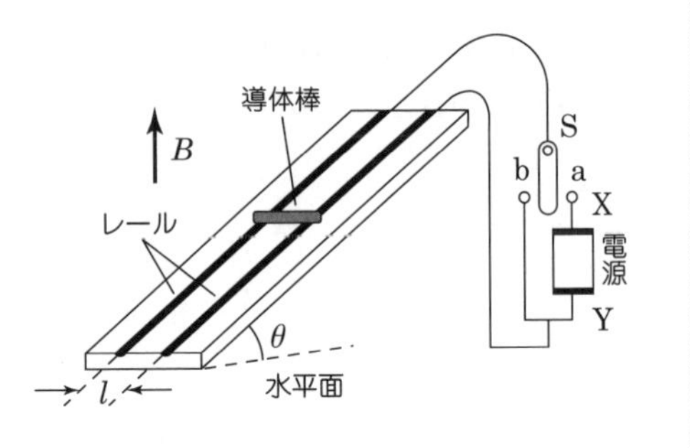

傾角θの斜面に沿って2本の導体のレールがlの間隔でしかれている。いま，長さl，質量M，電気抵抗Rの導体棒がレールに直角におかれ，レールに沿って滑ることができるようになっている。また，鉛直上向きに磁束密度Bの一様な磁場（磁界）が加えられている。重力加速度をgとし，導体棒以外の電気抵抗は無視できるものとする。

(1)　スイッチSが端子aとbの中間にあり，レールには電流が流れていないとする。斜面の傾きを徐々に増してθ_0にしたとき棒が滑り始めた。棒とレールの間の静止摩擦係数μ_0はいくらか。

(2)　斜面の傾きをθ_1（$\theta_1 < \theta_0$）に保って棒を静止させた。そこで，Sをaに接続し，2本のレールの間の電位差を0から徐々に増したところ，棒はレールに沿って上方へ滑り始めた。直流電源の正極は図のX，Yのどちら側か。また，棒が動き出すときの電位差V_0を求めよ。μ_0を用いてよい。

(3)　今度はSをbに接続し，棒を静止させた後，傾きの角を増してθ_2（$\theta_2 > \theta_0$）にした。棒が滑り落ち始めてから十分時間がたったときの速さuを求めよ。ただし，レールは十分に長く，棒とレールの間の動摩擦係数はμとする。　（東京大）

Level　(1)★　(2),(3)★

Point & Hint

(1)　表現は「θ_0で滑る」となっているが，「θ_0では静止しており，θ_0を超えると滑りだす」と解釈して解く。

(2)　電磁力がレール方向に働くという早とちりが多い。

(3)　公式　$V = vBl$　の v は磁場に垂直な速度成分を用いる。十分に時間がたつと，棒は等速度で動くようになる。

なお，回路を流れる電流がつくる磁場は無視してよい（断らない場合が多い）。

LECTURE

(1)　θ_0 のときは最大摩擦力　$F_{max} = \mu_0 N$　が働いている。斜面方向のつり合いより

$$Mg\sin\theta_0 = \mu_0 N$$

垂直方向のつり合いより　　$N = Mg\cos\theta_0$

以上より　　$\mu_0 = \mathbf{\tan\theta_0}$

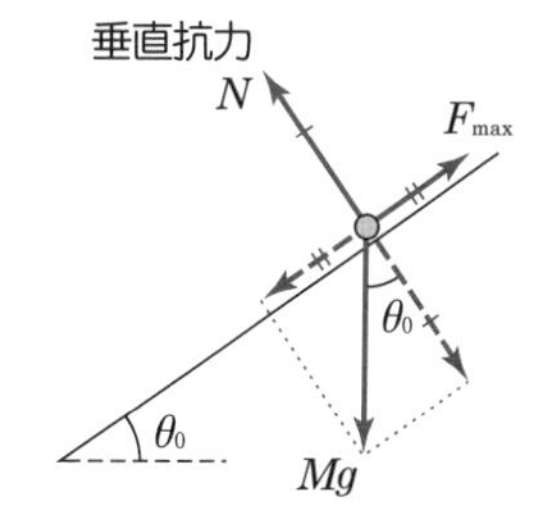

(2)　棒を上向きに動かすには，次図で電磁力 F を右向きに働かせる必要がある。よって，電流 I は紙面の表から裏への向き（⊗）に流したいので，正極は **Y** 側。

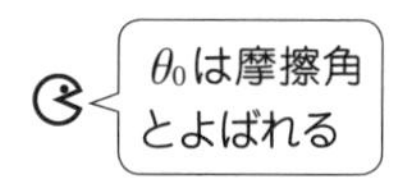

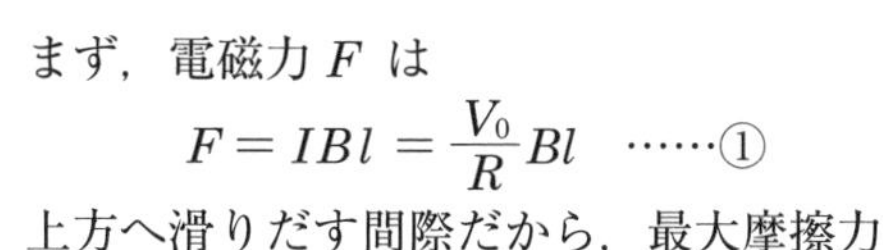

まず，電磁力 F は

$$F = IBl = \frac{V_0}{R}Bl \quad \cdots\cdots①$$

上方へ滑りだす間際だから，最大摩擦力

$F_{max} = \mu_0 N$　は斜面方向下向きに働いている。

力のつり合いは

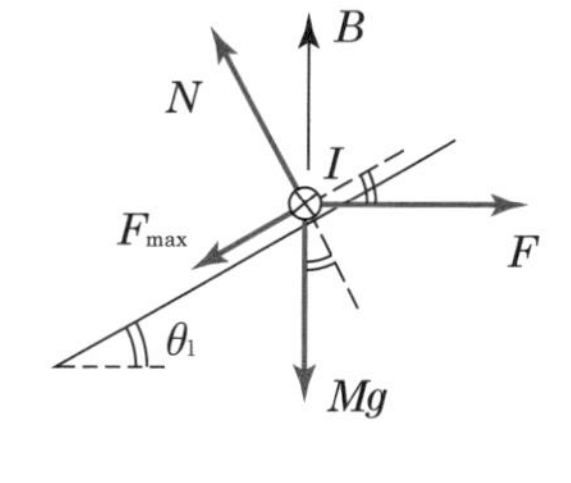

斜面方向：　$Mg\sin\theta_1 + \mu_0 N = F\cos\theta_1$　……②

垂直方向：　$N = Mg\cos\theta_1 + F\sin\theta_1$　……③

見落としがち！

①，②，③より（未知数は V_0，F，N）

$$V_0 = \boldsymbol{\frac{MgR(\sin\theta_1 + \mu_0\cos\theta_1)}{Bl(\cos\theta_1 - \mu_0\sin\theta_1)}}$$

(3)　磁場に垂直な速度成分は　$u\cos\theta_2$　だから，誘導起電力 V は

$$V = (u\cos\theta_2)Bl$$

V は⊗の向きだから，電流 I も ⊗の向き。したがって，電磁力 F は右向きとなり

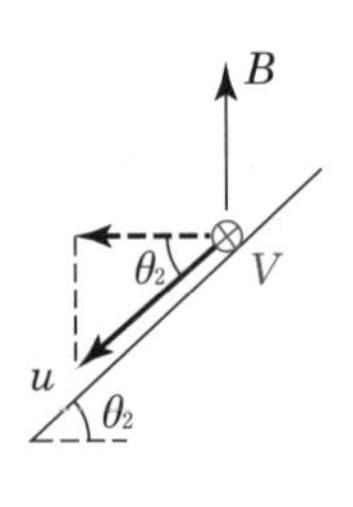

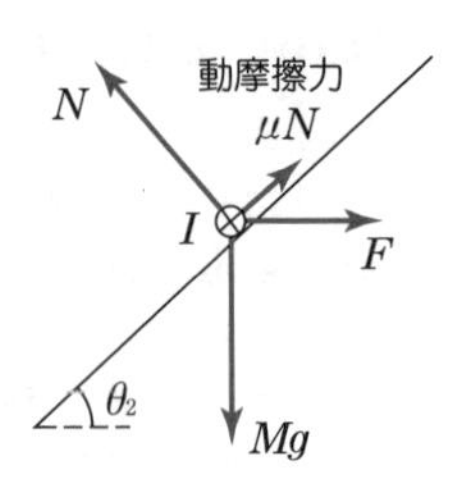

$$F = IBl = \frac{V}{R}Bl$$

$$= \frac{uB^2l^2}{R}\cos\theta_2 \quad \cdots④$$

等速度運動では力がつり合うから

斜面方向：　$Mg\sin\theta_2 = F\cos\theta_2 + \mu N$　……⑤

垂直方向：　$N = Mg\cos\theta_2 + F\sin\theta_2$　……⑥

④, ⑤, ⑥より（未知数は u, F, N）

$$u = \boldsymbol{\frac{MgR(\sin\theta_2 - \mu\cos\theta_2)}{B^2l^2\cos\theta_2(\cos\theta_2 + \mu\sin\theta_2)}}$$

Q　(3)のとき成り立つエネルギー保存則（単位時間について）を記せ。u と I と N を用いてよい。（★）

39　電磁誘導

十分に長い直線導線 L が y 軸上にあり，1辺の長さ $2a$ の正方形コイル ABCD が，辺 AB を x 軸上に，辺BC を y 軸に平行にして置かれている。コイルの電気抵抗は R で，コイルの位置は辺AB の中点 Mの座標 x で表す。装置は真空中に置かれ，真空の透磁率を μ_0 とする。コイルの自己誘導は無視する。

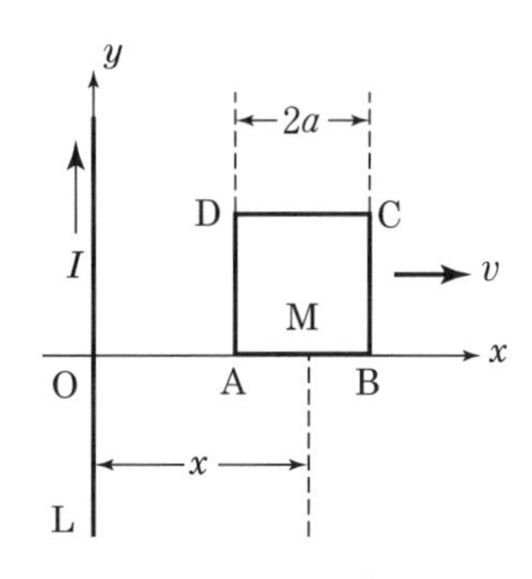

導線L に$+y$の向きに一定電流 I を流し，コイルを一定の速さ v で，xy平面上，x軸に沿って導線から遠ざける。コイルが $x(>a)$ の位置を通過するときについて，

(1)　L による，点 A，B での磁場の強さ H_1，H_2 をそれぞれ求めよ。

(2)　コイル全体での誘導起電力の向き（時計回りか反時計回りか）と大きさ V を次の２つの方法で求めよ。

(a)　１つ１つの辺に生じる誘導起電力を調べる。

(b)　コイルを貫く磁束の変化を調べる。

(3)　$x=2a$のとき，コイルに加えている外力の向きと大きさを求めよ。　（九州大＋お茶の水女子大）

Level　(1)★★　(2)(a)★　(b)★　(3)★

Point & Hint

電磁誘導は一般にはファラデーの電磁誘導の法則に従っている。

(2)(b) 微小時間Δtの間の磁束の変化$\Delta\Phi$を調べる。といっても，コイルを貫く磁束Φはコイル内の磁場が一様ではないので（積分しない限り）計算できない。そこで，変化した部分だけに目を向ける。近似の見方も必要。

Base　電磁誘導の法則

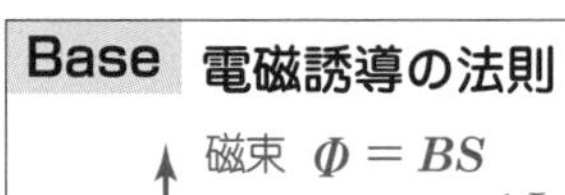

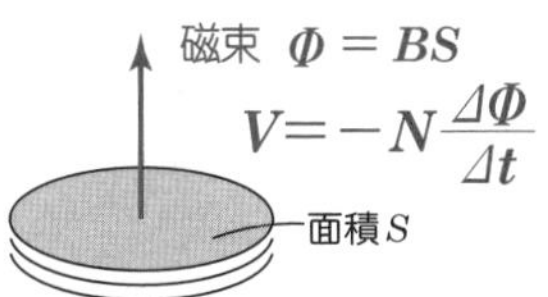

※マイナスは磁束の変化を妨げる向きに誘導起電力が生じることを表す。

LECTURE

(1)　A，Bでの磁場は

$$H_1=\frac{\boldsymbol{I}}{\boldsymbol{2\pi(x-a)}}\qquad H_2=\frac{\boldsymbol{I}}{\boldsymbol{2\pi(x+a)}}$$

(2)(a)　直線電流 I のつくる磁場は紙面の裏への向きとなり，磁力線を切って進むADとBCで誘導起電力 V_1，V_2 が図の向きに発生している。公式 $V=vBl$ より

$$V_1=v\cdot\mu_0H_1\cdot2a\qquad V_2=v\cdot\mu_0H_2\cdot2a$$

2つの起電力が逆向きとなっていることと，$H_1>H_2$ より全体の起電力は**時計回り**で

$$V=V_1-V_2=2\mu_0va(H_1-H_2)=\frac{\boldsymbol{2\mu_0Ia^2v}}{\boldsymbol{\pi(x^2-a^2)}}$$

(b)　微小時間 $\varDelta t$ の間にコイルは $\varDelta x=v\varDelta t$ だけ動き，右の赤色部分で磁束を $\varDelta\Phi_2$ 増やし，灰色部分で $\varDelta\Phi_1$ 減らす。そこで，磁束の変化 $\varDelta\Phi$ は

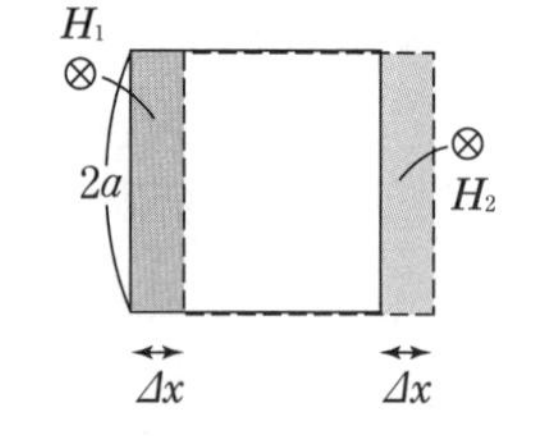

$$\begin{aligned}\varDelta\Phi&=\varDelta\Phi_2-\varDelta\Phi_1\\&=\mu_0H_2\cdot2a\varDelta x-\mu_0H_1\cdot2a\varDelta x\\&=-\frac{2\mu_0Ia^2v}{\pi(x^2-a^2)}\varDelta t\end{aligned}$$

$\varDelta x$は微小なので磁場はH_1やH_2で一定としてよい

符号マイナスは磁束の減少を表している（$H_1>H_2$ より定性的にも明らか）。よって，誘導起電力の向きは，⊗の向きの磁場を生じるようにコイルに電流を流す向きであり，**時計回り**と決まる。

$$V=\frac{|\varDelta\Phi|}{\varDelta t}=\frac{\boldsymbol{2\mu_0Ia^2v}}{\boldsymbol{\pi(x^2-a^2)}}$$

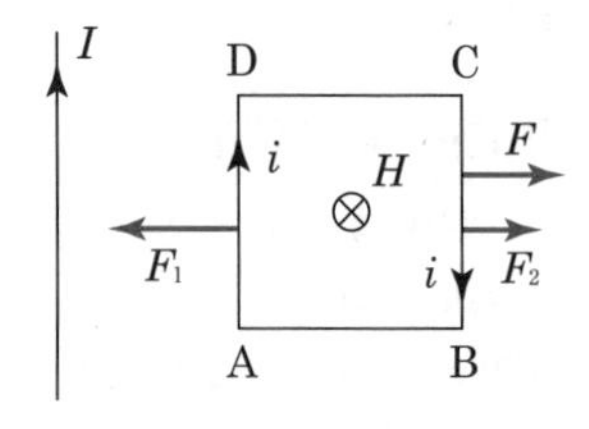

(3)　$x=2a$ より $V=\dfrac{2\mu_0Iv}{3\pi}$ であり，誘導電流 i は時計回りに流れ，オームの法則より

$$i=\frac{V}{R}=\frac{2\mu_0Iv}{3\pi R}$$

Iとiの向きから，F_1は引力，F_2は反発力と決めてもよい

電磁力F_1，F_2が図のように働き，等速度運動で力がつり合うから，外力Fは**＋$\boldsymbol{x}$方向**であり

$$F = F_1 - F_2 = i\cdot\frac{\mu_0 I}{2\pi a}\cdot 2a - i\cdot\frac{\mu_0 I}{2\pi\cdot 3a}\cdot 2a = \boldsymbol{\left(\frac{2\mu_0 I}{3\pi}\right)^2\frac{v}{R}}$$

なお，辺ABとCDに働く電磁力はy方向でつり合うので図からカットしている。また，エネルギー保存則より $Fv = Ri^2$ の関係が成り立っている。

「エネルギー保存則で，電磁力の仕事は考えなくてよいのだろうか？」…

気になる人もいるかもしれない。もし，電磁力の仕事を考えるのなら，同時に誘導起電力の仕事(電池のする仕事)も考えに入れる必要がある。そして…両者の仕事の和はいつも 0 となる(※)。

電磁力も誘導起電力も，電子に働くローレンツ力が原因になって生じている(図 a，b)。そして，**ローレンツ力は速度に垂直に働き，仕事をしない**からである(図c)。結局，エネルギー保存則を扱うときは，外部から与えられたエネルギーがどう使われたかだけを考えていけばよいのである。

※　いまの場合，AD間での仕事率の和は

$$-F_1 v + V_1 i = -i\cdot\frac{\mu_0 I}{2\pi a}\cdot 2a\cdot v + v\cdot\mu_0\frac{I}{2\pi a}\cdot 2a\cdot i = 0$$

BC 間でも $F_2 v + (-V_2 i) = 0$ となることを確かめてみるとよい。

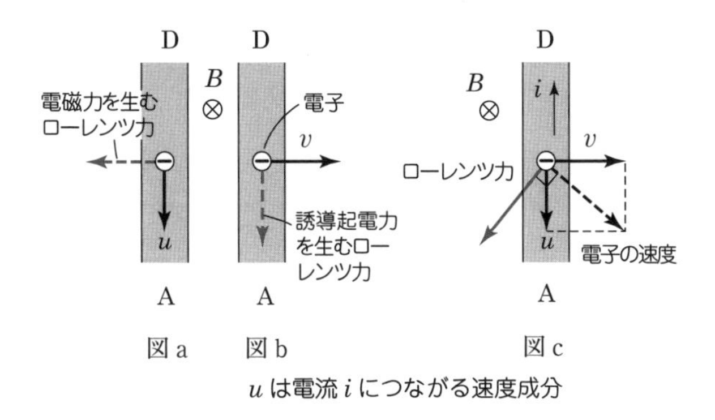

図 a　図 b　図 c

u は電流 i につながる速度成分

Q　問(3)のとき，直線導線Lがコイルから受けている力の向きと大きさを求めよ。(★★)

40 電磁誘導

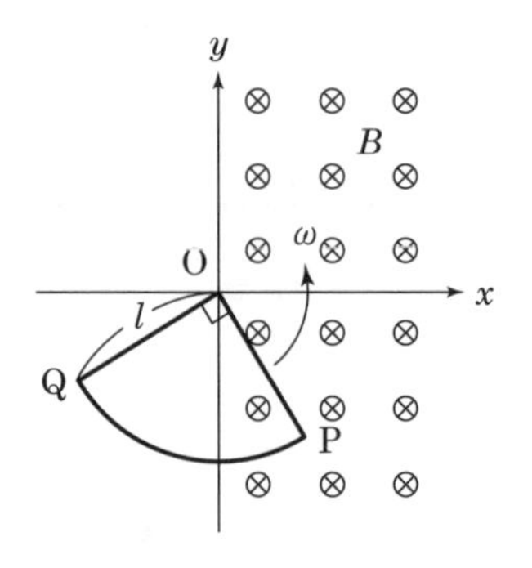

紙面に垂直で一様な磁場が，$x \geqq 0$ の領域だけにあり，原点Oのまわりに扇形コイルOPQが一定の角速度 ω〔rad/s〕で反時計回りに回転している。磁場の磁束密度 B〔T〕は一定で，紙面の表から裏へ向かっている。扇形コイルの形は半径 l〔m〕の4半円である。このコイルは，$t=0$ の時刻に第3象限にあって，辺OPが y 軸と一致した。コイルの抵抗値を R〔Ω〕とし，自己誘導は無視する。答のグラフの横軸 t の範囲は $0 \leqq t \leqq 2\pi/\omega$ とせよ。

(1) この扇形コイルを表から裏への向きに貫く磁束 Φ の時間変化をグラフに描け。

(2) コイルを流れる電流の時間変化を，O→Pの向きに流れる電流を正として，グラフに描け。

(3) コイルが一回転する間に発生するジュール熱はいくらか。

(4) コイルを回転させるために，点Pで外力 f を円弧の接線方向に加えているとする。f の時間変化を，反時計回りの向きを正として，グラフに描け。また，一回転の間に外力のする仕事 W はいくらか。

（名古屋大＋静岡大）

Level (1) ★　(2)〜(4) ★

Point & Hint

(1) 扇形の面積は，円の面積を利用して求める。$\dfrac{2\pi}{\omega}$ は1周期 T のこと。

(2) Φ は t に比例するので，$\varDelta\Phi$ と $\varDelta t$ の関係は即座に書き下せる（$y=ax+b$ なら $\varDelta y = a\varDelta x$）。これでファラデーの電磁誘導の法則に入れる。

(4) 等速回転（ω が一定の回転）では，力のモーメントのつり合いが成立している。

まず，OP間の電流に働く電磁力を押さえる。その作用点はOPの中点である。それは，一様な棒に働く重力の作用点が中点であることから類推できる。

LECTURE

(1)　時刻tのときには，角度$\theta=\omega t$〔rad〕だけ回転し$\left(\theta<\frac{\pi}{2}\right)$，灰色部の面積$S$は

$$S=\pi l^2\times\frac{\omega t}{2\pi}=\frac{1}{2}l^2\omega t$$

$$\therefore\quad \Phi=BS=\frac{1}{2}Bl^2\omega t\quad\cdots\cdots①$$

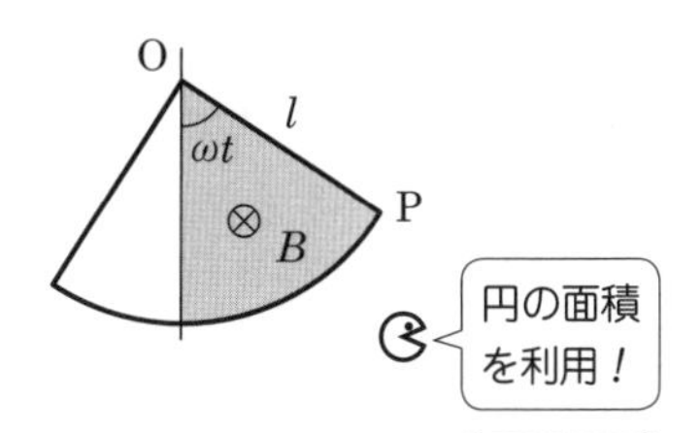

$\theta\geqq\frac{\pi}{2}$以後，Φは一定$\left(\Phi=\frac{1}{4}\pi Bl^2\right)$となり，$\pi<\theta<\frac{3}{2}\pi$ の間は辺OPが磁場外へ出てΦは減少していく（グラフは入るときと対称的になるはず）。

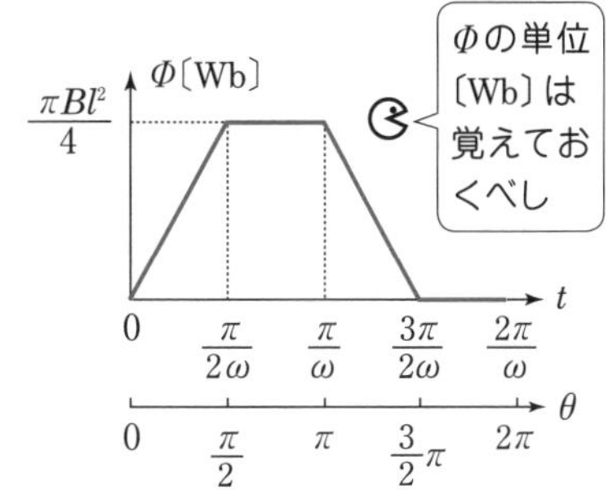

(2)　Φ が変化しているとき誘導起電力が生じる。①より

$$\Delta\Phi=\frac{1}{2}Bl^2\omega\Delta t$$

誘導起電力の大きさをVとすると

$$V=\frac{\Delta\Phi}{\Delta t}=\frac{1}{2}Bl^2\omega$$

初めは（図a），裏向き⊗の磁束が増加しているので，表向きの磁場をつくるような電流を流そうとする。つまり，P→O向きに誘導起電力が生じる。実際，電流I〔A〕はP→O向きに流れ，負で扱うことになる。オームの法則より

$$I=\frac{V}{R}=\frac{Bl^2\omega}{2R}$$

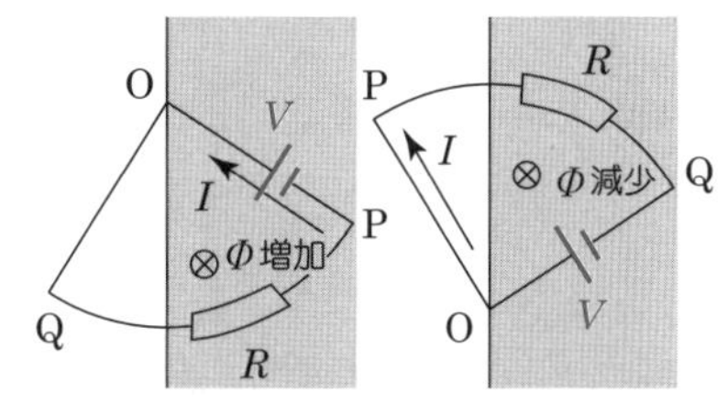

図a：$0<\theta<\frac{\pi}{2}$　　図b：$\pi<\theta<\frac{3}{2}\pi$

$\pi<\theta<\frac{3}{2}\pi$では（図b），磁束が減少するので，O→P 向きに電流が流れる。　ただし，Φ の変化は，$0<\theta<\frac{\pi}{2}$ のときと対称的であり，VもIも同じ値となる。

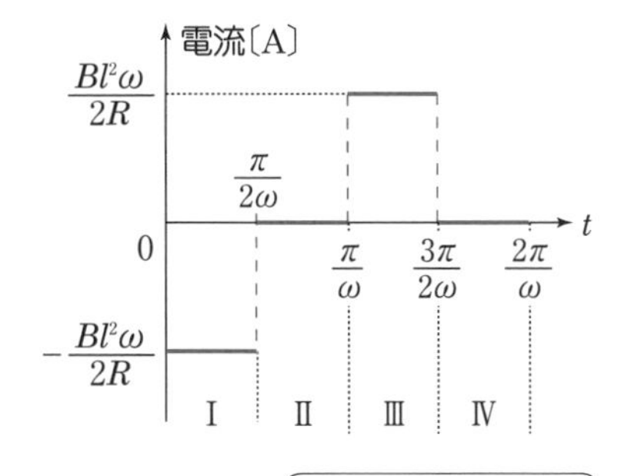

微分を用いてもよい。$V=\dfrac{d\Phi}{dt}$であり，①を t で微分すればよい。あるいは $\dfrac{d\Phi}{dt}$ は Φ-tグラフの傾き(接線の傾き)に相当することを用いてもよい。その場合，区間Ⅰと Ⅲでは Vが等しいことは歴然としている。

誘導起電力は，公式 $V=vBl$ を用いて考えることもできる。図aなら，磁力線を切るように動いている導体棒 OP で生じ，向きは P→O となる。速さvとしては，先端の P の速さ $l\omega$と中心Oの速さ 0 の平均値$(l\omega+0)/2$ を用いれば，$V=\dfrac{l\omega}{2}Bl$ と求められる。平均値を用いてよいのは速さがOからの距離に比例しているからである。

(3)　前図の区間Ⅰと Ⅲで同じジュール熱を発生するから

$$RI^2\times\frac{\pi}{2\omega}\times 2=\boldsymbol{\frac{\pi B^2l^4\omega}{4R}}\,〔\mathbf{J}〕$$

RI^2は 1 s 間のジュール熱

(4)　電磁力Fは区間Ⅰと Ⅲのとき，右図のように働く。

$$F=IBl=\frac{B^2l^3\omega}{2R}$$

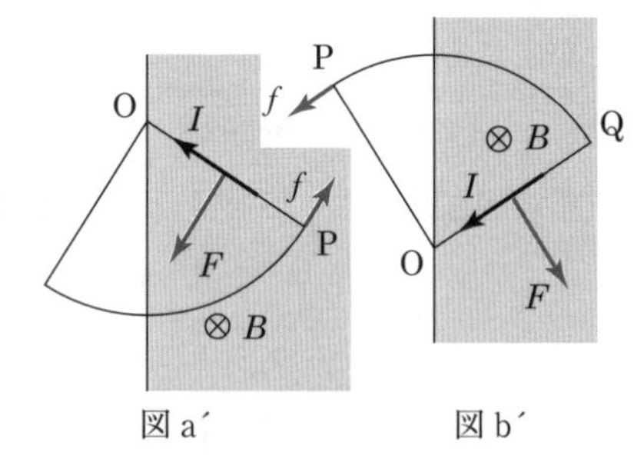

図 a′　　図 b′

電磁力の作用点はOP(あるいはOQ)の中点である。

力のモーメントのつり合いより

$$F\times\frac{l}{2}=f\times l$$

$$\therefore\quad f=\frac{1}{2}F=\frac{B^2l^3\omega}{4R}\,〔\mathrm{N}〕$$

外力fは円周に沿って働き，Ⅰ，Ⅲの各区間で円周の$\dfrac{1}{4}$の距離だけコイルを動かしているから

$$W=f\times\frac{2\pi l}{4}\times 2=\boldsymbol{\frac{\pi B^2l^4\omega}{4R}}\,〔\mathbf{J}〕$$

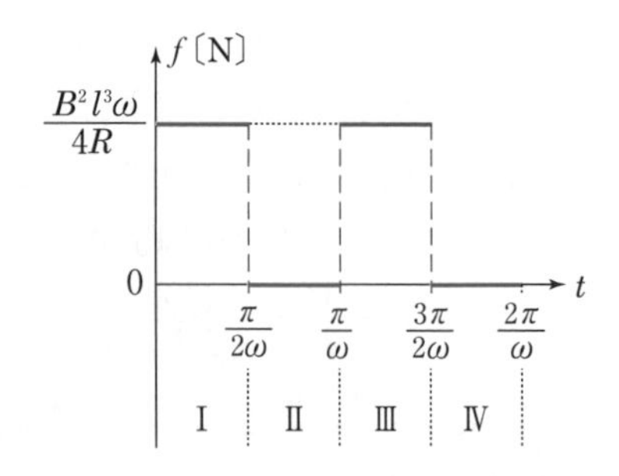

この値は(3)で求めたジュール熱に等しい。これはエネルギー保存則による。

Q　外力を加える位置をOP上でOからrだけ離れた点Aとし，同じωでコイルを回転させる。この場合の外力f_rを求めよ。また，一回転の間に外力のする仕事W_rを求めよ。(★)

41 電磁誘導

紙面に垂直に裏から表へ向かう鉛直方向の一様な磁場(磁束密度B)の中に，長方形の回路 $P_1P_2Q_2Q_1$ が水平面(紙面)内に固定されている。

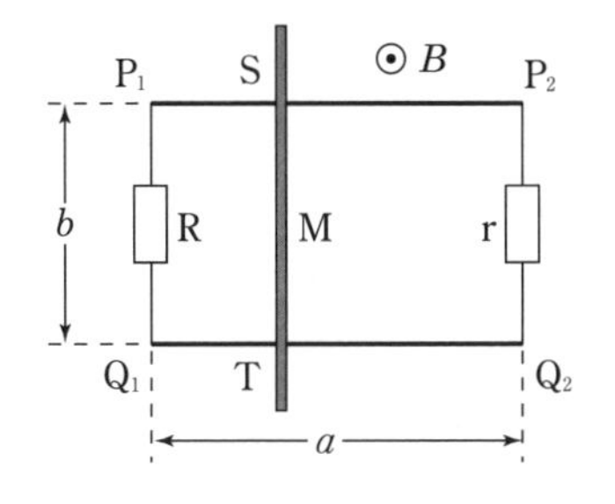

P_1P_2 と Q_1Q_2 は長さがaの直線状導体で，その間隔はbである。P_1 と Q_1 の間に抵抗R(抵抗値R)が，P_2 と Q_2 の間に抵抗r(抵抗値r)が接続されている。さらに，P_1P_2 に垂直に金属棒Mを置いた。接点をSとTとする。$R > r$ であり，Rとr以外の抵抗と摩擦は無視できる。

Ⅰ　磁束密度Bは時間によらず一定とする。Mを，P_1Q_1に平行を保って右へ一定の速さvで滑らせた。

(1)　Mを流れる電流の向きと大きさを求めよ。

(2)　回路で発生する単位時間あたりのジュール熱Qを求めよ。

(3)　Mに加えている外力の大きさ F を求めよ。

Ⅱ　次に，Mを取り除き，磁束密度 B を時間 t について　$B = kt$ (kは正の定数)となるように変化させた。

(4)　回路に生じる誘導起電力の大きさを求めよ。また，P_1Q_1を流れる電流の向きと大きさを求めよ。

Ⅲ　最後に P_1Q_1 と P_2Q_2 から等距離の位置に金属棒 M を固定し，磁束密度 B を時間 t について　$B = kt$ となるように変化させた。

(5)　回路 P_1STQ_1 に生じる誘導起電力の大きさを求めよ。

(6)　Mを流れる電流の向きと大きさを求めよ。　(センター試験)

Level　(1)〜(3) ★　(4)〜(6) ★

Point & Hint

Ⅰ Mを電池に置き換えてみれば事態が見えてくる。電流は決めやすいところから決めていく。
Ⅱ，Ⅲ ファラデーの電磁誘導の法則でしか解けない問題。とくにⅢでは，どこがコイルなのか，コイルになりそうな部分がいっぱいあって困ってしまう…。
ファラデーの法則はある閉回路（それがコイル）全体での起電力を扱っている。

LECTURE

(1)　Mは図の向きの電池となり，誘導起電力 V は　　$V=vBb$

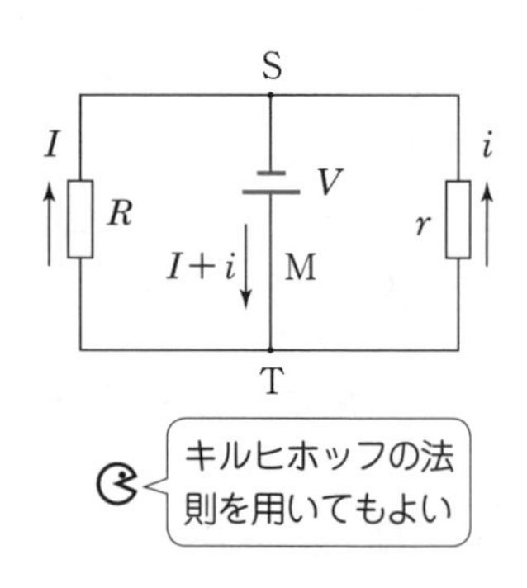

R にはこの電圧がそのままかかっているから，電流 $I=\dfrac{V}{R}$ が流れる。同じく r には $i=\dfrac{V}{r}$ が流れる。結局，Mには**SからTの向き**に $I+i$ が流れ

$$I+i=\left(\frac{1}{R}+\frac{1}{r}\right)V=\boldsymbol{\frac{R+r}{Rr}vBb}$$

(2)　$Q=RI^2+ri^2=\dfrac{V^2}{R}+\dfrac{V^2}{r}=\boldsymbol{\dfrac{R+r}{Rr}(vBb)^2}$

(3)　Mは等速度で動いているから，外力は電磁力とつり合っていて

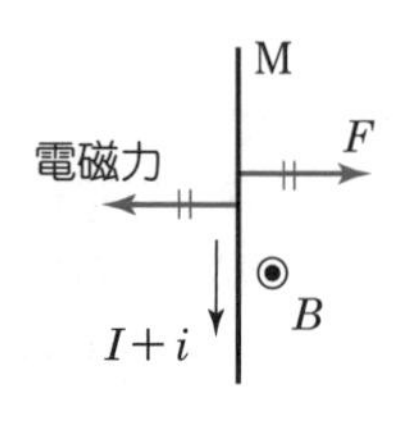

$$F=(I+i)Bb=\boldsymbol{\frac{R+r}{Rr}vB^2b^2}$$

エネルギー保存則より，外力の仕事率 Fv は単位時間のジュール熱に等しい（$Fv=Q$）ことにも注意を払いたい。

(4)　磁束 $\varPhi$ は　$\varPhi=B\cdot ab=kabt$　$\varPhi$ は t に比例しているので，$\varDelta t$ 秒間での磁束の変化 $\varDelta\varPhi$ は

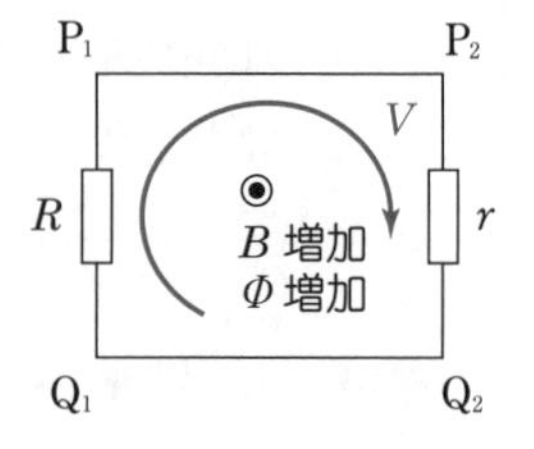

$$\varDelta\varPhi=kab\varDelta t$$

したがって，誘導起電力の大きさ V は

$$V=\frac{\varDelta\varPhi}{\varDelta t}=\boldsymbol{kab}$$

手前向き(◉)の磁束が増加しているので，

誘導起電力の向きは，それを妨げる時計回りの向きとなり，電流 I も同じ向きに流れる。　**Q_1 から P_1 の向き**

$$I=\frac{V}{R+r}=\boldsymbol{\frac{kab}{R+r}}$$

(5)　左半分の閉回路について，貫く磁束を Φ_1 とすると，上と同様に

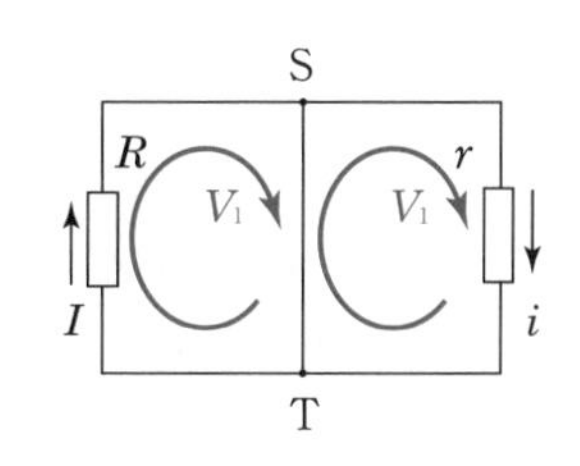

$$\Phi_1=B\cdot\frac{a}{2}b=\frac{1}{2}kabt$$

$$\therefore\quad \Delta\Phi_1=\frac{1}{2}kab\Delta t$$

生じる誘導起電力 V_1 は時計回りの向きで

$$V_1=\frac{\Delta\Phi_1}{\Delta t}=\boldsymbol{\frac{1}{2}kab}$$

(6)　R を流れる電流を I とすると，キルヒホッフの法則より

$$V_1=RI\qquad\therefore\quad I=\frac{V_1}{R}=\frac{kab}{2R}$$

一方，右半分の閉回路についても磁束の変化は左半分と同じだから，誘導起電力も同じになる。r を流れる電流を i とすると，キルヒホッフの法則より

$$V_1=ri\qquad\therefore\quad i=\frac{V_1}{r}=\frac{kab}{2r}$$

$R>r$ より $I<i$ 　よって，M には **T から S の向き**に $i-I$ の電流が流れる。

$$i-I=\boldsymbol{\frac{kab(R-r)}{2Rr}}$$

このように，ファラデーの法則で得られる起電力は閉回路を一周したときの全起電力であり，まさにキルヒホッフの法則で必要とされる起電力となっている。外周の閉回路 $P_1P_2Q_2Q_1$ に着目すれば，誘導起電力は(4)で求めた V に等しく，キルヒホッフの法則より

$$V=RI+ri$$

が成立するはずである。実際，上で求めた値を代入してみるとよい。

Q　M を P_1Q_1 からある距離だけ離して固定し，磁束密度 B を時間 t について $B=kt$ と変化させると，M を流れる電流が 0 となる。そのような距離 x を求めよ。(★)

42 電磁誘導

半径aの円板と細い回転軸は共に導体でできていて，これを一定の角速度ωで回転させる。回転軸と円板の縁に導線を接触させ，スイッチSを通して抵抗をつなぐ。円板には一様な磁束密度Bの磁場（磁界）が垂直上向きにかかっている。Sは初め開かれ，回路の抵抗値をRとする。

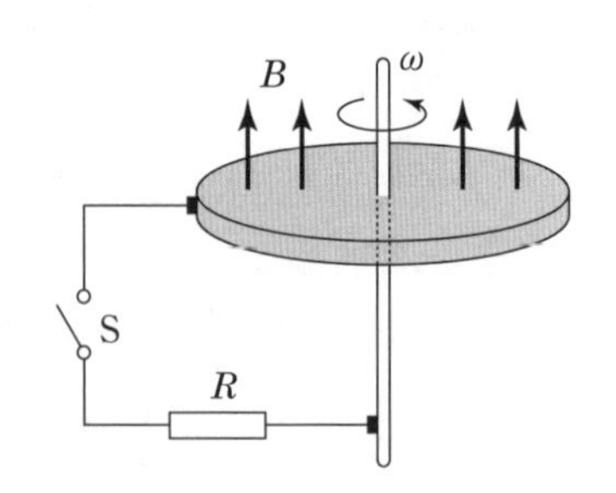

(1) 円板と共に回転する自由電子はローレンツ力を受ける。電子はどちら向きに移動しようとするか。

(2) 円板の中心と縁には正負どちらの電荷が現れるか。また，それによって生じる電場（電界）の向きはどうなるか。

(3) ローレンツ力による電子の移動は，発生した電場から受ける静電気力とつり合うまで続く。電場の強さEを，中心からの距離rの関数として表せ。また，横軸にrを縦軸にEをとってグラフに描け。

(4) 円板の中心と縁の間の電位差Vを求めよ。

(5) Sを閉じたとき回路に流れる電流Iはいくらか。また，円板を回転させている外力の仕事率Pはいくらか。　　（防衛大＋名古屋大）

Level (1) ★★　(2) ★
(3)〜(5) ★

Point & Hint

磁場中を動く導体棒に生じる誘導起電力 $V = vBl$ の導出 (☞エッセンス(下)p102)と同類の問題。誘導起電力が生じる原因は自由電子に働くローレンツ力にある。

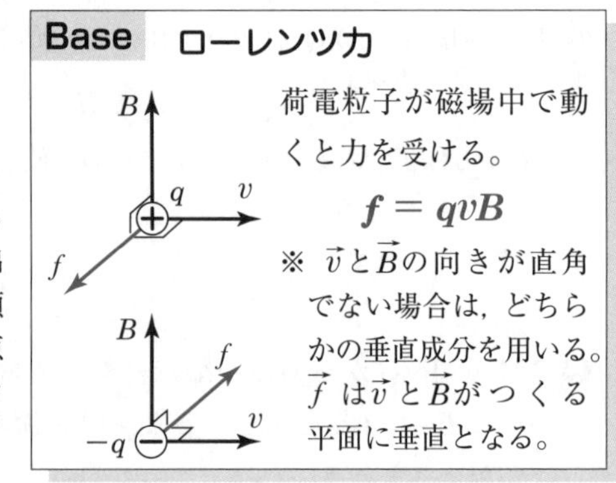

荷電粒子が磁場中で動くと力を受ける。

$$f = qvB$$

※ $\vec{v}$と$\vec{B}$の向きが直角でない場合は，どちらかの垂直成分を用いる。$\vec{f}$は$\vec{v}$と$\vec{B}$がつくる平面に垂直となる。

ローレンツ力の向きは，正電荷なら速度 $\vec{v}$ を電流 $\vec{I}$ に置き換えれば，電磁力と同じ方法で決められる。負電荷なら $\vec{v}$ の逆向きを $\vec{I}$ に置き換える。

この問題では，遠心力は無視してよい。

LECTURE

(1)　磁場(磁界)の向き，電子の運動の向き，さらには電子の電荷は負であることを考えると，ローレンツ力 f の向きは図のように中心を向く。よって，電子は**中心向き**に移動する。

(2)　自由電子が集まる**中心には負電荷**が現れる。一方，自由電子がいなくなった**縁には正電荷**が現れる。電気力線は正電荷から出て負電荷へと向かうので，電場(電界)は**縁から中心への向き**となる。こうしてできる電場により円板内の電子は外向きに静電気力も受けることになる。

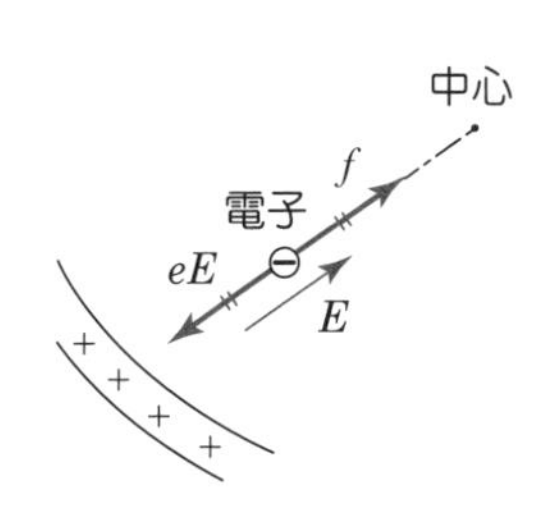

(3)　電子の速さを v とすると，$v = r\omega$ であり

$$f = evB = er\omega B$$

静電気力とのつり合いより

$$eE = er\omega B \qquad \therefore \quad E = \boldsymbol{\omega B r}$$

グラフは直線となる(図 a)。

(4)　図bのように Δr ごとの微小区間に分けて考えると，各区間では電場は一定とみなしてよく(一様電場の公式 $\boldsymbol{V = Ed}$ が用いられ)，微小区間での電位差 ΔV は $\Delta V = E\Delta r$ となる。これは棒グラフの面積(斜線部)に相当する。そして，全体の電位差 V は，$\Delta r \to 0$

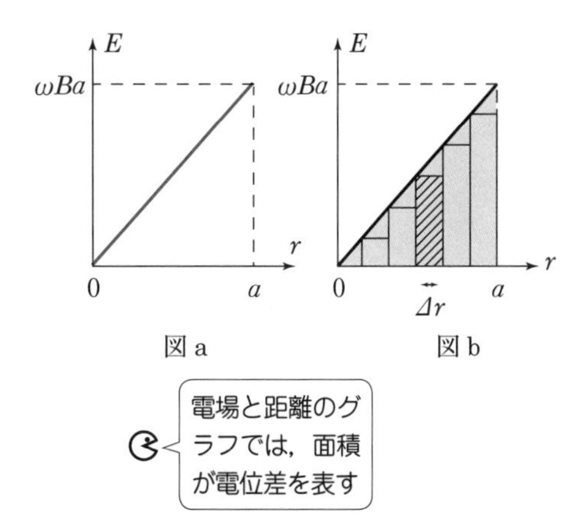

図 a　図 b

とすることにより，赤い三角形の面積で表されることが分かる。

$$V = \frac{1}{2}a\cdot\omega Ba = \boldsymbol{\frac{1}{2}\omega Ba^2}$$

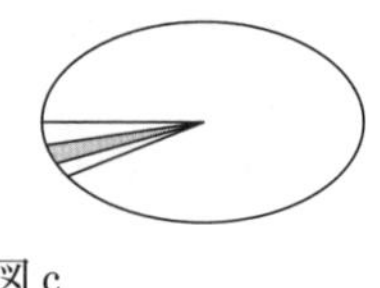

図 c

円板は右の図の灰色で示したような無数の導体棒の集まりともみなせる。一本一本の導体棒で発生する起電力 V は，p130 でふれたように

$$V = \frac{a\omega + 0}{2}Ba = \frac{1}{2}\omega Ba^2$$

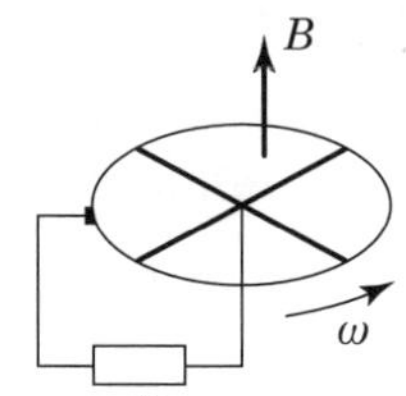

図 d

円板でなく，図 d のように車輪が回転している場合もまったく同様で(図 e)，スポークの数は関係しない(各電池は R に対して並列になっている)。

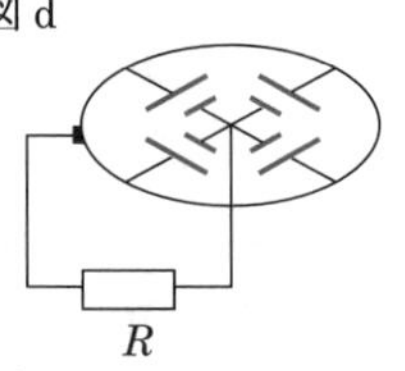

図 e

(5) 中心と縁の間の電位差が V だから，オームの法則 $V = RI$ より

$$\frac{1}{2}\omega Ba^2 = RI \qquad \therefore\ \ I = \boldsymbol{\frac{\omega Ba^2}{2R}}$$

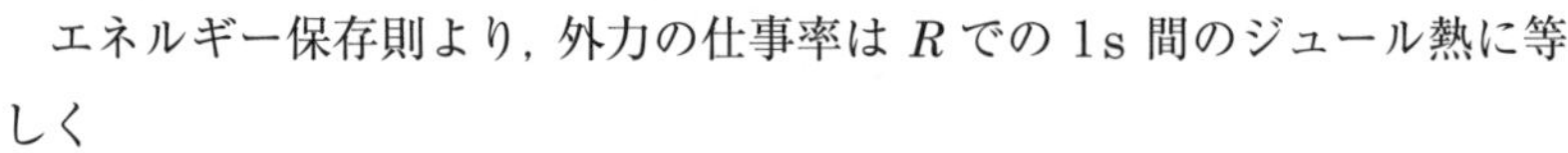

エネルギー保存則より，外力の仕事率は R での 1s 間のジュール熱に等しく

$$P = RI^2 = \boldsymbol{\frac{\omega^2B^2a^4}{4R}}$$

Q 中心から距離 r の位置で，回転方向に外力を加えているとする。外力の大きさ F を r の関数として求め，その仕事率が r によらないことを示せ。(★)

43 電磁誘導

図1のように，絶縁被覆した銅線を一様に巻いた長さ $2l$ のソレノイドコイルがある。両端AとCとの間に直流電圧 V_0 を加えたら電流 I_0 が流れ，コイルの中心P点に強さ H_0 の磁場が生じた。コイル以外の導線の抵抗は無視する。

I 次の場合，電源から流れる電流は I_0 の何倍になるか。また，P点の磁場の強さは H_0 の何倍になるか。

(1) 電圧 V_0 の電源の正の端子をBに接続し，負の端子をAとCに接続する。

(2) B点を中心としてこのコイルを2倍の長さ $(4l)$ になるまで一様に引き伸ばして固定し，両端AとCとの間に電圧 V_0 を加える。

(3) コイルを元の長さ $(2l)$ に戻し，電圧 V_0 の電源の正の端子をAに接続し，負の端子をBとCに接続する。

II 図2のように，固定したコイルの左端と中央とに，それぞれ銅のリングR_1，R_2がつるされている。スイッチSを閉じたとき，

(4) 電流が定常的になるまでの間に，R_1とR_2には電流が流れるか。流れるとすれば，その向きはコイルに流れる電流と同じ向きか，逆向きか。

(5) Sを閉じた直後，R_1とR_2は動きだすかどうか。動きだすとすれば，その向きは左右どちら向きか。ただし，R_1，R_2間の相互作用は無視してよい。

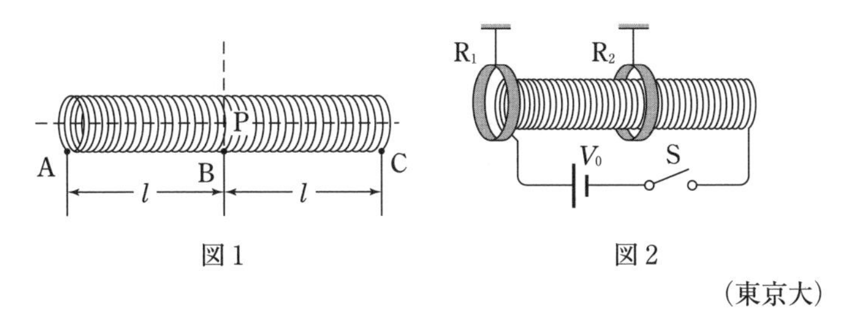

図1　図2

（東京大）

Level (1),(2) ★　(3) ★★　(4) ★　(5) ★

Point & Hint　ソレノイドの内部にできる磁場 H は，ソレノイドの単位長さあたりの巻数を n，流れる電流を I として　$\boldsymbol{H = nI}$〔A/m〕

(3)　ソレノイドの端の位置での磁場についての知識があるわけではない。そこで，工夫が必要。もし，右半分にも電流が流れていれば…Pはコイルの内部となり，磁場は決まる。それは左半分のコイルと右半分のコイルがそれぞれつくった磁場の合成と見ることもできる。

(4)　相互誘導が起こる。

(5)　平行電流の知識(p 112)を生かすとよい。

LECTURE

(1)　図aがもとのケースで，AC間の抵抗を R として，$V_0 = RI_0$　図bが問題のケースで，AB 間とBC間に電圧 V_0 がかかっている。AB 間とBC間の抵抗はそれぞれ $\dfrac{R}{2}$ だから，電流は $2I_0$ となる。これらが合流して電源を通るから，電流は $4I_0$ で　**4倍**

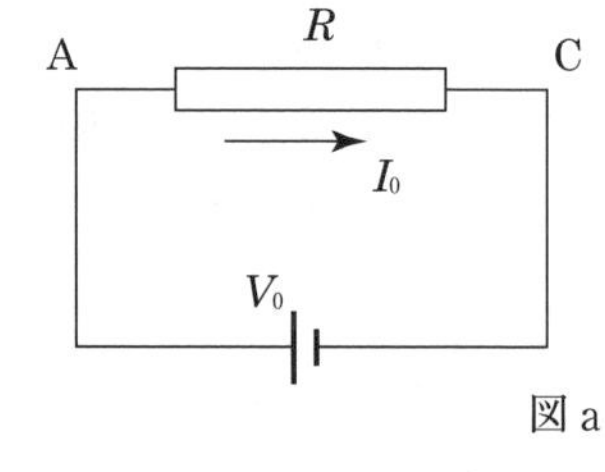

図a

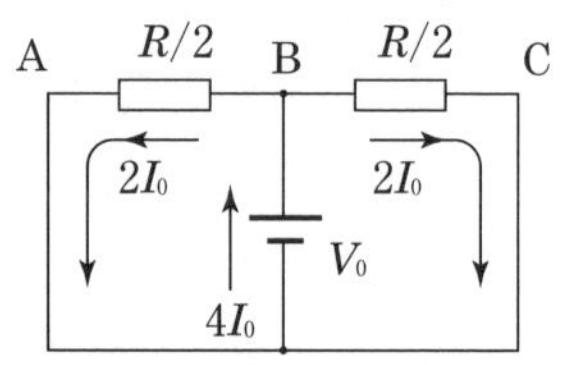

図b

左半分ABと右半分BCのコイルは図cのように逆向きで同じ強さの磁場 H をつくるから，Pの磁場は0となって　**0倍**

(2)　抵抗値 R に変わりはないから，図aと同じで，電流はやはり I_0 が流れ　**1倍**。　一方，全体の長さが2倍になったため，単位長さあたりの巻数は $\dfrac{1}{2}$ 倍になる。よって，磁場は　$\boldsymbol{\dfrac{1}{2}}$**倍**

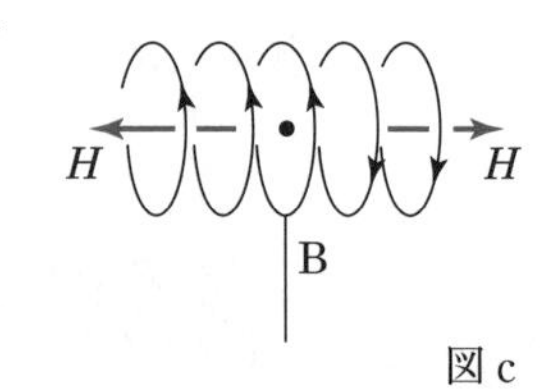

図c

(3)　BC間には電圧がかからないから電流は流れない。AB間の抵抗値は $\dfrac{R}{2}$ で，V_0 がかかるから，流れる電流は $2I_0$ となる。　**2倍**

コイルABの内部の磁場は，単位長さあたりの巻数は図aと同じで，電流が $2I_0$ だから $2H_0$ となっている。もし，BC間にも

$2I_0$の電流を同じ向きに流すと，P点はコイルの内部の点となり，磁場は$2H_0$となる。求めたい左半分ABによる磁場をH_Pとすると，対称性より右半分BCが点Pにつくる磁場もH_Pとなるはず。そこで　$H_P + H_P = 2H_0$

$\therefore$　$H_P = H_0$　　よって　**1倍**

右は仮想図。2つを合体すると，Pは内部の点になる。

結局，コイルの軸上で端の位置の磁場は内部の半分となっている。

(4)　Sを入れると，コイルの自己誘導のため，電流は0から増していく(やがて $I_0 = V_0/R$ に落ち着く)。R_1，R_2ともに右向きの磁束が増すからそれを妨げる向きの誘導起電力を生じ，コイルとは **逆向きの電流が流れる**。

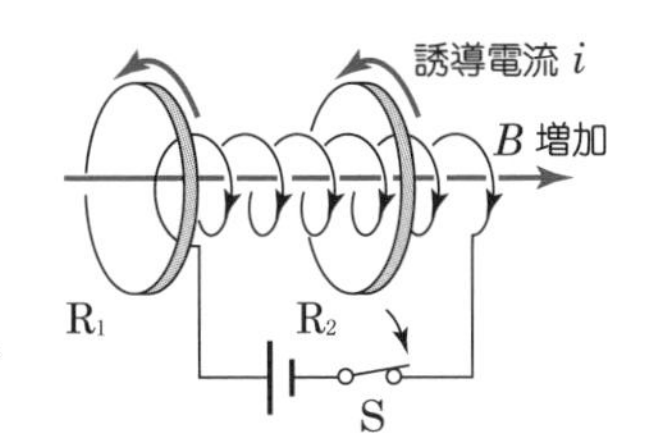

(5)　R_1を流れる電流とコイルを流れる電流は平行で逆向きに流れるから反発力を生じる。つまり **R_1は左へ動きだす**。一方，R_2はコイルの中央にあり，両側から反発力を受け，合力は0となるため，**R_2は動かない**。

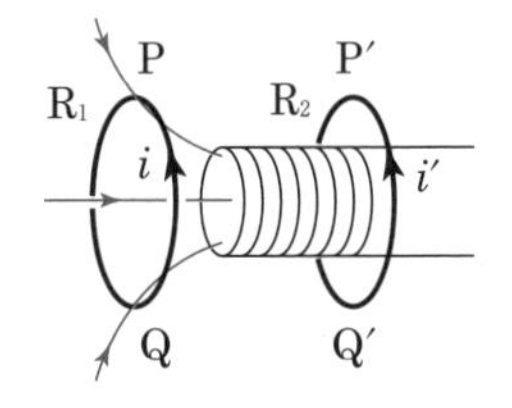

電磁力をくわしく調べてもよい。まず，R_1上で180°正反対の微小部分P，Qに注目すると，図のように電磁力fを受ける。上下方向はキャンセルするが左向きが合力として残る。それはR_1全体についても同じことである。次に，R_2の位置では事実上磁場は0である。もし，あるとしてもソレノイドに平行な磁場H'で，P′，Q′で働く力はキャンセルしてしまう。

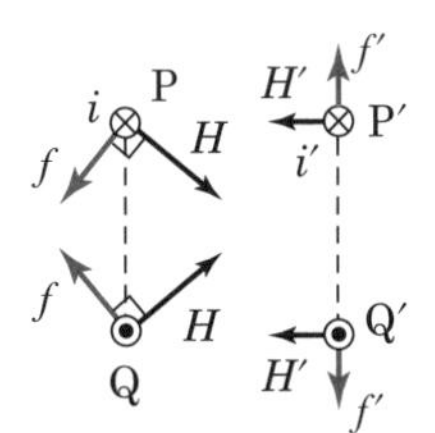

ソレノイドコイルは電磁石であり，R_1，R_2も1つの磁石とみることもできる。N極とS極の配列は右のようになっていて，この図からもR_1は左へ動き，R_2は動かないことが分かる。

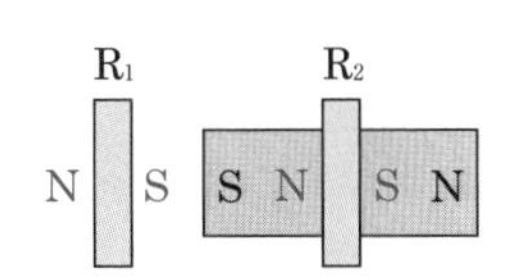

44　電磁誘導

断面積 S〔m²〕, 長さ l〔m〕で巻数 N_1 のソレノイドコイルPがある。Pの中央には，Pを取り巻く巻数N_2のコイルQがある。Pに抵抗値Rの抵抗と可変電源Eをつなぎ，矢印aの向きの電流を増加させる。P内の磁場は一様とし，空間の透磁率を μ_0〔N/A²〕とし，R 以外の抵抗は無視できるとする。

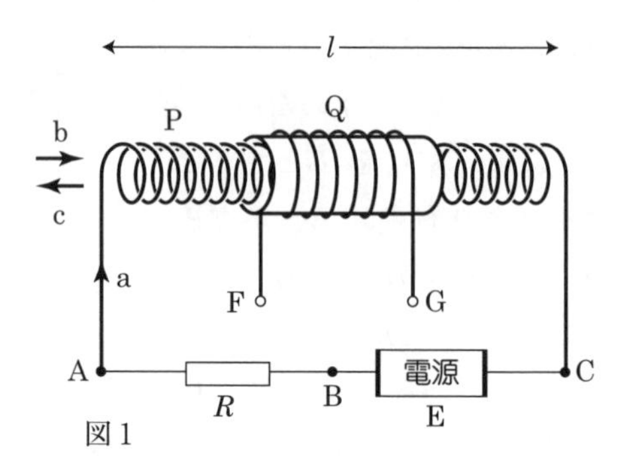

図1

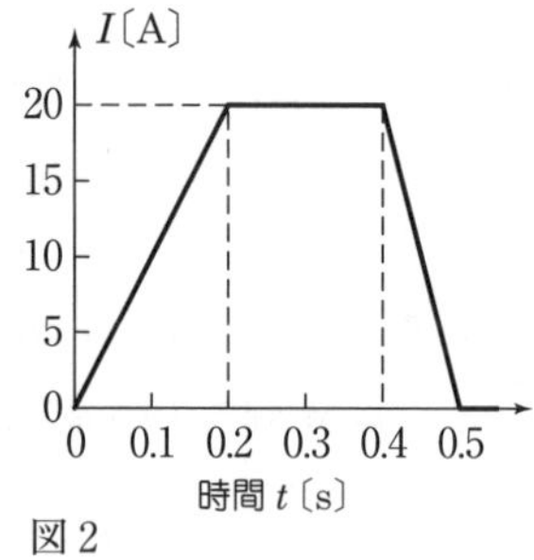

図2

(1)　コイルPを流れる電流がI〔A〕のとき，Pの内部に生じている磁束密度を求めよ。また，その向きは図の矢印 b か c か。

(2)　微小時間 Δt〔s〕の間に電流はI〔A〕から $I+\Delta I$〔A〕になったとする。Pに生じる誘導起電力の大きさV_1を求めよ。その向きは矢印aと同じか逆向きか。また，Pの自己インダクタンスLを求めよ。

(3)　同じときに，コイルQに生じる誘導起電力の大きさV_2を求めよ。電位は点FとGのどちらが高いか。また，PQ間の相互インダクタンスMを求めよ。

(4)　$L=10$〔mH〕, $R=0.1$〔Ω〕とし，電流I〔A〕を図2のように変化させた。

　(ア)　Pの両端に生じる電圧 V〔V〕（C点に対するA点の電位）は時間t〔s〕とともにどのように変わるか。グラフに描け。

　(イ)　電源電圧 E〔V〕（C点に対するB点の電位）は t とともにどのように変えられたか。グラフに描け。　（京都工繊大＋名古屋大）

Level (1) ★ (2), (3) ★ (4)(ア) ★ (イ) ★★

Point & Hint

(2) コイルを貫く磁束 Φ の時間変化を調べ，電磁誘導の法則に入る。自己誘導の起電力の公式 $V=-L\dfrac{\Delta I}{\Delta t}$ の導出がテーマとなっている。この式のマイナスは，電流の正の向きをそのまま誘導起電力の正の向きとすると成り立つようになっている。大きさ(絶対値)を扱うときにははずせばよい。

(3) 相互誘導の起電力 V_2 は $V_2=-M\dfrac{\Delta I_1}{\Delta t}$ と表される(I_1 は１次側の電流)。

(4) (ア)では正・負に注意する。公式のマイナスは信用ならない。$\Delta I/\Delta t$ はグラフの何かに対応している。(イ)ではキルヒホッフの法則を用いる。

LECTURE

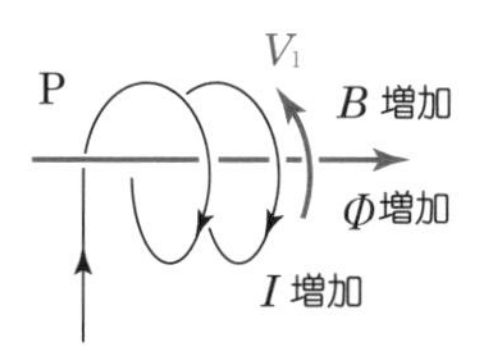

(1) 右図のように磁場，磁束密度の向きは b

単位長さあたりの巻数 n は $n=\dfrac{N_1}{l}$ だから

$$B=\mu_0H=\mu_0nI=\boldsymbol{\frac{\mu_0N_1}{l}I}\ \text{〔T〕}$$

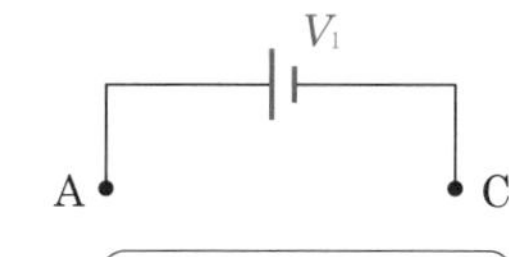

(2) Pを貫く磁束 Φ は $\Phi=BS=\dfrac{\mu_0N_1S}{l}I$

Φ は I に比例しているから $\Delta\Phi=\dfrac{\mu_0N_1S}{l}\Delta I$

電磁誘導の法則より

$$V_1=N_1\frac{\Delta\Phi}{\Delta t}=\boldsymbol{\frac{\mu_0N_1{}^2S}{l}\cdot\frac{\Delta I}{\Delta t}}\ \text{〔V〕}$$

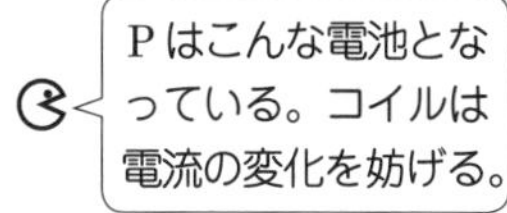

誘導起電力は磁束の増加を妨げる向きで，a と**逆向き**。

上の結果を公式の形 $V_1=L\dfrac{\Delta I}{\Delta t}$ と比べると

$$L=\boldsymbol{\frac{\mu_0N_1{}^2S}{l}}\ \text{〔H〕}$$

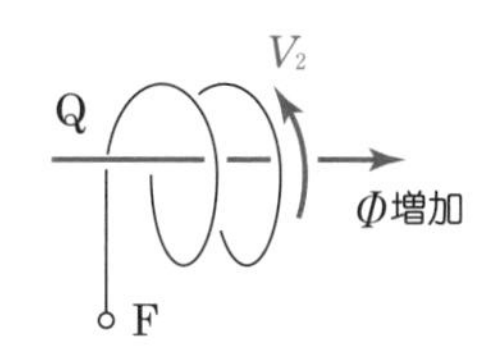

(3) Qを貫く磁束は(2)の Φ と同じ(Pの外側の磁場は無視でき，Qの断面積は無関係)だから

$$V_2=N_2\frac{\Delta\Phi}{\Delta t}=\boldsymbol{\frac{\mu_0N_1N_2S}{l}\cdot\frac{\Delta I}{\Delta t}}\ \text{〔V〕}$$

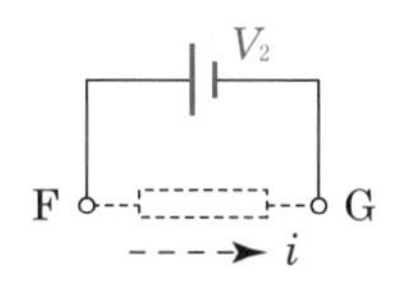

Qは右のような電池となっているので，電位が高いのは **F**　　FG間を抵抗(点線)で結ぶとF→Gの向きに電流 i が流れる。こうしてFが高

電位側と判断してもよい。

V_2の式を公式の形 $V_2 = M\dfrac{\Delta I}{\Delta t}$ と比べると

$$M = \frac{\mu_0 N_1 N_2 S}{l}\ \text{〔H〕}$$

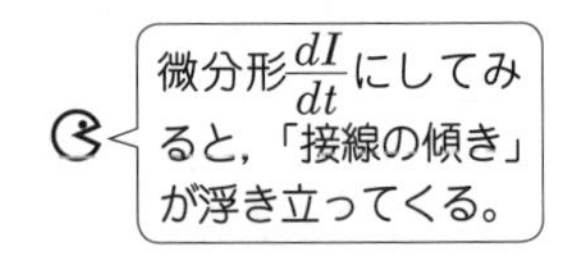

(4)(ア)　$0 < t < 0.2$〔s〕では電流 I が増加していて，(2)と同じくAがCより高電位となっている。また，**$\Delta I/\Delta t$ は I-t グラフの傾きに等しい**から

$$V = 10\times10^{-3}\times\frac{20}{0.2} = 1\ \text{〔V〕}$$

$0.2 < t < 0.4$〔s〕では，傾きが0で

$$V = 0\ \text{〔V〕}$$

$0.4 < t < 0.5$〔s〕では

$$V = 10\times10^{-3}\times\left(-\frac{20}{0.1}\right) = -2\ \text{〔V〕}$$

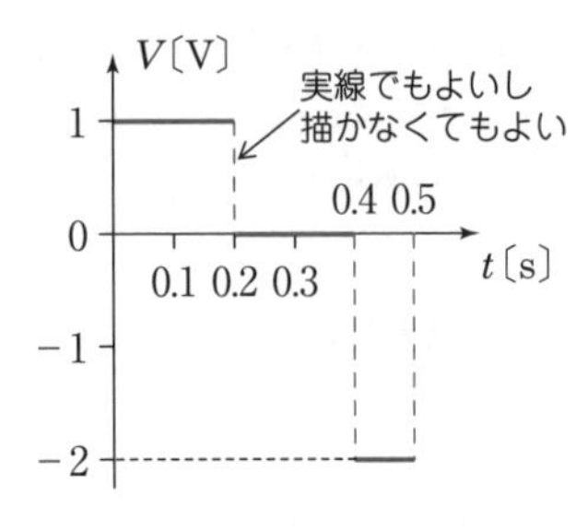

(イ)　電流I〔A〕が流れているときのキルヒホッフの法則は

$$E - V = RI \qquad \therefore\ E = V + RI$$

この式は $V < 0$ となっても成立している。

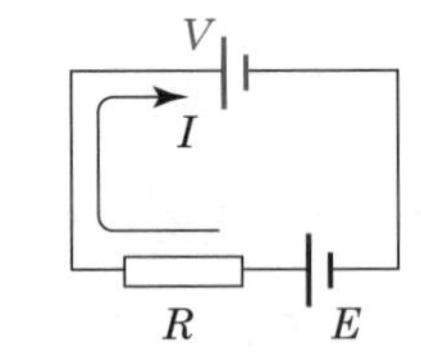

$0 < t < 0.2$〔s〕では　$I = \dfrac{20}{0.2}t$ であり

$$E = 1 + 0.1\times\frac{20}{0.2}t = 1 + 10t\ \text{〔V〕}$$

$0.2 < t < 0.4$〔s〕では　$I = 20$ であり

$$E = 0 + 0.1\times20 = 2\ \text{〔V〕}$$

$0.4 < t < 0.5$〔s〕では

$I = -\dfrac{20}{0.1}(t - 0.5)$ と表せるから

$$E = -2 - 0.1\times200(t - 0.5) = 8 - 20t$$

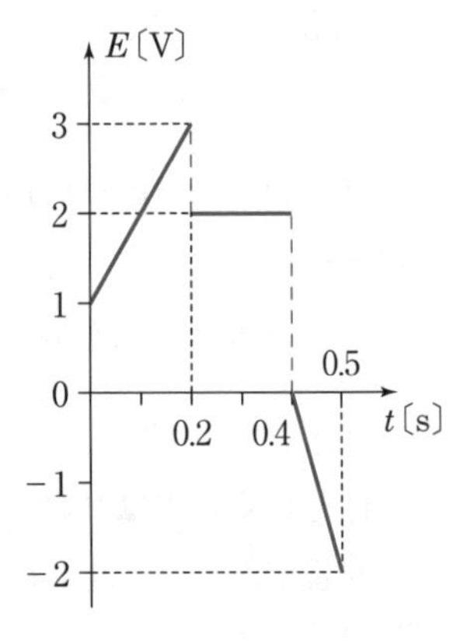

Q　Pの長さ l は一定にして，巻数 N_1 を 2倍にすると，Qに生じる相互誘導起電力は何倍になるか。また，Pの自己誘導起電力は何倍になるか。式でなく，定性的に考えて答えよ。$\Delta I/\Delta t$ は一定とする。

（Q：★　P：★★）

45 電磁誘導

電気容量Cのコンデンサー，自己インダクタンスLのコイルとスイッチSからなる回路が，十分に長い2本の平行な導体のレールに接続されている。レールは間隔がdで，水平に対して角度θだけ傾いていて，質量Mの導体棒Pが水平に置かれている。レール面に垂直に磁束密度Bの一様磁場がかけられている。Pはレール上を水平なまま，摩擦なく動き，レールに沿って下向きを正とする。電気抵抗は全て無視でき，重力加速度をgとする。

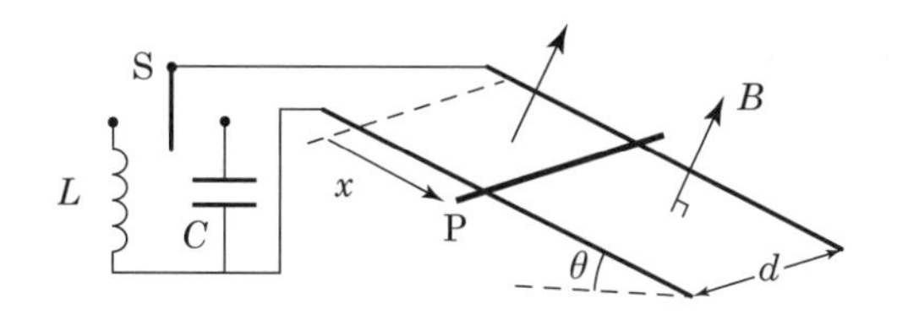

Ⅰ　Sを帯電していないコンデンサーに接続し，Pを静かに放す。Pがレールを滑り落ち，速度がvになったとき，コンデンサーの電気量Qは，$Q=$ ア である。このとき，Pを流れる電流をI，Pの加速度をaとすると，Pの運動方程式は，$Ma=$ イ と表される。さらに短い時間 $\varDelta t$の間にP の速度が $\varDelta v$ だけ，コンデンサーの電気量が$\varDelta Q$だけ増えたとすると，C, B, dを用いて，$I=$ ウ $\times a$となる。これらの式から，Pが滑り落ちているときの電流 I は$I=$ エ と一定となることが分かる。そして，Pが距離 x だけ滑り落ちたときの速度は オ である。

Ⅱ　Sをコイルに接続し，Pを静かに放す。Pが x だけ滑り落ちたときの速度をv，コイルに流れている電流をIとする。さらにPは短い時間$\varDelta t$の間に$\varDelta x=v\varDelta t$ だけ移動した。電流の増加量を $\varDelta I$とすると，Pとコイルの2つの誘導起電力の関係から $\varDelta I=$ カ $\times \varDelta x$という関係式が得られる。この式より，Pがxだけ滑り落ちたときの電流は，$I=$ キ となる。そしてPの運動方程式は，xを用いて，$Ma=$ ク と表される。これよりPは振幅$A=$ ケ ，周期$T=$ コ で単振動をすることが分かる。そして，位置xでの速さvは，$v=$ サ である。

（京都大＋東北大）

Level　ア, イ ★　ウ〜キ ★　ク〜サ ★★

Point & Hint

扱っている内容は時間変化を含み高度だが，誘導的になっているので頑張ってほしい。　速度 $v=\dfrac{\varDelta x}{\varDelta t}$，加速度 $a=\dfrac{\varDelta v}{\varDelta t}$，電流 $I=\dfrac{\varDelta Q}{\varDelta t}$ などの定義式を意識しながら，力学と電磁気の総合力で立ち向かう。

LECTURE

ア　誘導起電力は $V=vBd$ だから

$$Q=CV=\boldsymbol{CvBd}\qquad \cdots\cdots①$$

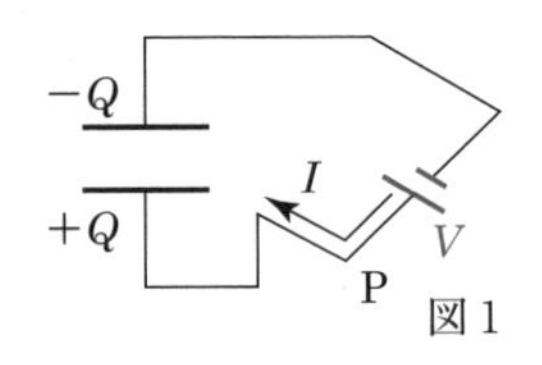

図 1

イ　図 2 のように力が働く。下向きを正としているので

$$Ma=\boldsymbol{Mg\sin\theta-IBd}\quad \cdots\cdots②$$

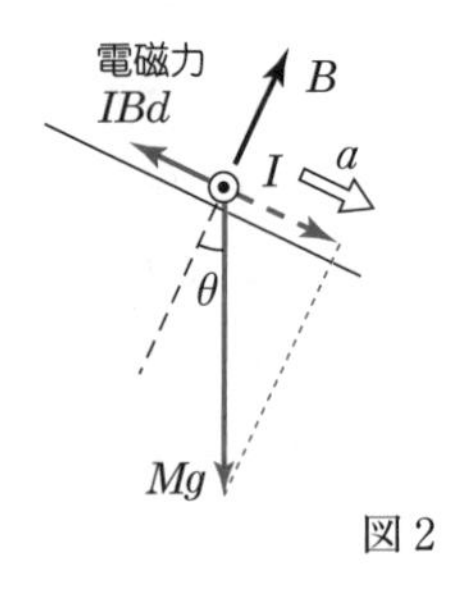

図 2

ウ　①のように Q は v に比例しているから

$$\varDelta Q=CBd\varDelta v$$

一方，コンデンサーの電気量の増加 $\varDelta Q$ は電流 I によるもので $\varDelta Q=I\varDelta t$ の関係があり

$$I=\frac{\varDelta Q}{\varDelta t}=CBd\frac{\varDelta v}{\varDelta t}=\boldsymbol{CBd}\times a\quad \cdots③$$

エ　③の a を②へ代入して I を求めると　$I=\boldsymbol{\dfrac{CBdMg\sin\theta}{M+CB^2d^2}}$

オ　③より　　$a=\dfrac{I}{CBd}=\dfrac{Mg\sin\theta}{M+CB^2d^2}$

こうして a は一定であり，P は等加速度運動をすることが分かる。

そこで　$v^2-0^2=2ax$　より

$$v=\sqrt{2ax}=\boldsymbol{\sqrt{\frac{2Mgx\sin\theta}{M+CB^2d^2}}}$$

カ　回路に抵抗がないため，コイルの自己誘導起電力の大きさ V_S と P の誘導起電力の大きさ $V=vBd$ が等しいから（次図）

$$L\frac{\varDelta I}{\varDelta t}=vBd$$

$$= \frac{\Delta x}{\Delta t}Bd$$

$$\therefore \quad \Delta I = \boldsymbol{\frac{Bd}{L}} \times \Delta x \quad \cdots\cdots ④$$

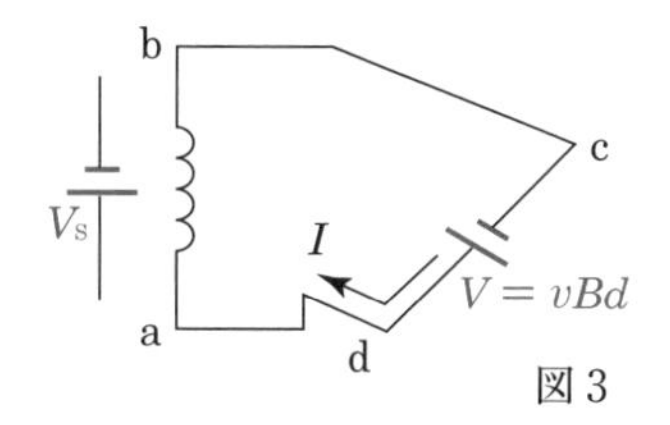

図 3

キ　④より　　$I = \boldsymbol{\frac{Bd}{L}x} \quad \cdots\cdots ⑤$

厳密にいえば，$I = \dfrac{Bd}{L}x +$ 定数 となるが，はじめ $x=0$ のとき $I=0$ なので，定数は 0 と決まる。

ad間は等電位。bc間も等電位。よって $V_\mathrm{S} = V$　キルヒホッフなら $V - V_\mathrm{S} = 0 \times I$

ク　Pに働く力は図 2 と同様であり

$$Ma = Mg\sin\theta - IBd$$

⑤を用いた

$$= \boldsymbol{Mg\sin\theta - \frac{B^2d^2}{L}x}$$

$$= \boldsymbol{-\frac{B^2d^2}{L}\left(x - \frac{LMg}{B^2d^2}\sin\theta\right)}$$

ケ　合力を表す右辺が「$-Kx+$ 定数」型となっているから，Pの運動は単振動と決まる。力のつり合い位置（合力が 0 となる位置）x_0 が振動中心だから

$$x_0 = \boldsymbol{\frac{LMg}{B^2d^2}\sin\theta}\,(=A)$$

$x=0$ でPは静かに放されているので，$x=0$ が端であり，x_0 はまさに振幅 A に等しい。

コ　周期は，$K = \dfrac{B^2d^2}{L}$ より　　$T = 2\pi\sqrt{\dfrac{M}{K}} = \boldsymbol{\dfrac{2\pi}{Bd}\sqrt{ML}}$

サ　単振動のエネルギー保存則より

$$0 + \frac{1}{2}KA^2 = \frac{1}{2}Mv^2 + \frac{1}{2}K(A-x)^2$$

$$\therefore \quad v = \sqrt{\frac{Kx}{M}(2A-x)} = \boldsymbol{\sqrt{x\left(2g\sin\theta - \frac{B^2d^2}{ML}x\right)}}$$

Q1　Ⅱについて，x と電流 I をそれぞれ時間 t の関数として表せ。（★）

Q2　運動方程式でなく（したがって，運動は等加速度運動とか単振動とかは分からないとして），エネルギー保存則を用いることによって，Ⅰ，Ⅱについて，Pが x だけ滑り落ちたときの速さ v を求めてみよ。Ⅱでは，式⑤を用いてよい。（★★）

46 電磁誘導

2本の金属レールが間隔lで鉛直に設置され，それに接して質量mの導体棒Pが滑らかに動く。Pは水平で，ばね定数kの軽いばねに結ばれ，自然長からdだけ伸びた位置でつり合っている。この位置を原点Oとして，鉛直下向きにx軸をとる。レール面に垂直に磁束密度の大きさBの一様な磁場をかけ，レールの下端ab間を自己インダクタンスLのコイルで結ぶ。

Pを自然長の位置 $x = -d$ まで持ち上げ，静かに放すと，Pが運動すると共に電流が流れた。電気抵抗と空気の抵抗は無視でき，Pがレールの下端に達することはないものとする。

(1)　Pの位置をx，電流をI（矢印の向きを正）として，Pに働く力Fを表せ。

(2)　Pの速度をvとし，微小時間Δtの間の電流の変化をΔIとして，キルヒホッフの法則を記せ。

(3)　Δtの間の位置の変化をΔxとする。問(2)の式を利用して，ΔIをΔxを用いて表せ。さらに，時刻 $t = 0$ で $x = -d$，$I = 0$ であったことから，Iをxを用いて表せ。

(4)　Fをxの関数として表し，Pの振動周期Tと振動中心の座標x_0を求めよ。

(5)　電流の最大値 I_{max}を求めよ。

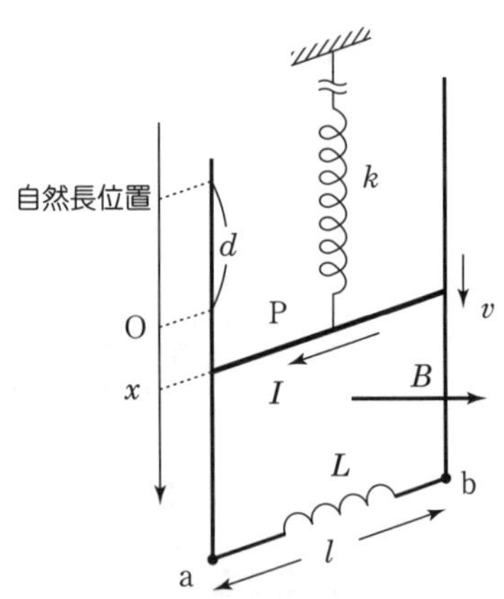

（東北大＋横浜市立大）

Level　(1), (2) ★　(3) ★　(4), (5) ★★

Point & Hint

(1) 重力加速度 g は用いられない（与えられていない）。

(2) コイルを流れる電流を（符号を含めて）Iとすると，自己誘導起電力は $V_S = -L\dfrac{\varDelta I}{\varDelta t}$ と表せる。このとき，電流と起電力の正の向きは同じにする。

(3) $\varDelta y = a\varDelta x \leftrightarrow y = ax + b$　　aは定数で，bは状況に合わせて決める定数。$b = 0$ となることが多いが，本問では $b \neq 0$

(4) $F = -Kx$ 型の復元力Fが単振動の基本だが，$F = -Kx +$ 定数 も単振動。

(5) (3)で求めたIとxの関係から考える。単振動なので，xはある範囲に限られる。

LECTURE

(1)　Oでの力のつり合いより

$$kd = mg \qquad \cdots\cdots①$$

　弾性力は上向きに働き，電流Iが正のとき，電磁力 IBl も上向きに働くので

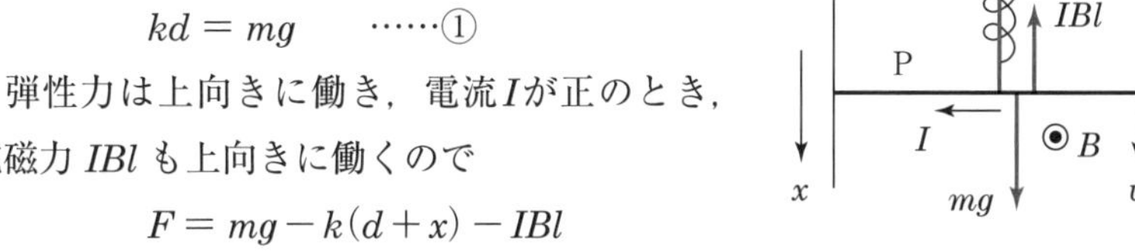

$$F = mg - k(d + x) - IBl$$
$$= -\boldsymbol{kx} - \boldsymbol{IBl} \qquad \cdots\cdots② \quad (①を用いた)$$

(2)　$v > 0$ として考える。誘導起電力 vBl は電流 I の正の向きと同じになる。Pとコイルからなる閉回路について，キルヒホッフの法則より（I に合わせて，反時計回りを正として）

$$\boldsymbol{vBl} + \left(-\boldsymbol{L}\frac{\boldsymbol{\varDelta I}}{\boldsymbol{\varDelta t}}\right) = \boldsymbol{0} \qquad \cdots\cdots③$$

右辺は RI だが，$R = 0$!

(3)　$v = \dfrac{\varDelta x}{\varDelta t}$　より　　③ は

$$\frac{\varDelta x}{\varDelta t}Bl = L\frac{\varDelta I}{\varDelta t} \qquad \therefore \quad \varDelta I = \frac{\boldsymbol{Bl}}{\boldsymbol{L}}\boldsymbol{\varDelta x}$$

　これでIはxの１次式となっていることが分かり

$$I = \frac{Bl}{L}x + 定数$$

　はじめ，$x = -d$ で $I = 0$ だから　　　定数 $= \dfrac{Bld}{L}$

　したがって　　　$I = \dfrac{\boldsymbol{Bl}}{\boldsymbol{L}}(\boldsymbol{x} + \boldsymbol{d}) \qquad \cdots\cdots④$

(4)　④ を ② へ代入し

$$F=-kx-\frac{B^2l^2}{L}(x+d)=-\left(\boldsymbol{k}+\frac{\boldsymbol{B^2l^2}}{\boldsymbol{L}}\right)\boldsymbol{x}-\frac{\boldsymbol{B^2l^2d}}{\boldsymbol{L}}$$

こうして，復元力の比例定数 $K=k+\frac{B^2l^2}{L}$ での単振動と分かる。

周期は　　$T=2\pi\sqrt{\frac{m}{K}}=\boldsymbol{2\pi\sqrt{\frac{mL}{kL+B^2l^2}}}$

振動中心は，$F=0$　より　　　$x_0=-\frac{\boldsymbol{B^2l^2d}}{\boldsymbol{kL+B^2l^2}}$　$(>-d)$

(5)　④より x が最大 $x_{\max}$ のとき，I は最大 $I_{\max}$ となる。

右図より振幅は　　$A=x_0-(-d)=x_0+d$

よって　　$x_{\max}=x_0+A=2x_0+d$

④より　　$I_{\max}=\frac{Bl}{L}(x_{\max}+d)$

$$=\frac{Bl}{L}(2x_0+2d)$$

$$=\frac{\boldsymbol{2Blkd}}{\boldsymbol{kL+B^2l^2}}$$

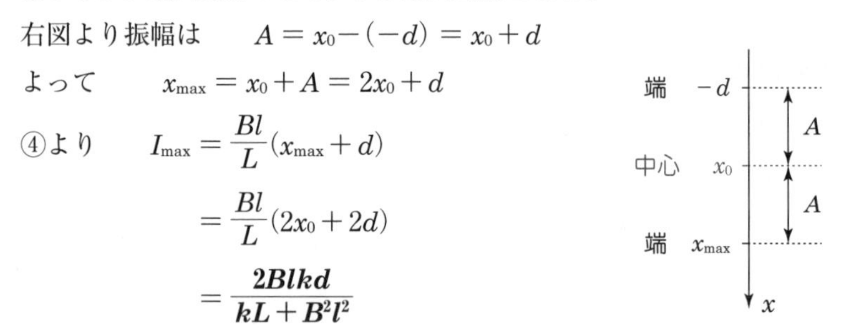

Q　ab間のコイルを，次図のように，自己インダクタンスL_1 とL_2 の2つのコイルに取り替え，同じ実験をする。上の結果を利用するには，何をどのように置き換えればよいか。(ア)と(イ)について答えよ。2つのコイル間の相互誘導は無視する。(★)

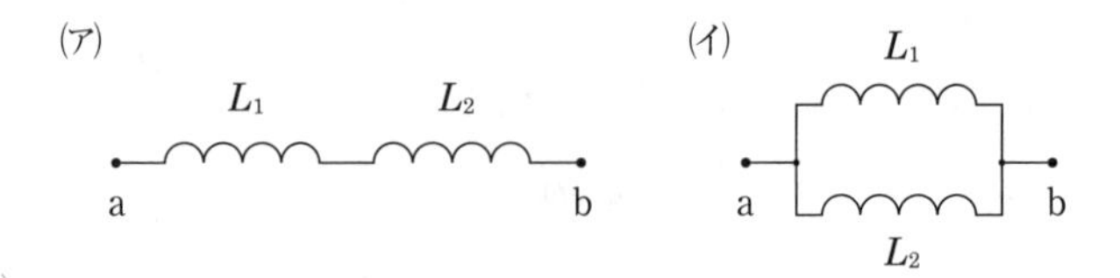

47 過渡現象・交流

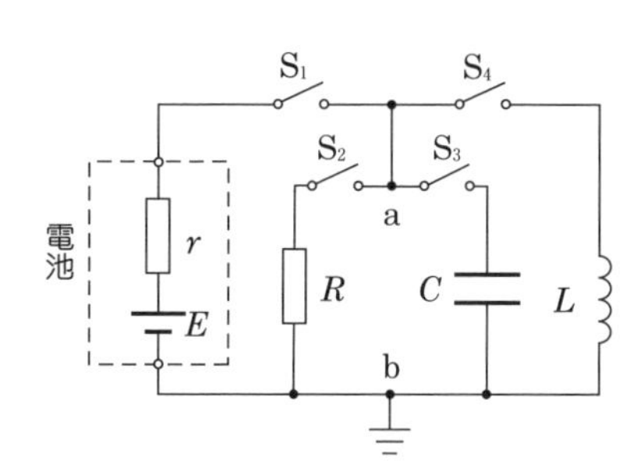

内部抵抗が r で起電力 E の電池，抵抗値 R の抵抗，電気容量 C のコンデンサー，自己インダクタンス L のコイルおよびスイッチ S_1〜S_4 を使って図のような回路をつくった。b点を接地し，その電位を0とする。

A スイッチ S_1 と S_4 を開き，S_2 と S_3 を閉じて十分に時間がたった後に，S_1 を閉じた。

(1) この直後にコンデンサーに流れる電流はいくらか。

(2) コンデンサーの極板間の電位差が V になった瞬間に，コンデンサーに流れている電流はいくらか。

B **A** でコンデンサーを充電し終った後に，スイッチ S_1 を開いた。

(3) この直後，コンデンサーの電気量はいくらか。また，R を流れる電流はいくらか。

(4) その後，抵抗 R で発生する熱量はいくらか。

C スイッチ S_2 と S_4 を開き，S_1 と S_3 を閉じてコンデンサーを充電した後に，S_1 を開き，続いて S_4 を閉じた。

(5) S_4 を閉じた後，a点の電位がはじめて最低値に達するまでの時間はいくらか。また，a点の電位の最低値と電流の最大値はいくらか。

D スイッチ S_2 を開き，S_1 と S_3 と S_4 を閉じて十分に時間がたった後に，S_1 を開く。

(6) S_1 を開く直前のコンデンサーの電気量はいくらか。また，S_1 を開いた後のコンデンサーの電気量の最大値はいくらか。

（センター試験＋九州大）

Level (1)〜(4) ★　(5), (6) ★

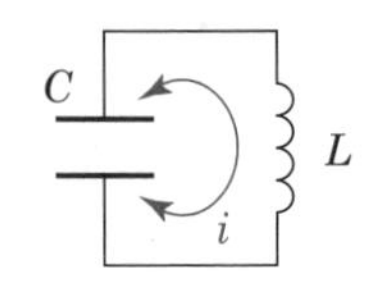

Point & Hint　直流回路の過渡現象と電気振動に関する総合問題。　自己誘導のため，**コイルを流れる電流は不連続には変われない** ―― これがコイルの過渡現象を扱うときのキーポイント。　コンデンサーとコイルによる図のような回路では**電気振動**が起こる。それはコンデンサーが放電しようとする性質と，コイルが電流を維持しようとする性質がうまくかみ合わさって起こり，交流電流 i が流れる。その周期 T は　$T=2\pi\sqrt{LC}$　また，**静電エネルギー＋$\frac{1}{2}Li^2$＝一定**（エネルギー保存則）そして，**固有周波数 $f=1/2\pi\sqrt{LC}$** の電磁波(電波)が発生する。電波の発生や，回路のわずかな抵抗によるジュール熱の発生のために，現実には振動は減衰していく。

LECTURE

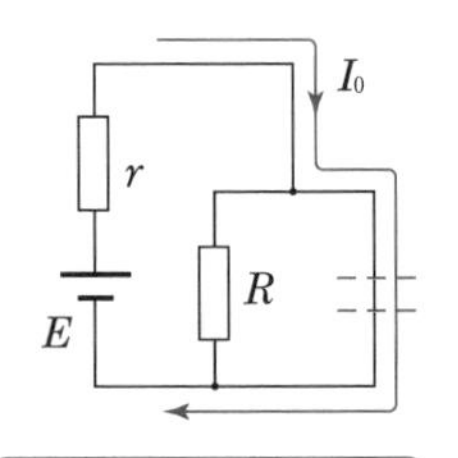

(1)　直後のコンデンサーは1本の導線に置き替えて考えることができる。すると，Rはショートされ，電流 I_0 は右のように流れる。オームの法則より

$$E=rI_0 \qquad \therefore\quad I_0=\frac{E}{r}$$

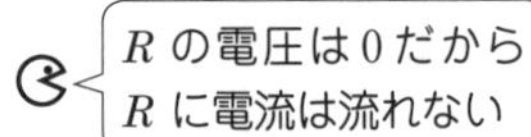

(2)　並列であるRの電圧も V であり，Rを流れる電流を I_R とすると　　$I_R=\dfrac{V}{R}$

Eを流れる電流を I_E とすると，キルヒホッフの法則より　　$E=rI_E+V$

したがって，コンデンサーを流れる電流I_Cは

$$I_C=I_E-I_R=\frac{E-V}{r}-\frac{V}{R}$$

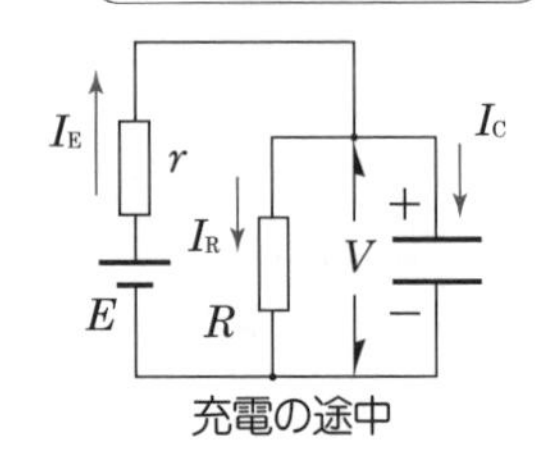

充電の途中

(3)　充電が終わったとき，コンデンサーの電圧V_CはRでの電位降下に等しい。また，rとRは直列だから　　$V_C=\dfrac{R}{R+r}E$

$$\therefore\quad Q=CV_C=\frac{R}{R+r}CE$$

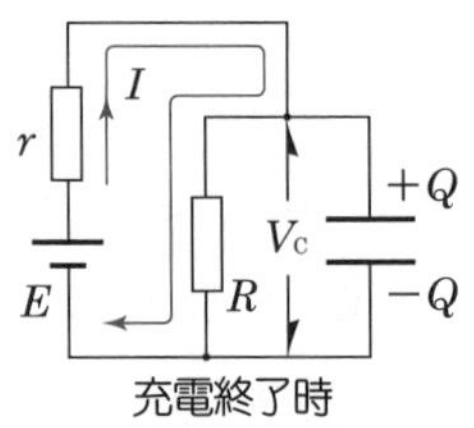

充電終了時

S_1を開いた直後もこの電気量であり，電圧V_Cである。よって，R を流れる電流 i_0 は

$$i_0=\frac{V_C}{R}=\frac{E}{R+r}$$

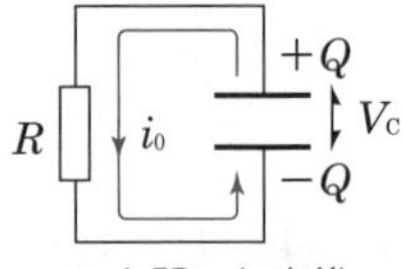

S_1を開いた直後

帯電しているコンデンサーは「1つの電池」とみ

なすとよい。この場合は電圧 V_C で，上が正極の電池とみなせる。

(4)　コンデンサーは完全に放電してしまう。この間に静電エネルギーがジュール熱に変わるので　$\dfrac{1}{2}CV_C{}^2 = \boldsymbol{\dfrac{1}{2}\left(\dfrac{R}{R+r}\right)^2 CE^2}$

(5)　S_4 を閉じる前，コンデンサーの充電電圧は E であり，電気量 $Q_0 = CE$ が蓄えられている。S_4 を閉じると電気振動が始まる(図1→2→3→4→1)。

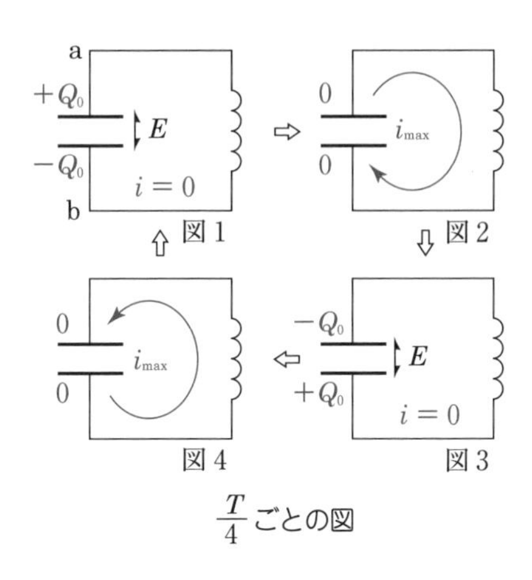

$\dfrac{T}{4}$ ごとの図

a点の電位が最も低くなるのは図3のときで，図1から $\dfrac{1}{2}T$ 後のことだから

$$\frac{1}{2}T = \frac{1}{2}\cdot 2\pi\sqrt{LC} = \boldsymbol{\pi\sqrt{LC}}$$

図3のときのコンデンサーの電圧は E で，a点の電位は $\boldsymbol{-E}$

電流が最大 i_{max} になるのは図2(または図4)のときで，エネルギー保存則より　$\dfrac{1}{2}CE^2 = \dfrac{1}{2}Li_{max}^2$　　$\therefore\ i_{max} = \boldsymbol{E\sqrt{\dfrac{C}{L}}}$

(6)　S_1 を開く前，コイルは一定電流 I_1 を流していて誘導起電力はない(「1本の導線」として扱える)。よって，コンデンサーの電圧は0であり，電気量も　**0**

なお，I_1 は　$I_1 = \dfrac{E}{r}$

S_1 を開くと，直後はコイルが I_1 を下向きに流す。そして，この電流はコンデンサーに図のように入る。こうして電気振動が始まる。上の図2からのスタートとなる。エネルギー保存則で図3とつなぐと，求める最大値を Q_1 として

$$\frac{1}{2}LI_1{}^2 = \frac{Q_1{}^2}{2C} \qquad \therefore\ Q_1 = I_1\sqrt{LC} = \boldsymbol{\frac{E}{r}\sqrt{LC}}$$

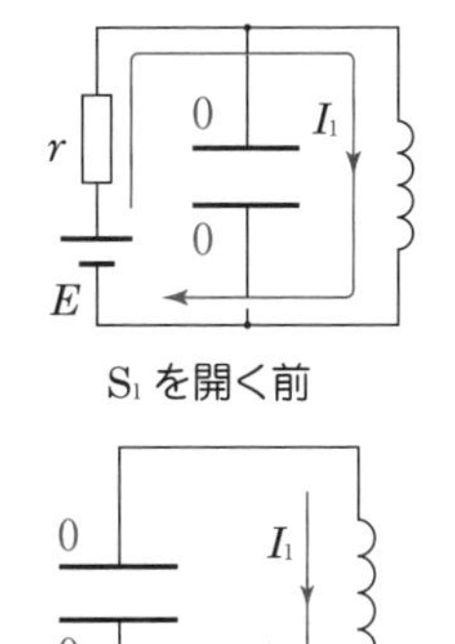

S_1 を開く前

S_1 を開いた直後

Q　**D**で，S_1 を開いたときを時刻 $t=0$ として，a点の電位 V_a を t の関数として表せ。(★)

48　交流・過渡現象

図のX，Y，Zは抵抗，コンデンサー，コイルのいずれか1つずつである。まず，図1のように交流電源に接続すると，Xを流れる電流i(実線)とXにかかる電圧v(点線)の時間変化は図2のようになった。$I_0=2$〔A〕，$V_0=100$〔V〕である。また，Zにかかる電圧の最大値V_1は50〔V〕であった。

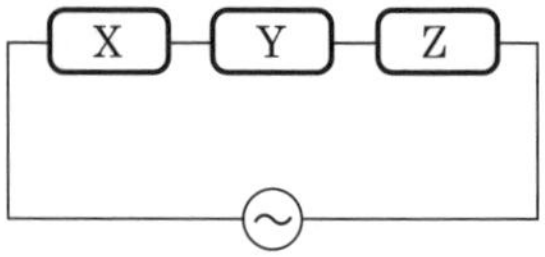

図1

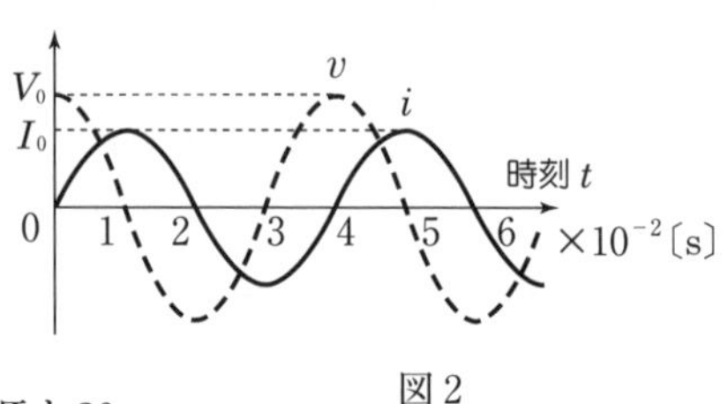

図2

次に，図3のように直流電源と20〔Ω〕の抵抗をXとYに接続した。スイッチSを閉じると，直後，Sには2〔A〕の電流が流れ，しばらくして5〔A〕の一定電流が流れるようになった。コイルと電源の内部抵抗は無視でき，コンデンサーのはじめの電荷は0とする。

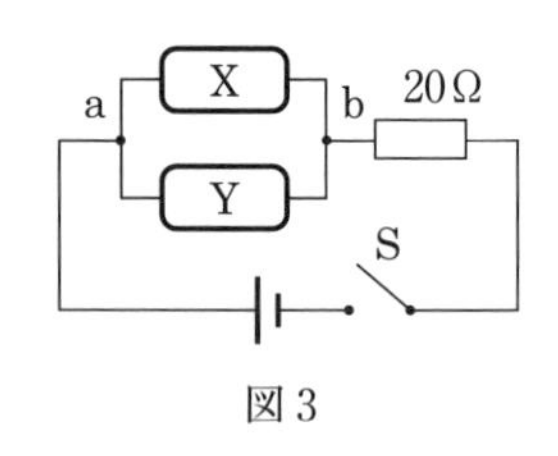

図3

(1)　X，Y，Zはそれぞれ何か。また，それらの抵抗値R，電気容量C，自己インダクタンスLの値はいくらか。

(2)　図1の回路の平均の消費電力はいくらか。

(3)　Zにかかる電圧が0となるのはいつか。図2の時刻tの範囲で答えよ。

(4)　図1，2で時刻 $t=1\times10^{-2}$〔s〕のときの電源電圧はいくらか。また，時刻 $t=4\times10^{-2}$〔s〕のときはいくらか。

(5)　図3で，Sを閉じ十分時間がたった後にSを開く。その直後のXの電圧(bに対するaの電位)を求めよ。また，Sを開いた後，回路で発生するジュール熱を求めよ。

Level　(1)〜(4)★　(5)★★

Point & Hint

交流の角周波数をωとすると，**コイルに対しては $V=\omega L\cdot I$ コンデンサーに対しては $V=\dfrac{1}{\omega C}\cdot I$** ここで，$V$と$I$は電圧と電流の実効値(あるいはともに最大値)。 **コイルでは電圧に対して電流の位相は$\dfrac{\pi}{2}$遅れ，コンデンサーでは逆に$\dfrac{\pi}{2}$進む。** 抵抗に対しては $V=RI$ で位相の違いはない。

(1) Xは以上の知識から決まる。YとZの区別は図3の直流回路の過渡現象から調べる。スイッチを閉じた直後は，コンデンサーは「導線」，コイルは「断線」状態になる。そして，やがてコンデンサーは「断線」，コイルは「導線」状態に入る。

(2) コイルとコンデンサーは平均としての消費電力はない。電力消費は抵抗でのみ起こり，実効値を用いて，RI_e^2 または V_eI_e と表される。

実効値＝最大値/$\sqrt{2}$

(3) X，Y，Zは直列なので，流れる電流は共通。そこで，Zにかかる電圧のグラフ(図2のような)を描いてみると事態が明確になる。

(4) 各瞬間の電源電圧は，X，Y，Zの電圧の和に等しい。

(5) コイルは電流を流し続けようとするので…。

LECTURE

(1) 図2より電圧に対して電流の位相は$\dfrac{\pi}{2}$遅れているから，**X は コイル**。

また，図2より交流の周期は $T=4\times10^{-2}$〔s〕なので，$\omega=2\pi/T$ と $V_0=\omega L\cdot I_0$ より

$$L=\frac{V_0T}{2\pi I_0}=\frac{100\times4\times10^{-2}}{2\times3.14\times2}\fallingdotseq\mathbf{0.32}\text{〔H〕}$$

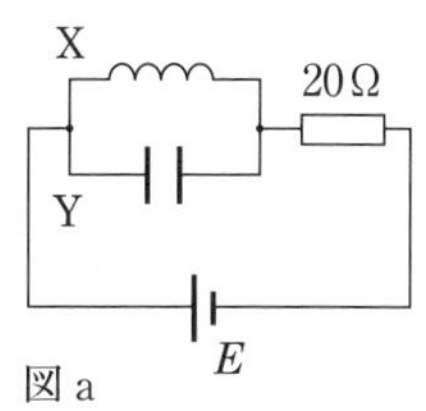

図a

図3の回路でYがコンデンサーとしてみよう(図a)。Sを閉じた直後はコンデンサーは導線と同じで，一方，コイルは電流を通さないから，流れる電流Iは$I=\dfrac{E}{20}$となる(Eは電源の起電力)。そして，十分時間がたつと，コンデンサーは電流を通さなくなり，コイルが導線と同じになる。すると，やはり$\dfrac{E}{20}$でIと同じ電流が流れることになる。これは事実に合わない。したがって，**Y は 抵抗**(図b)。

Sを閉じた直後，電流はR側を通るので

$$E=(R+20)\times2 \quad \cdots\cdots①$$

十分時間がたつと，電流は導線となっているコイル側を通り，Rはショートされるから

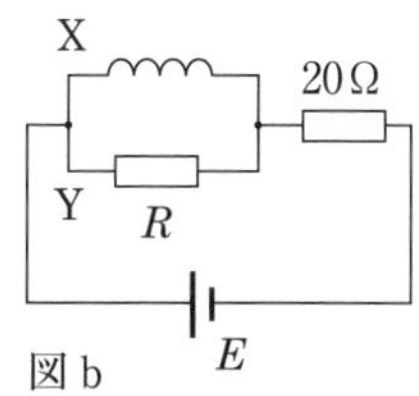

図b

$$E = 20 \times 5 \quad \cdots\cdots②$$

①, ②より　$E = 100$〔V〕,　$R = \mathbf{30}$〔Ω〕

再び図1に戻って，**Zは コンデンサー** であり，X，Y，Zは直列だから電流は共通である。　$V_1 = (1/\omega C) I_0$ より

$$C = \frac{I_0}{\omega V_1} = \frac{I_0 T}{2\pi V_1} = \frac{2 \times 4 \times 10^{-2}}{2 \times 3.14 \times 50} \fallingdotseq \mathbf{2.5 \times 10^{-4}}\text{〔F〕}$$

(2)　抵抗だけで平均の消費電力があり，電流の実効値 I_e は $I_e = I_0/\sqrt{2}$ だから

$$RI_e^2 = R\left(\frac{I_0}{\sqrt{2}}\right)^2 = 30 \times \left(\frac{2}{\sqrt{2}}\right)^2 = \mathbf{60}\text{〔W〕}$$

(3)　コンデンサーでは，電圧に対して電流の位相が$\frac{\pi}{2}$進むから，電圧v_Cの時間変化は右のようになる。直列だから電流 i はコイルと同じになっている。$v_C = 0$ となるのは，

1×10^{-2}〔s〕，3×10^{-2}〔s〕，5×10^{-2}〔s〕

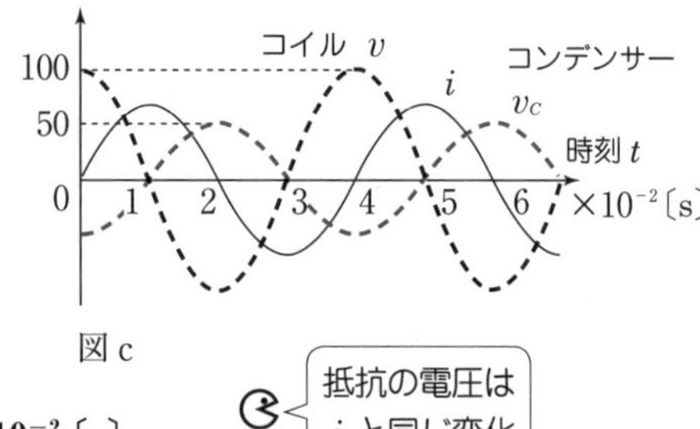

図c

抵抗の電圧は i と同じ変化

(4)　$t = 1 \times 10^{-2}$〔s〕のときは，コイル，コンデンサーの電圧は0だから，電源電圧は抵抗での電位降下（電圧降下）に等しく

$$RI_0 = 30 \times 2 = \mathbf{60}\text{〔V〕}$$

$t = 4 \times 10^{-2}$〔s〕のときの電流は0だから，抵抗の電圧は0

図cよりコイルとコンデンサーの電圧は $+100$〔V〕と -50〔V〕。

よって，合計の電圧は　$100 - 50 = \mathbf{50}$〔V〕

(5)　コイルが $I = 5$〔A〕を流している状態でSを開くから，直後もこの電流は維持され，Rを赤矢印のように流れることになる。コイルの電位差はRの電位降下に等しく　$30 \times 5 = 150$〔V〕

Rを見るとbの方が高電位だから，**-150〔V〕**

この電流はやがて0となり，コイルのもっていたエネルギーはRでのジュール熱と化してしまうので　$\frac{1}{2}LI^2 = \frac{1}{2} \times 0.32 \times 5^2 = \mathbf{4.0}$〔J〕

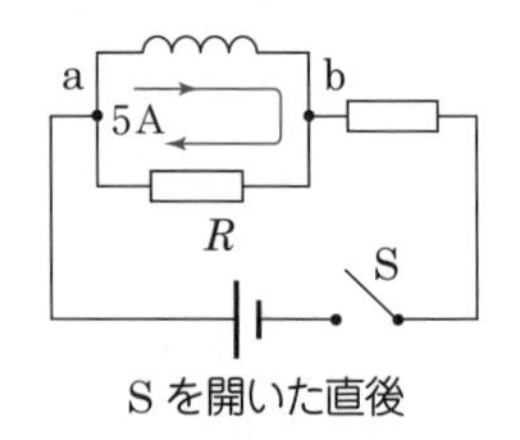

Sを開いた直後

コイルは a—|‖— b のような電池となっている

49　交流・電磁場中の粒子

図1のように，交流電源に抵抗 R とコイル L をつなぎ，端子 a，b，c をつける。図2はオシロスコープの略図で，陰極から出た電子は陽極の小穴を通過するまでに加速され，端子をつけた同形の極板 X，X′ と Y，Y′ の間を通り，蛍光面に当たって輝点を生じる。蛍光面上に座標軸 x，y を各組の極板に対して垂直にとる。

Y と Y′ を接地し，X を a に，X′ を b につなぐと，x 軸上の直線部分 $-a \leqq x \leqq a$ が光る。また，X を a に，X′ を c につなぐと，$-2a \leqq x \leqq 2a$ が光る。電子は速いので，蛍光面で電子が光る点の座標は極板間電圧に比例するとしてよい（比例定数は x，y 共に共通）。次の(1)〜(3)の場合について，蛍光面上のどの部分が光るかを答えよ。

(1)　Y と Y′ を接地し，X を b に，X′ を c につなぐ。

以下では，X を a に，X′ と Y を b に，Y′ を c につなぐ。

(2)　コイル L を，R の2倍の抵抗値をもつ抵抗 R′ に取り替える。

(3)　再び，コイル L を戻し，図1の状態にする。

(4)　図1において，交流電源の電圧の実効値を一定に保ち，周波数だけを変えていくと，蛍光面上に円が現れた。周波数を何倍にしたか。また，円の半径を a で表せ。

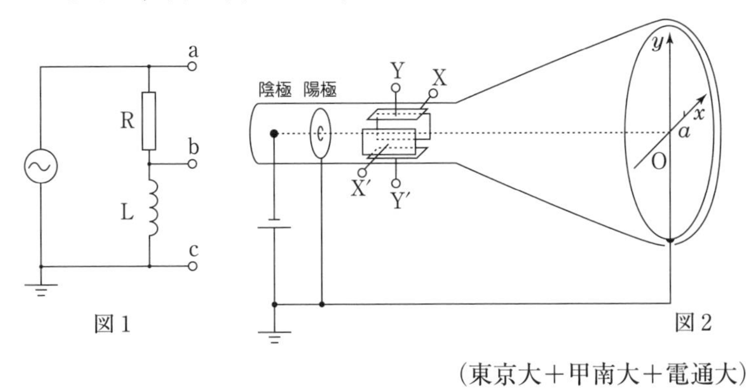

図1　　図2

（東京大＋甲南大＋電通大）

Level　(1),(2) ★　　(3),(4) ★★

Point & Hint

輝点の座標が電圧に比例する理由は，エッセンス(下)p127を参照。

(1)　RLC 直列でのインピーダンス Z の知識を生かす(今の場合，C はない)。特に，全体電圧と部分電圧の関係を押さえる。右の図を I 倍(I は電流)すれば，電圧の関係になる(実効値もしくは最大値に対して成りたつ)。

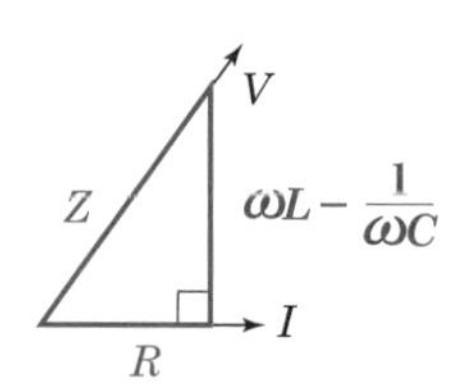

交流の時間変化が速いため，蛍光面上では残像が線となって見える。

(2)，(3)　x は時間 t の関数として，$x = A\sin\omega t$ (A：振幅，ω：角周波数)と表せる。このとき y は？　そして，x と y の関係は？

(4)　電圧の関係を直角三角形の図で表してみる。

LECTURE

(1)　R にかかる電圧(以下，最大値)を V_0 とする。V_0 が a に対応し，ac 間電圧(今の場合は電源電圧)は $2a$ の振幅だから $2V_0$ となっている。すると，コイル L の電圧(bc 間)は，右図の最大値の関係より　$V_L = \sqrt{3}V_0$

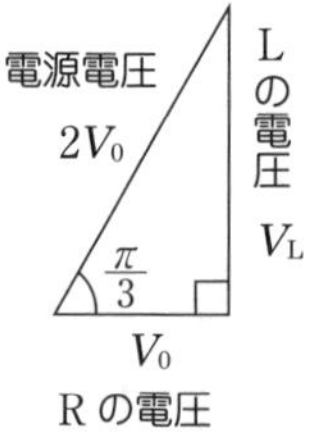

よって，光る部分は　$\boldsymbol{-\sqrt{3}a \leqq x \leqq \sqrt{3}a}$

なお，図中の $\pi/3$ は電源電圧の位相に対して電流の位相が $\pi/3$ 遅れていることを示している。

(2)　電源電圧(の最大値)は $2V_0$ だから，R には $2V_0 \times \frac{1}{3}$(蛍光面上は $\frac{2}{3}a$)が，R′ には $2V_0 \times \frac{2}{3}$(対応して $\frac{4}{3}a$) の電圧がかかる。それらの位相は同じだから，角周波数を ω，時間を t として，

$x = \frac{2}{3}a\sin\omega t$ とすると，　$y = \frac{4}{3}a\sin\omega t$

$$\therefore\quad \boldsymbol{y = 2x \qquad \left(-\frac{2}{3}a \leqq x \leqq \frac{2}{3}a\right)}$$

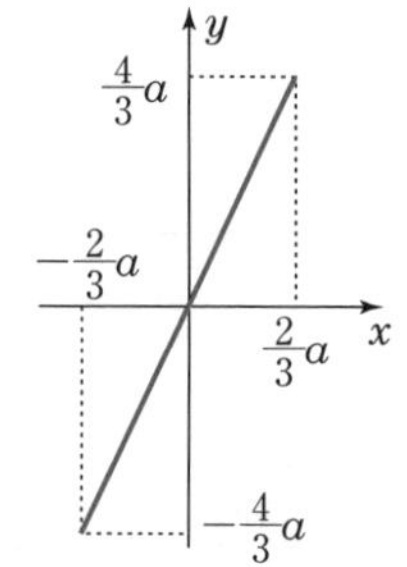

このように t を媒介変数(パラメーター)とみなして消去することにより，x と y の関係式が得られる。放物運動で軌道の式を求めるときと同じである。　なお，位相は $\omega t + \theta_0$ (θ_0：初期位相) とおくと一般的になるが，時刻 $t = 0$ の設定の問題に過ぎないので，上記の式で充分といえる。

(3)　x はRの電圧で決まり，y はLの電圧で決まる。Lの電圧はRの電圧より $\pi/2$ 進んでいる(LとRを流れる電流は同じで，Lの電圧より電流は $\pi/2$ 遅れていることによる。あるいは(1)の図を見てもよい。)。したがって，$x = a\sin\omega t$ に対して

$$y = \sqrt{3}a\sin\left(\omega t + \frac{\pi}{2}\right) = \sqrt{3}a\cos\omega t$$

$\sin^2\omega t + \cos^2\omega t = 1$　を用いると　$\boldsymbol{\dfrac{x^2}{a^2} + \dfrac{y^2}{3a^2} = 1}$

つまり，楕円が現れている。

(4)　(3)と同類だが，円にするにはRとLの電圧(の最大値)が等しくなればよい。電源電圧は $2V_0$ だから，右図の関係が得られる。$\sqrt{2}V_0$ より，円の半径は　$\boldsymbol{\sqrt{2}a}$

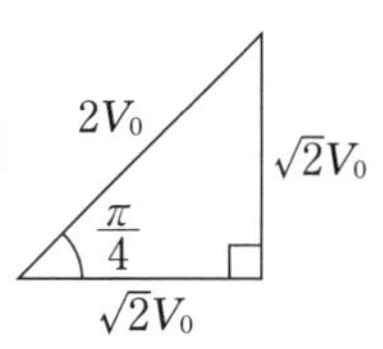

RとLの電圧が等しいことと，電流が共通であることから，リアクタンスが等しくなっていて

$$\omega' L = R \quad \cdots\cdots①$$

一方，(1)では　$V_L = \sqrt{3}V_0$　より　　$\omega L = \sqrt{3}R$　…②

①，②より　　$\omega' = \dfrac{1}{\sqrt{3}}\omega$

ω と周波数 f は比例している($\omega = 2\pi f$)から，　$\boldsymbol{\dfrac{1}{\sqrt{3}}}$ 倍

Q　YY′ 間には周期 T の交流電圧をかけ，XX′ 間には右のように時間変化する電圧をかけると，蛍光面にはどのような図形が現れるか。25字以内で述べよ。(★)

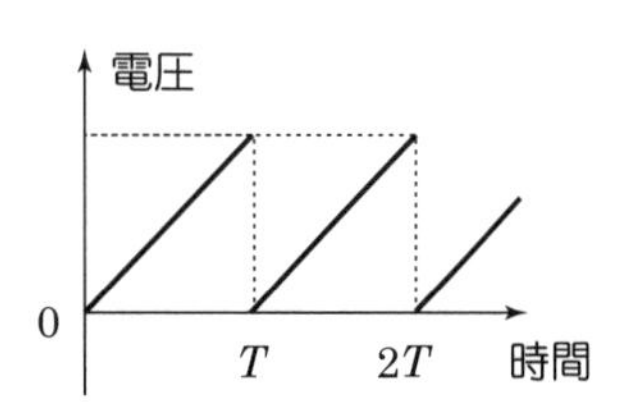

50　電磁場中の粒子

直方体（3辺の長さがa, b, c）の半導体に図のように一様な磁束密度Bの磁場を$+z$方向へかけた。次に，$+y$方向に電流Iを流し，x方向に発生する電位差V（MN間）を測定した。種々のBの値に対する，IとVの関係がグラフに示してある。

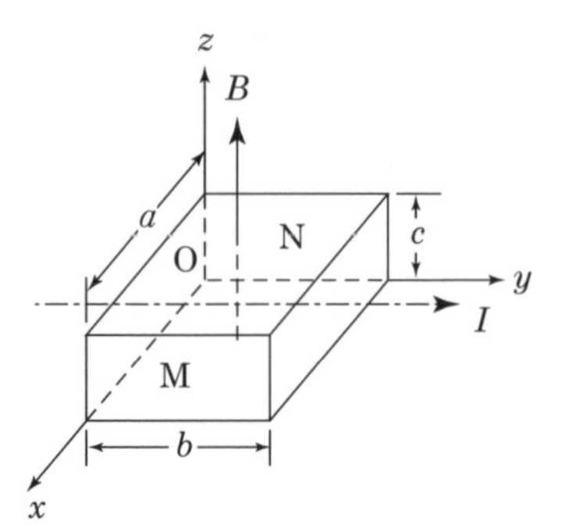

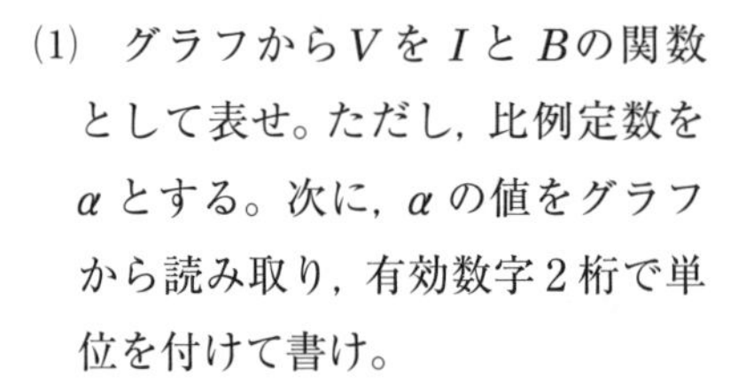

(1)　グラフからVをIとBの関数として表せ。ただし，比例定数をαとする。次に，αの値をグラフから読み取り，有効数字2桁で単位を付けて書け。

この関係式は次のような考察から導くことができる。

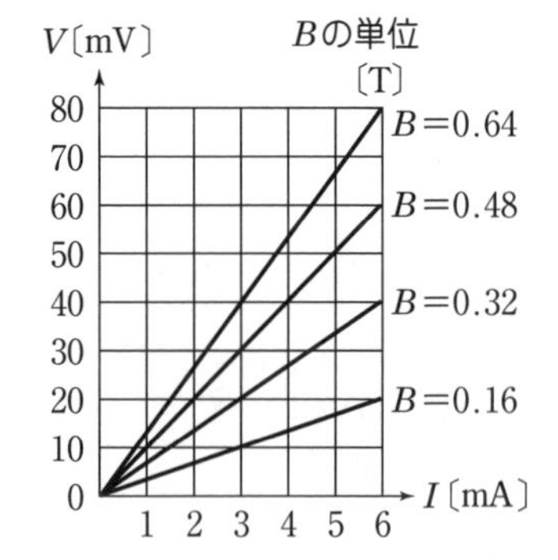

(2)　電流Iの担（にな）い手が電子だとする。その運動はどちら向きか。また，電子の電荷を$-e$，平均の速さをv，個数密度をnとして，Iをe，v，nなどを用いて表せ。

(3)　電子は磁場から力を受けて偏在するために電場が発生する。電位はMとNとでどちらが高いか。また，電位差V〔V〕をv，Bなどを用いて表せ。

(4)　電流の担い手が正電荷$+e$をもつホールの場合，電位はMとNとでどちらが高いか。

(5)　αをn，e，cで表せ。また，nの値を有効数字2桁で求めよ。ただし，$e=1.6\times10^{-19}$〔C〕，$c=1.0\times10^{-4}$〔m〕とする。　（工学院大）

Level　(1)★　(2)★　(3)〜(5)★

Point & Hint　「ホール効果」とよばれる現象を扱っている。

(1)　2段階をへて関数形が決まる。まずはBが一定のときを考える。

(3)　電子はMとNのどちらに集まるか。こうして一部の電子が偏在すれば（犠牲になれば），残りの電子は等速度でy方向に動けるようになる（電流Iを形づくる）。

LECTURE

(1)　原点を通る直線のグラフだからVはIに比例し，$V = k_1 I$と表せる（k_1は定数）。次に，グラフの傾きに対応するk_1はBの値によることに注目する。傾きはBに比例しているので，$k_1 = k_2 B$と表せる（k_2は定数）。

以上をまとめると

$$V = k_1 I = k_2 BI \qquad \therefore \quad \boldsymbol{V = \alpha BI} \quad \cdots\cdots ①$$

k_2こそαである。さて，グラフの右上の点を読むと，$B = 0.64$，$I = 6$，$V = 80$であり，①は

$$80 = \alpha \times 0.64 \times 6 \qquad \therefore \quad \alpha = 20.8\cdots \fallingdotseq \mathbf{21\ [V/T \cdot A]}$$

グラフ上のどの点を利用してもよい。また，単位は$\alpha = V/BI$より決めた。m（ミリ）は消える。
〔V〕=〔J/C〕=〔N·m/C〕と〔T〕=〔N/(A·m)〕を用いれば，21〔m²/C〕まで直せる。
基本単位で表せば〔m²/(A·s)〕。

Bの単位〔T〕は
$F = IBl$より
〔N/(A·m)〕とも書ける

(2)　電子の動く向きは電流と逆向きだから，**$-y$方向**

電流は，ある断面を1s間に通り抜ける電気量のこと。図のようなv〔m〕の範囲内にある電子の数$n(acv)$より

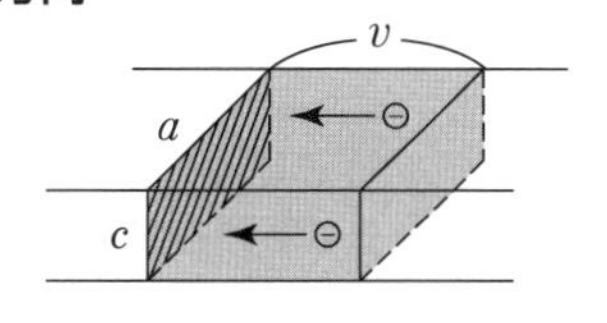

$$I = \boldsymbol{enacv} \quad \cdots\cdots ②$$

(3)　電子はローレンツ力evBを$+x$方向に受けるためMに集まってくる。そこでMは負に，Nは正に帯電する，よって，**N**の電位の方が高い。

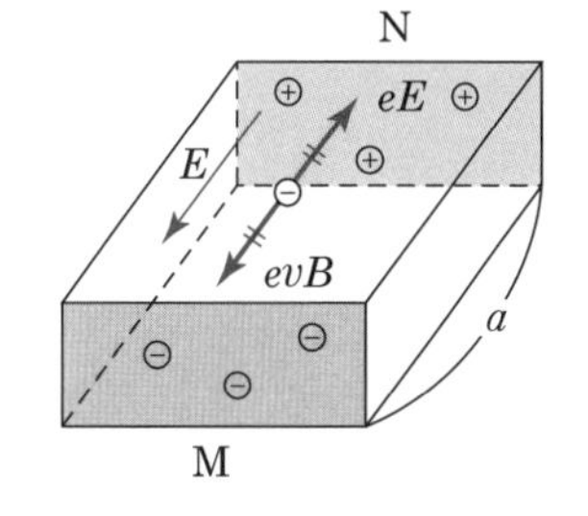

N → Mの向きに電場Eができ，電子は

M → Nの向きの静電気力を受ける。ローレンツ力と静電気力がつり合うと電子の移動は止む。

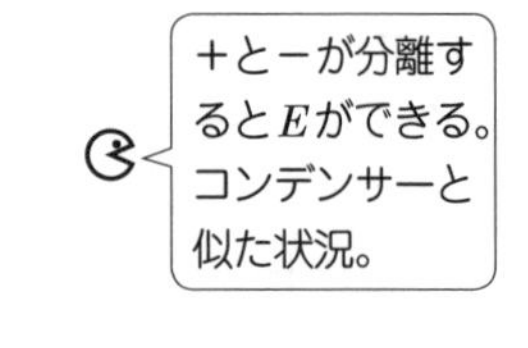

$$evB = eE \qquad \therefore \quad E = vB$$

MN間の電場は一様だから

$$V = Ea = \boldsymbol{vBa}\text{〔V〕} \quad \cdots\cdots③$$

(4)　正電荷の場合，粒子(ホール)は電流の向きに流れ，ローレンツ力は$+x$方向に働く。そこでホールはMに集まり，**Mの電位が高くなる**。電位差Vはやはり③で表される。

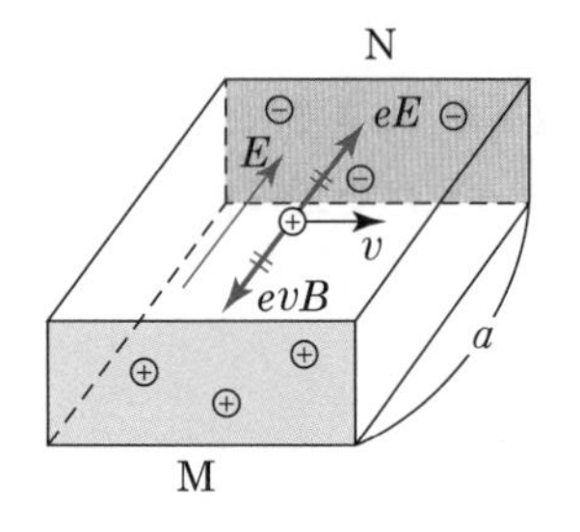

電子が電流の担い手(キャリア)となっているのがn型半導体であり，ホール(正孔ともいう)が担い手となっているのがp型半導体である。MとNの電位の高低から両者が判別できる。

(5)　③，②よりvを消去して

$$V = \frac{1}{enc}BI \qquad \therefore \quad \alpha = \boldsymbol{\frac{1}{enc}}$$

$$\therefore \quad n = \frac{1}{ec\alpha} = \frac{1}{1.6\times10^{-19}\times1.0\times10^{-4}\times20.8} \fallingdotseq \mathbf{3.0\times10^{21}}\text{〔個/m}^3\text{〕}$$

ホール(hole)は原子から1つの電子が抜けた跡であり，それが半導体内を移動していく。それを$+e$の粒子の移動としてとらえることができる。

ホール効果(Hall効果)は磁場中で導体に電流を流すと，電流に垂直な方向で電位差が生じることをHallが発見したことによる。

51 電磁場中の粒子

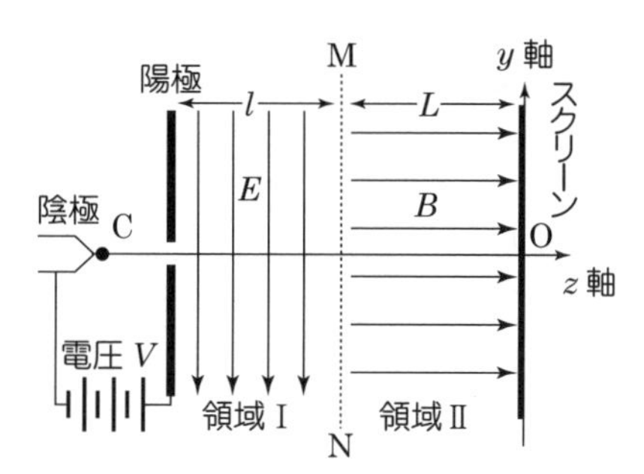

電磁場中での電子の運動について考える。電子は陰極から次々と打ち出され，陽極の穴を速さuで$+z$方向に通過したのち，$-y$方向を向く大きさEの一様な電場の領域Iを通過する。領域Iのz方向の長さはlである。その後，磁束密度Bで$+z$方向の一様な磁場の領域IIを通過して，スクリーン上に到達する。電子の電荷を$-e$，質量をmとし，x軸は紙面に垂直に表から裏に向いている。

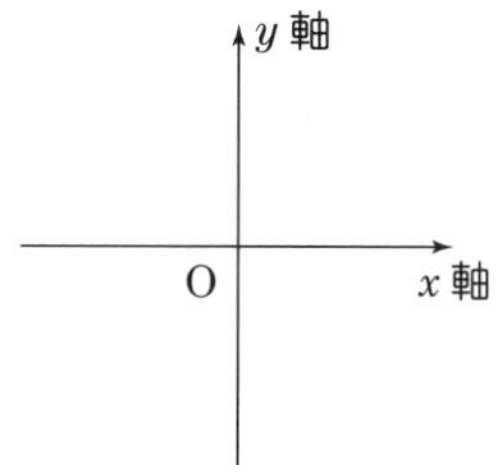

(1)　陰極の先端Cから出たときの電子の速さをv_0とする。陽極を通過する際の電子の速さをu ($>v_0$)とするために必要な電圧 V は［ア］である。

(2)　電子が領域Iと領域IIの境界MNを通過するとき，速度のz成分は［イ］，y成分は［ウ］である。さらに，電子は領域IIを通過してスクリーンに到達する。MNとスクリーンの距離をLとすると，その間の時間は［エ］である。

(3)　スクリーンを領域IIの左端MNの位置におき，そこから右向きに移動させると，電子の到達点はある閉じた軌跡を描く。スクリーン右側(z軸の正側)から見た図として，その軌跡の概形を描き，点が移動する向きと特徴的な長さを記入せよ。

(4)　この閉じた軌跡を完全に描くために必要なスクリーンの移動距離の最小値は［オ］である。

(5)　領域IIで，磁場のほかに電場を紙面に垂直にかけ，(3)と同様にスクリーンを移動させると，軌跡はy軸上の直線となった。かけた電場の向きは［カ］方向であり，大きさは［キ］である。（慶應大）

Level　(1), (2) ★　(3)〜(5) ★

Base　電磁場中での運動
一様電場中⇨放物運動
一様磁場中⇨等速円運動
※ 荷電粒子が真空中を飛ぶ場合

Point & Hint

一様な電場中では，静電気力の大きさと向きが一定なので，重力のもとでの放物運動のイメージをもって扱えばよい。

一様な磁場に垂直に打ち出された荷電粒子は，一定の大きさのローレンツ力を速度の向きと直角方向に受けるので，等速円運動を行う。

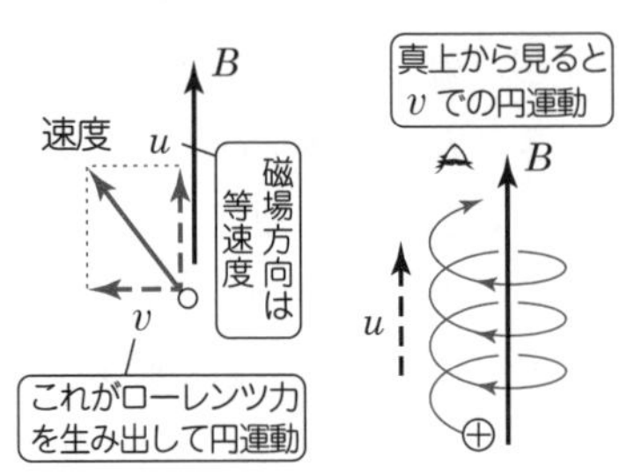

磁場に対して斜めに打ち出されると，らせんを描くが，磁場に垂直な面内の等速円運動と，磁場方向の等速運動とに分けて考えればよい。

なお，電子や陽子，イオンなど原子レベルのミクロな粒子を扱うときは重力は無視してよい。

(1) **(電気量の大きさ)×(電位差)だけ運動エネルギーが変わる**。加速か減速かは状況判断で決める。負の粒子は陽極(＋極，高電位側)に引きつけられる。

LECTURE

ア　加速だから eV だけ運動エネルギーが増す。

$$\frac{1}{2}mv_0^2+eV=\frac{1}{2}mu^2 \qquad \therefore\ V=\boldsymbol{\frac{m}{2e}(u^2-v_0^2)}$$

イ　z 軸方向には力が働かず，等速運動となるから，$\boldsymbol{u}$

ウ　静電気力 eE が $+y$ 方向に働く。加速度を a とすると，運動方程式より

$$ma=eE \qquad \therefore\ a=\frac{eE}{m}$$

穴から MN に達するまでの時間を t とすると，求める速度の y 成分 v_y は

$$v_y=at=\frac{eE}{m}\cdot\frac{l}{u}=\boldsymbol{\frac{eEl}{mu}}$$

なお，MN 面での y 座標は

$$y=\frac{1}{2}at^2=\frac{eEl^2}{2mu^2}$$

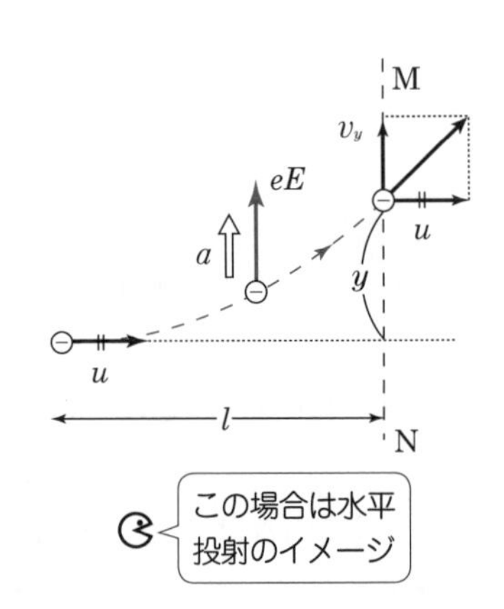

※ 一般に，加速度ベクトルが一定なら（力が一定なら），軌跡は放物線となる。

エ 磁場方向(z軸方向)は等速であり，電場を通り抜けたときのuを維持するので，求める時間は $\boldsymbol{\dfrac{L}{u}}$

(3) 磁場に垂直な面内では，速さ v_y で等速円運動をするので，スクリーン上にはまさに円が現れてくる。半径をrとすると，円運動の式は

$$m\frac{v_y{}^2}{r}=ev_yB \qquad \therefore \quad r=\frac{mv_y}{eB}=\boldsymbol{\frac{El}{Bu}}$$

円運動の式は運動方程式とみてもよいし(向心加速度が $v_y{}^2/r$)，遠心力とローレンツ力のつり合いとみてもよい。なお，A点でのローレンツ力の向きが$-x$方向となることから，円の中心の位置や回転方向が決められる。

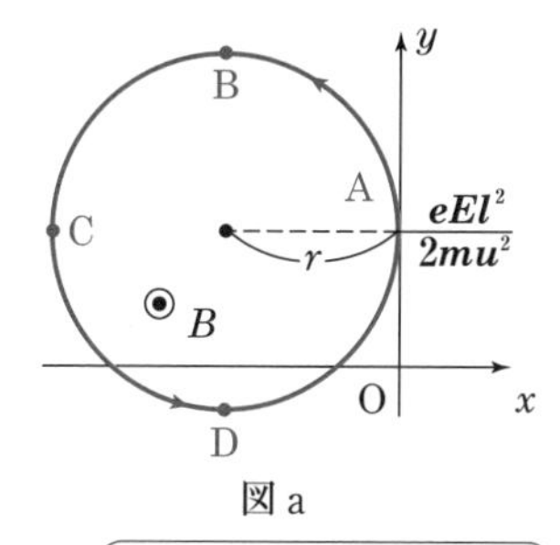

図 a

円の大きさは適当でよい。
$y \geqq 0$ の範囲でもよい。

オ 図 a の円運動の周期 T は

$$T=\frac{2\pi r}{v_y}=\frac{2\pi m}{eB}$$

この間に電子は z 方向に uT の距離を進む。そこでこの距離だけスクリーンを動かせば図 a の軌跡は完全な円になる。

$$uT=\boldsymbol{\frac{2\pi mu}{eB}}$$

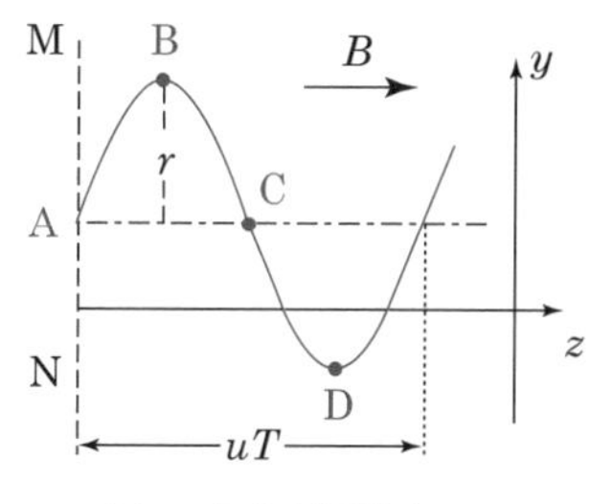

図 b らせん運動を横から見た図

カ ローレンツ力と静電気力がつり合えば電子は等速度運動をし，軌跡は直線となる。そのためには静電気力が$+x$方向に働くこと，いいかえれば，電場 E_1は $\boldsymbol{-x}$ 方向にかけることになる。

キ 力のつり合いより $\quad eE_1=ev_yB$

$$\therefore \quad E_1=v_yB=\boldsymbol{\frac{eElB}{mu}}$$

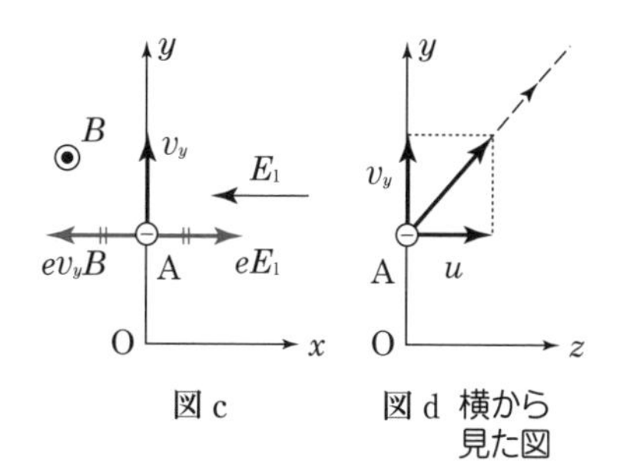

図 c

図 d 横から見た図

52　電磁場中の粒子・原子

図は電気素量 e の値を測定したミリカンの油滴実験の概略を示している。油滴は霧吹きでつくられる。小穴のある間隔 d の平行な極板間には，電位差を与えて一様な電場をつくることができ，油滴の電荷はX線を照射することによって変えられる。電位差がない場合とある場合について，等速運動をする油滴の速さを測定し，油滴の電荷を求める。油の密度を ρ，空気の密度を ρ_0，重力加速度を g とする。また，油滴は半径 a の球とし，浮力のほかに，空気中を速さ v で運動するときに抵抗力 kav（k は比例定数）を受けるものとする。

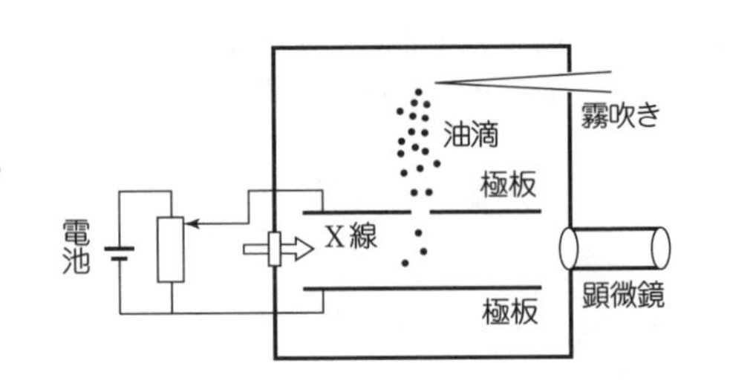

(1)　極板間に電位差がないとき，油滴は極板間を一定の速さ v_g で落下した。油滴の半径 a を求めよ。

(2)　次に，極板間に電位差 V_0 を与えたところ，この油滴（電荷 $-q$）は極板間で上昇し始め，やがて一定の速さ v_E になった。電荷の大きさ q を v_g，v_E，d，V_0，ρ，ρ_0，g および k を用いて表せ。

(3)　くり返し行われた測定から求められた油滴の電荷の大きさは次のようになった（単位は 10^{-19}〔C〕）。e の値を有効数字3桁まで求めよ。

9.7　　14.5　　4.9　　11.3　　6.5　　17.6　　　　（新潟大）

Level　(1), (2) ★　(3) ★

Point & Hint　「ミリカンの実験」とよばれる。

(3) まず，e のおおまかな値を押さえたい。それには，どのデータも e の整数倍なので，たとえば $9e-7e=2e$ のように近い値どうしの差をとると e に近づくことを利用する。次に，データのすべてを生かして e を正確に決める。つまり，電気量の総和が e の何倍になっているかを調べる。

LECTURE

(1) 等速度だから，力のつり合いより

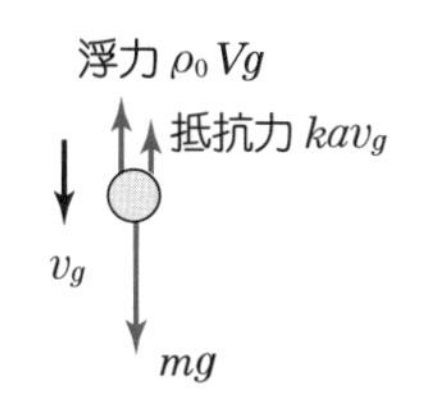

$$\rho_0 \cdot \frac{4}{3}\pi a^3 \cdot g + kav_g = \left(\rho \cdot \frac{4}{3}\pi a^3\right)g \quad \cdots\cdots①$$

$$\therefore \quad a = \frac{1}{2}\sqrt{\frac{3kv_g}{\pi(\rho-\rho_0)g}}$$

(2) 上の極板が陽極板だから，負電荷の油滴は上向きの静電気力 qE を受け上へ動く（Eは電場の強さで，$E = V_0/d$）。抵抗力は下向きになるので，力のつり合いは

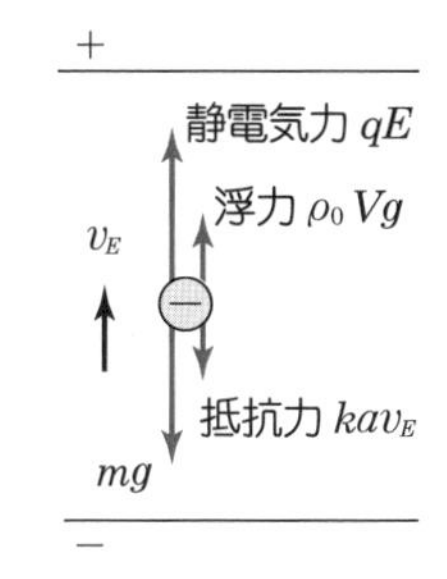

$$q\frac{V_0}{d} + \rho_0 \cdot \frac{4}{3}\pi a^3 \cdot g = \left(\rho \cdot \frac{4}{3}\pi a^3\right)g + kav_E \quad \cdots\cdots②$$

②−①より　　$q\dfrac{V_0}{d} - kav_g = kav_E$

$$\therefore \quad q = \frac{kad}{V_0}(v_g + v_E) = \frac{kd}{2V_0}(v_g + v_E)\sqrt{\frac{3kv_g}{\pi(\rho-\rho_0)g}}$$

②の a に(1)の結果を代入してもよい。

(3) データを値の小さい順に並べ直し，隣り合う値の差をとると

	4.9		6.5		9.7		11.3		14.5		17.6
差		1.6		3.2		1.6		3.2		3.1	

こうして，1.6 と約 3.2 が現れ，その差は 1.6 となり，ここで終わる。そこで $e \fallingdotseq 1.6\times10^{-19}$〔C〕と見当がつく。すると，4.9，6.5，…，17.6 は $3e$，$4e$，…，$11e$ を表していることになり，全体の和をとると

$$(4.9+6.5+9.7+11.3+14.5+17.6)\times10^{-19}$$
$$= 3e+4e+6e+7e+9e+11e$$

$$\therefore \quad 40e = 64.5\times10^{-19} \qquad \therefore \quad e = 1.6125\times10^{-19} = \mathbf{1.61\times10^{-19}}\ \text{〔C〕}$$

たとえば 4.9 は $3e$ に対応するが，$3e = 4.9\times10^{-19}$ とすると，有効数字は 4.9 により 2 桁までしか求められない。そこで上のような工夫がなされている。なお，ミリカンは数多くの実験データを調べ，1.6×10^{-19}〔C〕より小さい値が現れないことを示した。

53 電磁場中の粒子・原子

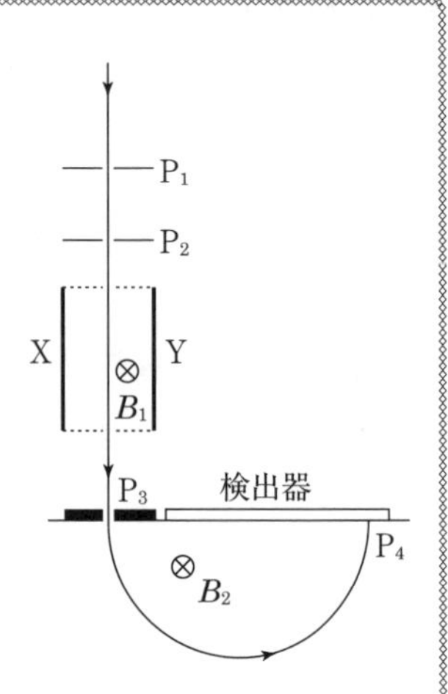

図は質量分析器の原理を示す。真空中で質量 M，電荷 Q の陽イオンがスリット P_1，P_2 を通り，磁束密度 B_1(紙面の表から裏への向き)の一様な磁場(磁界)と一様な電場(電界) E がかけられている平行板コンデンサー XY 間を直進してスリット P_3 に入る。

(1)　X，Y のどちらが陽極板か。また，P_3 に入るイオンの速さ v を求めよ。もしも，負の荷電粒子を用いる場合には X，Y のどちらを陽極板にすべきか。

P_3 を通ったイオンは磁束密度 B_2 の一様な磁場中に入り，半円を描いた後，検出された点を P_4 とし，P_3P_4 間の距離を D とする。

(2)　質量 M を Q，E，B_1，B_2，D を用いて表せ。

(3)　${}^{1}H^{+}$，${}^{2}H^{+}$，${}^{3}He^{+}$，${}^{3}He^{2+}$，${}^{4}He^{+}$，${}^{4}He^{2+}$ の 6 種のイオンを同時に入射させたとき，D が一致するものをあげよ。

(4)　2 種類の同位体をもつ原子量 35.5 の元素がある。1 価の陽イオンにして実験すると，D はそれぞれ 22.0 cm と 23.3 cm であった。同位体の一方の質量数が 35 のとき，他方の質量数と，それが元素の中で占める割合(%)を求めよ。

(金沢大＋甲南大＋静岡大)

Level　(1)〜(3) ★　(4) ★

Point & Hint

(2)　D は円の半径ではなく直径であることに注意。

(3)，(4)　質量は質量数に比例するとしてよい。また，同位体がなければ，原子量は質量数に(ほぼ)等しくなる。いずれも，陽子と中性子の質量がほぼ等しいことと，それらに比べて電子が非常に軽いことによる。

LECTURE

(1)　粒子はローレンツ力fを右向きに受ける。直進するには，力がつり合えばよく，静電気力Fは左向きである。つまり，電場が左向きだから，陽極板は　**Y**

$$f=F \quad より \qquad QvB_1=QE \qquad \therefore \quad v=\boldsymbol{\frac{E}{B_1}}$$

イオンの質量Mや電荷Qに関係なく，P_3に達する速さをそろえている。

もしも，負の粒子だと，fは左向きでFは右向きとなるが，負の粒子なので電場はやはり左向き。陽極板はやはり　**Y**

(2)　円の半径をRとすると，円運動の式は　　$M\frac{v^2}{R}=QvB_2$

$$\therefore \quad R=\frac{M}{QB_2}v=\frac{M}{QB_2}\cdot\frac{E}{B_1}$$

$$D=2R=\frac{2ME}{QB_1B_2} \qquad \therefore \quad M=\boldsymbol{\frac{QB_1B_2D}{2E}}$$

(3)　(2)のDの式より，M/Qが同じものを選べばよい(Q/Mは比電荷とよばれている)。核子(陽子と中性子)1個の質量をm，電気素量をeとすると，与えられた$^1H^+$，$^2H^+$，…の順に，比電荷は$\frac{e}{m}$，$\frac{e}{2m}$，$\frac{e}{3m}$，$\frac{2e}{3m}$，$\frac{e}{4m}$，$\frac{2e}{4m}$

等しいのは　　$\boldsymbol{^2H^+}$ **と** $\boldsymbol{^4He^{2+}}$

(4)　原子量35.5は35より大きいから，もう一方の質量数は35より大きい。また,(2)よりMとDは比例するので(ここでは1価イオンで$Q=e$は共通)，質量数35のイオンは22.0 cmに現れていることになる。求める質量数は

$$35\times\frac{23.3}{22.0}=37.0\cdots \qquad 質量数は整数だから \quad \mathbf{37}$$

求める割合をx%とすると，原子量が35.5だから

$$35.5=35\times\frac{100-x}{100}+37\times\frac{x}{100} \qquad \therefore \quad x=\mathbf{25.0}〔\%〕$$

塩素Clを想定した問題だが，実際には検出されるイオンの数の比から同位体の組成比は決められる。

54 電磁場中の粒子・原子

放射線を吸収する鉛のブロックに細長い水平な穴があけてあり，奥に放射線源Sがおさめてある。穴から距離Lのところに，穴の延長線に垂直に写真乾板がおいてある。鉛ブロックと乾板の間の空間は，強さEの電場や磁束密度Bの磁場をかけることができる。電場と磁場は一様で，鉛直上向きであり，装置は真空中にある。乾板上で，穴の延長線上の点を原点とし，鉛直方向にy軸を，水平方向にx軸をとる。

(1) 電場のみをかける場合，Sから放出された，質量m，電荷q，速さvの粒子は，乾板上のどの点に衝突するか。x, y 座標を答えよ。

(2) 磁場のみをかける場合，(1)の粒子は，乾板上のどの点に衝突するか。x, y 座標を答えよ。磁場は弱いので磁場による変位はLに比べて十分小さいとして近似せよ（以下の問ではこの答を用いよ）。

(3) Sからはいろいろな種類の粒子がいろいろな速さで出ているとして，一定の電場と磁場を共にかける場合，乾板上で原点を通りy軸を軸とする一つの放物線上に並ぶ粒子に共通な物理量は何か。m, q, v, またはその組み合わせで答えよ。

(4) Sからは，エネルギーKのα線，エネルギーが$K/4$からKまで連続的に分布しているβ線，エネルギーKのγ線が出ているものとする。次の2つの場合について，乾板上に現れる黒点の概略を，例にならって適当なスケールの目盛とともに図示せよ。陽子，中性子の質量は電子の質量の1800倍とする。

(ア) 電場のみをかける場合　(イ) 磁場のみをかける場合

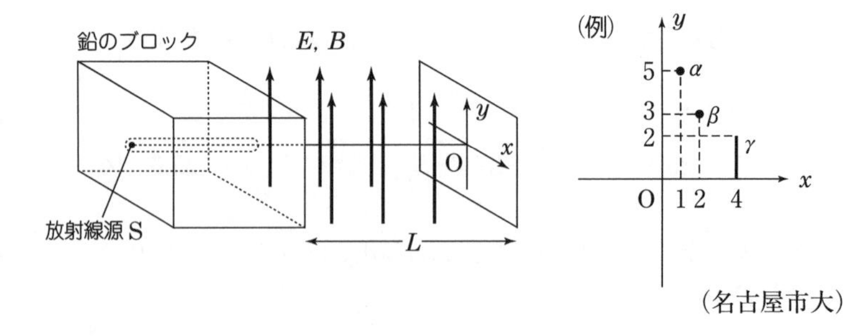

（名古屋市大）

Level　(1) ★　(2), (3) ★　(4)(ア) ★　(イ) ★★

Point & Hint　原子分野との融合問題。 (1) qの正・負が明らかにされていない。こんなケースは…。 (2) 円の半径を r とすると，$r \gg L$ として近似する。 (3) 電場による静電気力がy方向の運動を支配し，磁場によるローレンツ力が y 軸に垂直な面内の運動を支配する。つまり，両者は独立に扱える。そして，$y = kx^2$ のような形の式が成り立つためには…。 (4) **α線，β線，γ線の本体はそれぞれ，高速のヘリウム$^4_2$He原子核，高速の電子，波長が極めて短い電磁波。** まず γ 線が決まる。α 線と β 線は同じエネルギー Kのものについて比較すること。次に，β線について K と $\dfrac{K}{4}$ の比較に入るとよい。

LECTURE

(1)　$q > 0$として考えを進める。右図のように yz平面内で放物線を描く。よって，　$x = \mathbf{0}$

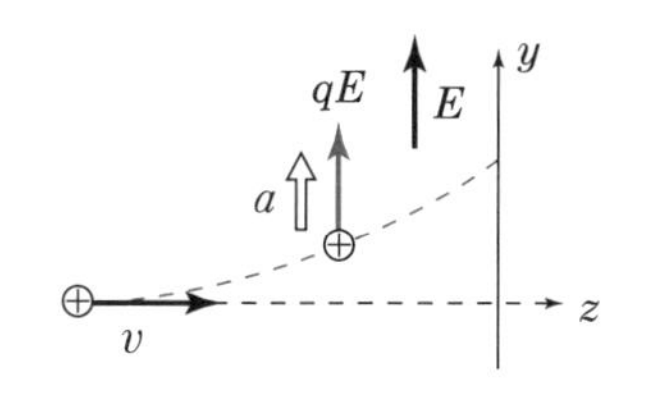

y方向の加速度を a とすると

$$ma = qE \qquad \therefore \quad a = \frac{qE}{m}$$

z方向には等速 v で動くから，乾板に達するまでの時間を t とすると　$t = \dfrac{L}{v}$　であり

$$y = \frac{1}{2}at^2 = \frac{1}{2}\cdot\frac{qE}{m}\left(\frac{L}{v}\right)^2 = \boldsymbol{\frac{qEL^2}{2mv^2}} \quad \cdots\cdots ①$$

この結果は $q < 0$でも成り立っている。

(2)　xz平面内で等速円運動をする。よって，$y = \mathbf{0}$　　初めローレンツ力は $+x$ 方向にかかるから，円の中心はその先にあり，図のように回転する。半径をrとして，円運動の式は

$$m\frac{v^2}{r} = qvB \qquad \therefore \quad r = \frac{mv}{qB}$$

灰色の直角三角形を利用し，$r \gg L$ より

$$x = r - d = r - \sqrt{r^2 - L^2}$$
$$= r - r\left(1 - \frac{L^2}{r^2}\right)^{\frac{1}{2}} \fallingdotseq r - r\left(1 - \frac{1}{2}\cdot\frac{L^2}{r^2}\right)$$
$$= \frac{L^2}{2r} = \boldsymbol{\frac{qBL^2}{2mv}} \quad \cdots\cdots ②$$

$r^2 = L^2 + (r - x)^2$
$\therefore\ 2rx = L^2 + x^2$
$L \gg x$ より $2rx \fallingdotseq L^2$
こうすると早い

この x の値は，やはり $q < 0$ の場合にも成り立っている。

(3)　k を定数として，$y=kx^2$ が成り立てばよく，①と②を代入すると

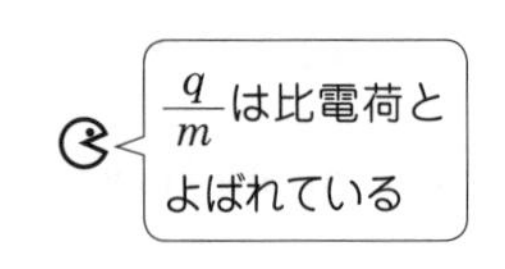

$$\frac{qEL^2}{2mv^2}=k\left(\frac{qBL^2}{2mv}\right)^2 \qquad \therefore\ \frac{\boldsymbol{q}}{\boldsymbol{m}}=\frac{2E}{kB^2L^2}=\text{一定}$$

(4)　電磁波は電場や磁場中を直進する（光は電磁場中を直進する）。よって，γ 線は原点Oに現れる。α 線は ${}^4_2\mathrm{He}$ 原子核であり，$q=+2e$（eは電気素量）。一方，β 線は電子であり，$q=-e$ となっている。

(ア)　$K=\dfrac{1}{2}mv^2$ より①は $y=\dfrac{qEL^2}{4K}$ と表せる。まず，同じ K の α と β を比べると，K，E，L は共通で，y は q に比例するから

$$y_\alpha : y_\beta = 2e : -e = 2 : -1$$

次に，β どうしで比べると y は K に反比例するので，K が $\dfrac{K}{4}$ と $\dfrac{1}{4}$ 倍になれば y 座標は4倍になる。したがって，右図のようになる。

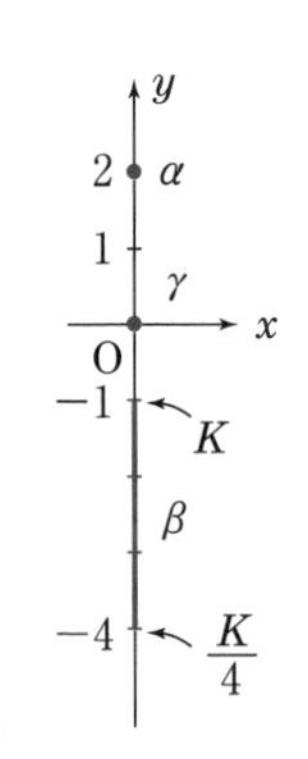

(イ)　$K=\dfrac{1}{2}mv^2$　より　$v=\sqrt{\dfrac{2K}{m}}$

よって，②は　　$x=\dfrac{qBL^2}{2\sqrt{2mK}}$

まず，同じ K の α と β を比べる。電子の質量を m_e とする。α 粒子は陽子2個，中性子2個でできているから質量は $1800m_\mathrm{e}\times 4$ と表せる。そこで

$$x_\alpha=\frac{2eBL^2}{2\sqrt{2(1800m_\mathrm{e}\times 4)K}} \qquad x_\beta=\frac{-eBL^2}{2\sqrt{2m_\mathrm{e}K}}$$

$$\therefore\ \frac{x_\alpha}{x_\beta}=-\frac{2}{\sqrt{1800\times 4}}=-\frac{1}{30\sqrt{2}}$$

β どうしでは，x は $\sqrt{K}$ に反比例することから，K が $\dfrac{1}{4}$ 倍になれば x は2倍になる。したがって，次図のようになる。

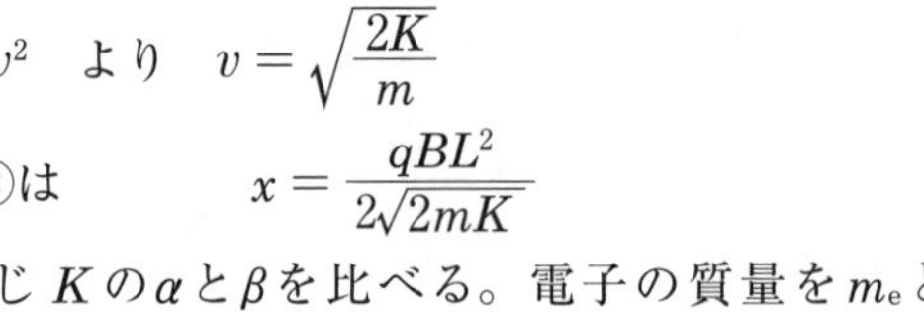

Q　(4)で，電場と磁場を共にかける場合の図を描け。（★★）

55　電磁場中の粒子・原子

磁場中の荷電粒子の円運動を利用して，粒子を加速する装置に，サイクロトロン(図１)やベータトロン(図２)がある。

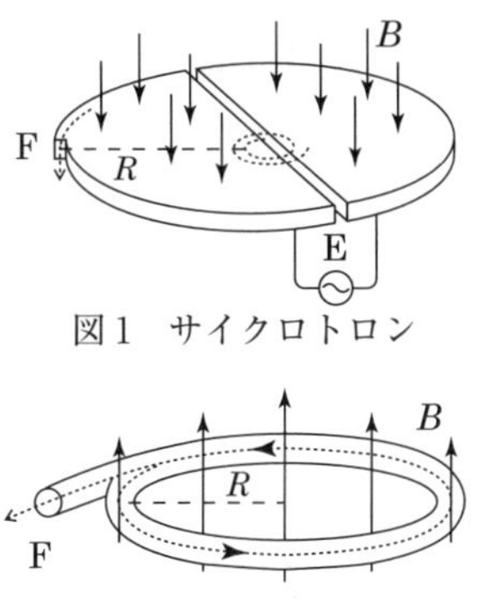

図１　サイクロトロン

図２　ベータトロン

Ⅰ　サイクロトロンでは，一様な磁場中に，半円形の２個の中空電極を狭い間隔を隔てて配置し，交流電源Eを接続する。中心付近で，正のイオンを磁場に垂直に入射させ，イオンが電極の間隙を通るたびに電位差 V_0 で加速する。そのために交流電源が用いられる。

磁束密度をB，イオンの質量をM，電荷をqとする。イオンの円運動の周期は［ア］で与えられる。したがって，イオンを加速するのに必要な交流電圧の周波数は$f=$［イ］である。イオンはN周する間に［ウ］のエネルギーを得る。軌道半径は半周ごとに大きくなり，やがてイオンは中心からR離れた取り出し口Fに達する。このときの運動エネルギーは［エ］である。

Ⅱ　ベータトロンでは，電子の円軌道の内部を貫く磁束を変化させ，生じる誘導起電力を利用する。電子は，ドーナツ状の真空の管内で，一定半径Rの円軌道上を回る。磁場はこの軌道面に垂直で，中心軸のまわりで対称的である，電子の質量をm，電荷を$-e$とする。

半径Rの軌道上での磁束密度をBとすると，電子の運動量は$p=$［オ］である。このとき軌道を貫く磁束を Φ とする。微小時間Δtの間に磁束を$\Delta\Phi$ だけ増加させると，軌道に沿って一周あたり［カ］の誘導起電力が生じ，［キ］の電場ができる。そのため電子の運動量は［ク］$\times\Delta\Phi$ だけ増加する。ここで，Rを一定に保つためには，同時に軌道上での磁束密度の増加量ΔBを，$\Delta B=$［ケ］$\times\Delta\Phi$ とする必要がある。ベータトロンでは，このような条件を満たす，一様でない磁場を使って加速を行う。　(京都大)

Level　ア★　イ★　ウ~カ★　キ~ケ★

Point & Hint

Ⅰ　中空電極の中は等電位で，イオンはローレンツ力だけを受けて円運動をする。間隙を通過する時間は無視してよい。
Ⅱ　半径Rの導体のリングがあると思うと，誘導起電力は考えやすい。リングがなくても，空間に(誘導)電場が現れるため同じ誘導起電力を生じる。難問だが指示に従っていけばなんとかなる。

LECTURE

ア　イオンの速さをv，円の半径をrとすると，円運動の式は

$$M\frac{v^2}{r}=qvB \qquad \therefore\quad r=\frac{Mv}{qB} \qquad \cdots\cdots①$$

$$\therefore\quad T=\frac{2\pi r}{v}=\boldsymbol{\frac{2\pi M}{qB}}$$

半周ごとに加速され，半径 r は増すが，周期 T は一定となっている。

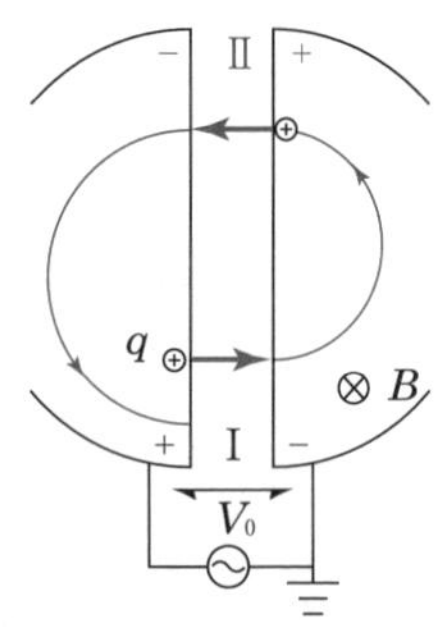

イ　Ⅰ側で加速するときは左側を高電位にし，半周してⅡ側で再び加速するときには左側を低電位(赤の状態)にしなければならない。これを$\frac{T}{2}$の時間で行うために交流電圧をかける。したがって，交流の周期も Tとなり

$$f=\frac{1}{T}=\boldsymbol{\frac{qB}{2\pi M}}$$

粒子が半周したときⅡの状態になればよいので，右下のようであってもよい。一般には，交流の周期T'は $\frac{T}{2}=\frac{T'}{2}\times$(奇数)を満たせばよい。周波数でいえば上の値の奇数倍ならよい。

電圧(右側に対する左側の電位)

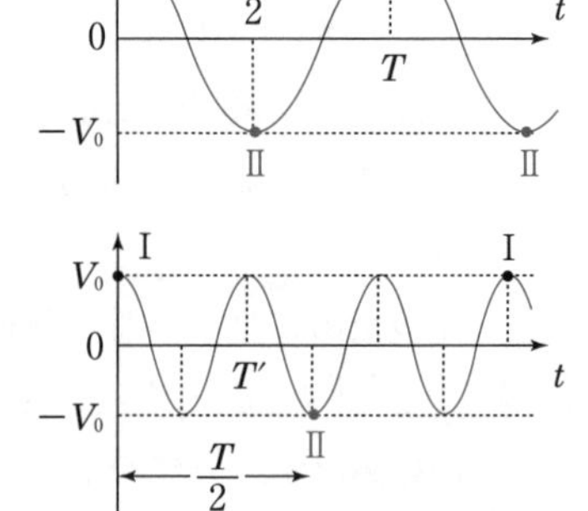

ウ　1回の加速でqV_0を得て，1周する間に2度加速されることを考えると，N周では　　$qV_0\times2\times N=\boldsymbol{2qV_0N}$

これは $2NV_0$ の電圧で加速したのと同じこと。Nは非常に大きいので，小さな V_0でも高電圧での加速と同等になる。

エ　①で $r=R$ とすると　$v=\dfrac{qBR}{M}$　　$\therefore\ \dfrac{1}{2}Mv^2=\boldsymbol{\dfrac{(qBR)^2}{2M}}$

このようにサイクロトロンでの加速の限界は事実上Rで決まる。そのため大きな装置が必要になるのが欠点であり，次のベータトロンの登場となる。

オ　電子の速さをvとすると，①を応用して

$$R=\frac{mv}{eB}\qquad \therefore\ p=mv=\boldsymbol{eBR}\qquad \cdots\cdots②$$

カ　電磁誘導の法則より誘導起電力 V は　$V=\boldsymbol{\dfrac{\Delta\Phi}{\Delta t}}$

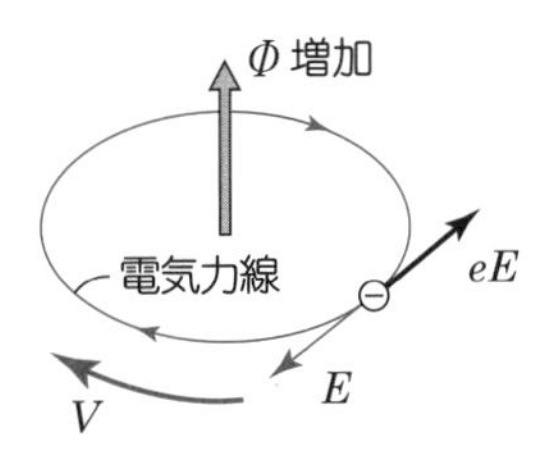

キ　誘導起電力は電子の回転方向と逆向きに生じる。これは図のように電場Eが発生するためである。対称性からEは一定であり，一周に沿っては一様電場の公式 $\boldsymbol{V=Ed}$ が応用でき

$$V=E\times 2\pi R\qquad \therefore\ E=\frac{V}{2\pi R}=\boldsymbol{\frac{\Delta\Phi}{2\pi R\Delta t}}$$

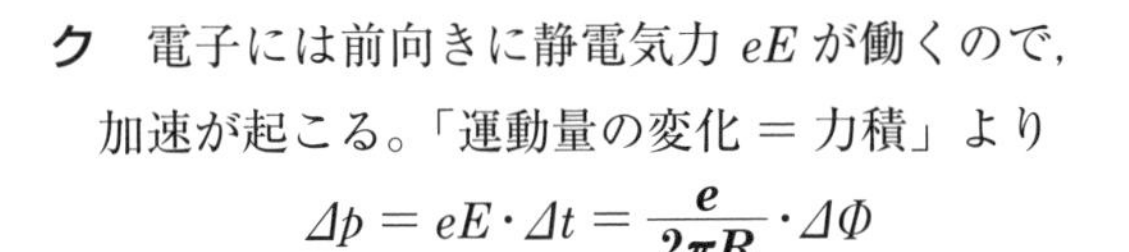

ク　電子には前向きに静電気力 eE が働くので，加速が起こる。「運動量の変化 = 力積」より

$$\Delta p=eE\cdot\Delta t=\boldsymbol{\frac{e}{2\pi R}}\cdot\Delta\Phi$$

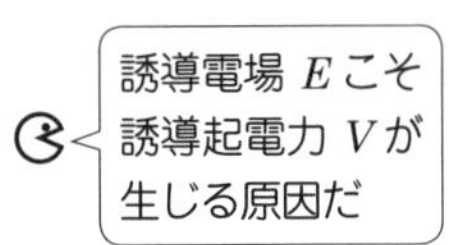

円周上では等加速度運動の公式を適用できる。接線方向の加速度をaとすると，運動方程式より $ma=eE$　速度変化 Δv は $\Delta v=a\Delta t$ であり，$\Delta p=m\Delta v$ として求めてもよい。

ケ　②より pは B に比例しているので

$$\Delta p=eR\Delta B$$

Δpに上の結果を代入すると

$$\frac{e}{2\pi R}\Delta\Phi=eR\Delta B$$

$$\therefore\ \Delta B=\boldsymbol{\frac{1}{2\pi R^2}}\cdot\Delta\Phi$$

一様な磁場とすると，$\Phi=B\times\pi R^2$　であり，$\Delta\Phi=\pi R^2\Delta B$　となって，上の式 $\Delta\Phi=2\pi R^2\Delta B$ は満たせない。中心近くが強い磁場を用いる必要がある。

原子

56 光の粒子性

ナトリウムNaを陰極とする光電管を用い，光電効果の実験を行った。ある波長の紫外線を陰極に当てたとき，陽極電圧（陰極に対する陽極の電位）Vと両極間に流れる電流（光電流）Iの関係をみると図1のようになった。

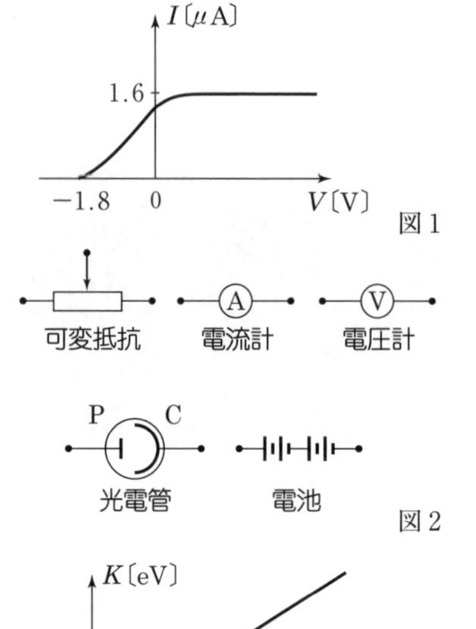

図1

図2

光速$c = 3.0 \times 10^{8}$〔m/s〕，電気素量$e = 1.6 \times 10^{-19}$〔C〕とする。

(1)　図2の部品を用いて実験装置を作りたい。部品を線で結び装置の回路図を完成させよ。光電管の陽極をP，陰極をCとする。

(2)　1.6〔μA〕の電流が流れているとき，陽極Pに達する電子の数は毎秒何個か。

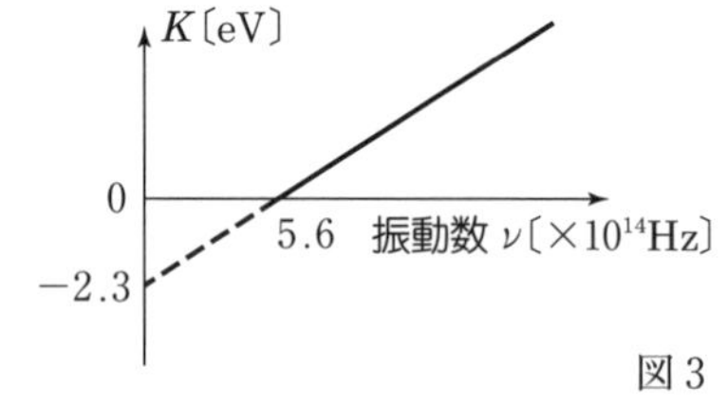

図3

(3)　光電子の最大運動エネルギーK〔eV〕はいくらか。

(4)　光の波長を変えずに光の強度を強くすると，図1の曲線はどう変わるか。図に描け（概形でよい）。

(5)　あてる光の波長を変えながら同様の実験を行い，図3を作成した。Naの仕事関数〔eV〕とプランク定数〔J･s〕を求めよ。

(6)　ヘリウム･ネオンレーザーの赤い光（波長6.3×10^{-7} m）をこの光電管にあてるとき，光電効果は起こるか。

(7)　陰極をNaから，仕事関数1.9〔eV〕のセシウムCsに変えると，図3はどう変わるか。図に描け。また，前問のレーザーの光で光電効果は起こるか。

（弘前大＋京都工繊大）

Level　(1) ★　(2)〜(4) ★　(5) ★　(6) ★　(7) ★

Point & Hint

光の粒子性を示したのが光電効果。光子が金属中の自由電子にエネルギーを与え，金属から飛び出させるというもの。光の振動数 ν が限界振動数 ν_0 以上のとき起こる。

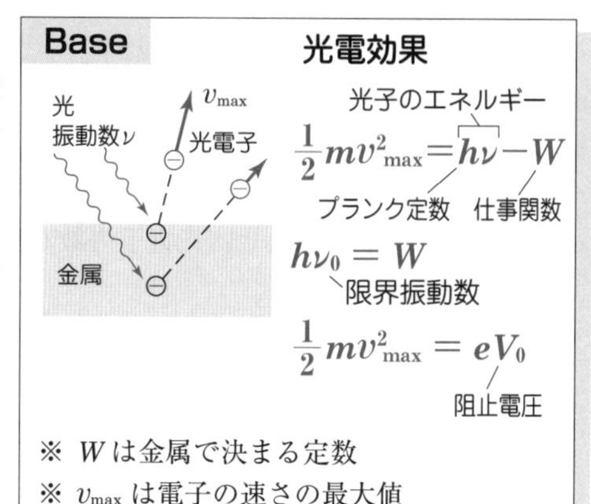

(1) Pの電位 V が負にもできるようにしなければいけない。

(3) 図1から阻止電圧 V_0 が読み取れる。1〔eV〕(電子ボルト)は1〔V〕の電圧で電子を加速したとき電子が得る運動エネルギーで，1〔eV〕$= e$〔C〕$\times$1〔V〕$= e$〔J〕　**1〔eV〕= $\boldsymbol{e}$〔J〕** は覚えておきたい。

(4) 光の強度(強さ)は明るさのこと。単位は〔J/(m²·s)〕。簡単にいえば，**明るさは光子の数に比例**する。

(5) 図3のもつ意味を公式を動かして確認する。

LECTURE

(1)　右のような例があげられる。電池から出て可変抵抗を右へ流れる電流が電位の高低を生み出す。例1では，中点Oの電位はCと等しく，0Vとすると，スライド接点がOより左にあればPの電位は正に，右にあれば負にできる。例2なら点Oは中点でなくてもよい。

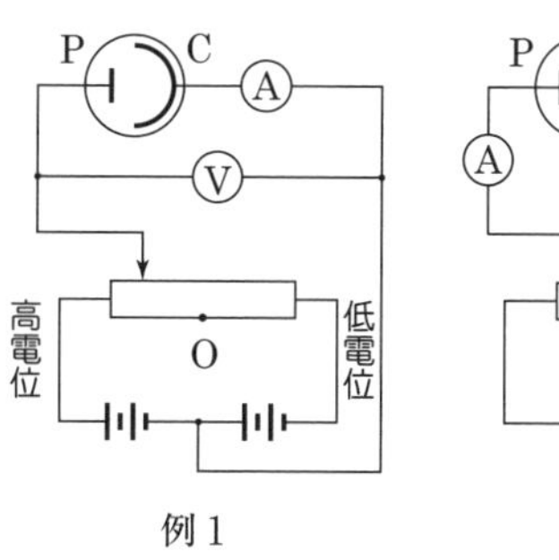

例1

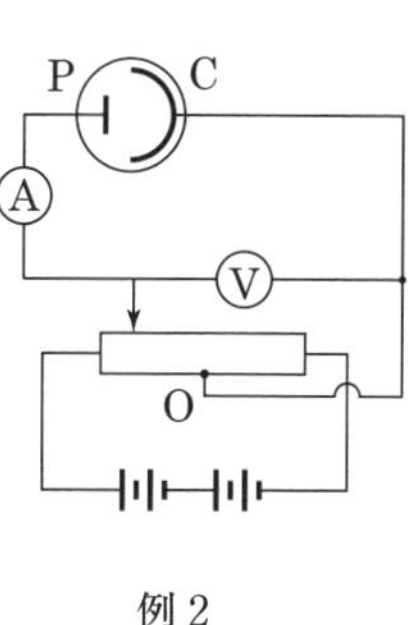

例2

(2)　電流値 I は1s間にPに達する電気量のことといってよいから，求める電子数を N とすると

$$I = eN \quad より \qquad N = \frac{I}{e} = \frac{1.6\times10^{-6}}{1.6\times10^{-19}} = \mathbf{1.0\times10^{13}}〔個/s〕$$

(3)　図1より阻止電圧は　　$V_0 = 1.8$〔V〕

$$\therefore \quad K=\frac{1}{2}mv_{\mathrm{max}}^2=eV_0=1.6\times10^{-19}\times1.8\,\text{〔J〕}$$
$$=\frac{1.6\times10^{-19}\times1.8}{1.6\times10^{-19}}\,\text{〔eV〕}=\mathbf{1.8}\,\text{〔eV〕}$$

電子に対しては電圧の数値とエネルギー〔eV〕の数値が一致する

(4)　強度を増すことは C に当てる光子の数を増すこと。光子数が増せば光電子の数が増し，電流 I も比例して増す。

一方，阻止電圧 V_0 は変わらないから（ν と W が一定だから $\frac{1}{2}mv_{\mathrm{max}}^2$ も一定。よって，V_0 も一定），赤い線のようになる。光の強さを a 倍にしたのなら，図を縦方向に a 倍すればよい。

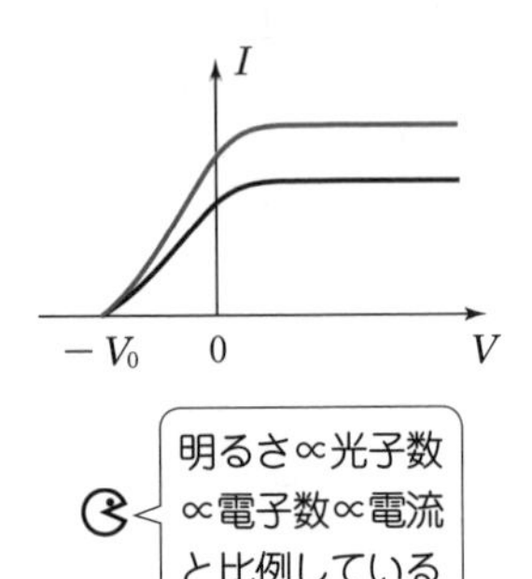

(5)　エネルギー保存則より

$$K=\frac{1}{2}mv_{\mathrm{max}}^2=h\nu-W \quad \cdots\cdots①$$

K と ν の関係は1次式だから確かに図3のように直線になる。①より縦軸の切片が $-W$ を表すから，$W=\mathbf{2.3}$〔eV〕

また，直線の傾きが h を表しているから

$$h=\frac{2.3\times1.6\times10^{-19}}{5.6\times10^{14}}\fallingdotseq\mathbf{6.6\times10^{-34}}\,\text{〔J·s〕}$$

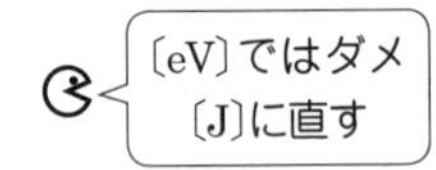

別解　図3より限界振動数 ν_0 は　　$\nu_0=5.6\times10^{14}$〔Hz〕

$h\nu_0=W$　より　　$h=\frac{W}{\nu_0}=\frac{2.3\times1.6\times10^{-19}}{5.6\times10^{14}}\fallingdotseq\mathbf{6.6\times10^{-34}}$〔J·s〕

(6)　光の振動数 ν は　　$\nu=\frac{c}{\lambda}=\frac{3.0\times10^8}{6.3\times10^{-7}}\fallingdotseq4.8\times10^{14}$〔Hz〕

$\nu<\nu_0$ だから，光電効果は**起こらない**。

(7)　グラフの傾きは h で一定だから，平行な直線となる。そして，切片（$-W'$）が上になるので右のようになる。Csの限界振動数 ν_0' は

$h\nu_0'=W'$ より

$$\nu_0'=\frac{W'}{h}=\frac{1.9\times1.6\times10^{-19}}{6.6\times10^{-34}}\fallingdotseq4.6\times10^{14}\,\text{〔Hz〕}$$

$\nu>\nu_0'$ より，光電効果は**起こる**。

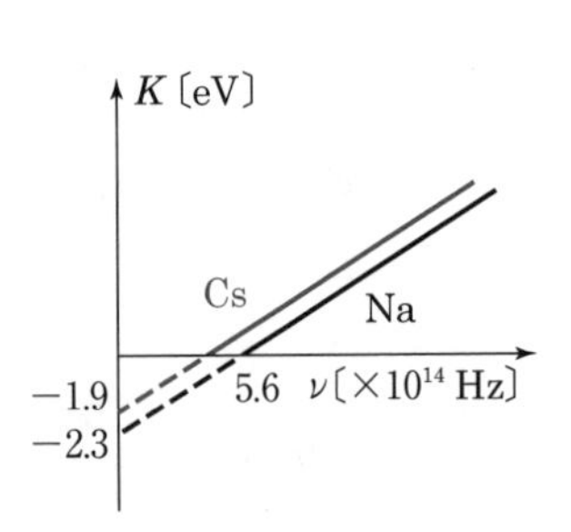

57　光の粒子性

X線が粒子性を示す現象の1つにコンプトン効果がある。プランク定数をh，光速をcとする。

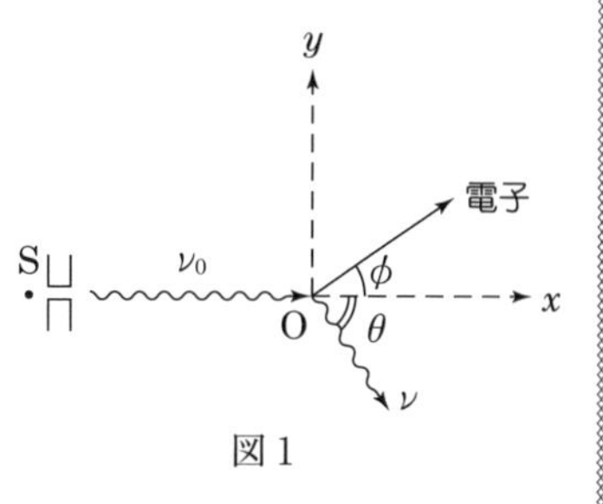

図1

(1)　図1のように点Sから放出された振動数ν_0の光子が，原点Oに静止している質量mの電子によってθ方向に弾性散乱され，振動数がνに減少する。このとき電子はϕ方向に速さvではね飛ばされる。x方向の運動量保存則は［ア］……①　同様にy方向に対しては，［イ］……②　一方，エネルギー保存則は［ウ］……③

以上の式より，$\nu_0-\nu$がν_0に比べて十分に小さい場合には

$$\frac{1}{h\nu}-\frac{1}{h\nu_0}=\frac{1}{mc^2}(1-\cos\theta)\quad\cdots④$$

となる。

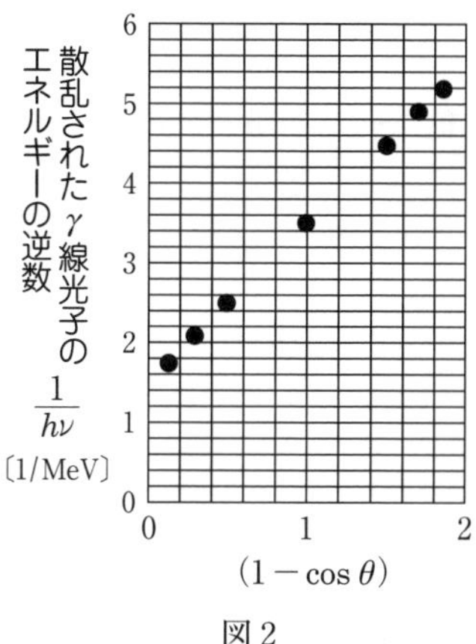

図2

(2)　上の結果はγ線に対しても成り立つ。図1の点Sにγ線源（^{137}Cs）を置き，原点Oで静止している電子によって散乱されたγ線光子のエネルギーを，角θを変えながら測定した。結果は図2のようになった（エネルギーの単位はMeV）。この図より，γ線のエネルギーは$\theta=$［エ］度で最小となり，その最小値$h\nu_B$〔MeV〕は有効数字2桁で［オ］MeVである。また，入射γ線のエネルギー$h\nu_0$は［カ］MeVであり，はね飛ばされた電子の最大エネルギーは［キ］MeVと分かる。次に，γ線源を^{137}Csから^{54}Mn（光子エネルギーは0.84 MeV）に変えた。図2を利用すると，$\theta=90$度で散乱されたγ線のエネルギーは［ク］MeVである。またこのとき電子のはね飛ばされた角ϕの正接$\tan\phi$は［ケ］となる。　（東北大）

Level　ア〜オ★　カ，キ★　ク，ケ★★

Point & Hint

光の振動数をν，波長をλとすると，光子の運動量pは　$p=\dfrac{h\nu}{c}=\dfrac{h}{\lambda}$

(2) 図2と④式をしっかり照らし合わせること。

クではMnの場合について，図2にグラフを描き入れる。

LECTURE

ア　次図より　$\dfrac{h\nu_0}{c}=\dfrac{h\nu}{c}\cos\theta+mv\cos\phi$　……①

イ　$0=-\dfrac{h\nu}{c}\sin\theta+mv\sin\phi$　……②

ウ　$h\nu_0=h\nu+\dfrac{1}{2}mv^2$　……③

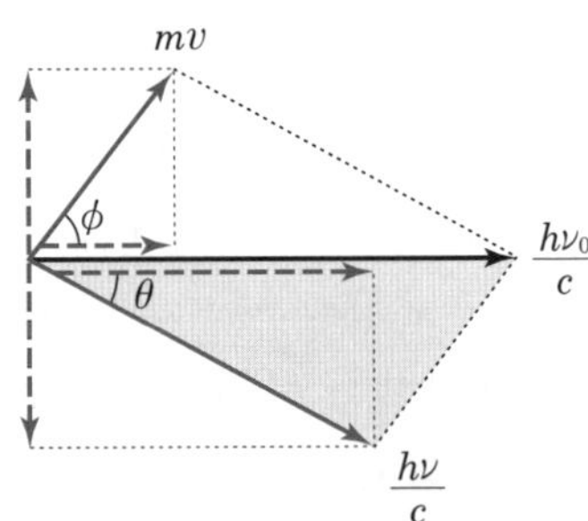

エ　$h\nu$が最小なら，$\dfrac{1}{h\nu}$は最大。よって，
$1-\cos\theta=2$ のときで　$\theta=$ **180**度

オ　図より　$\dfrac{1}{h\nu_B}=5.5$

$\therefore\ h\nu_B=$ **0.18** MeV

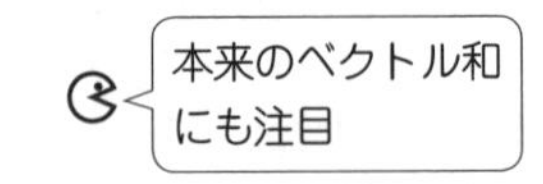

カ　縦軸をy，横軸をxとすると，④式は　$y=\dfrac{1}{mc^2}x+\dfrac{1}{h\nu_0}$　……④′と表せ，直線グラフになることが分かる。
$\dfrac{1}{h\nu_0}$は縦軸の切片に等しいから

$\dfrac{1}{h\nu_0}=1.5$　　$\therefore\ h\nu_0=$ **0.67** MeV

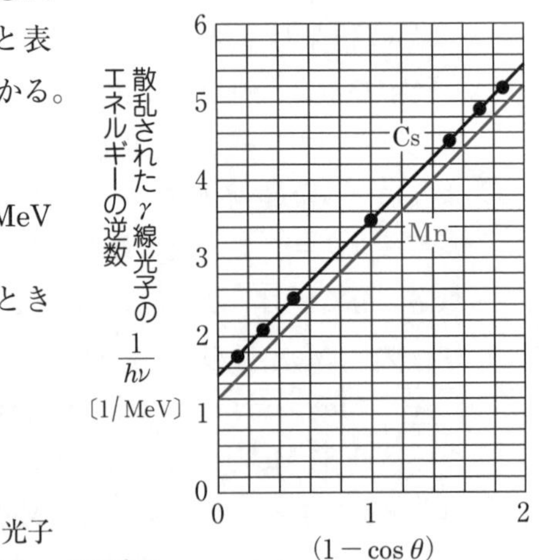

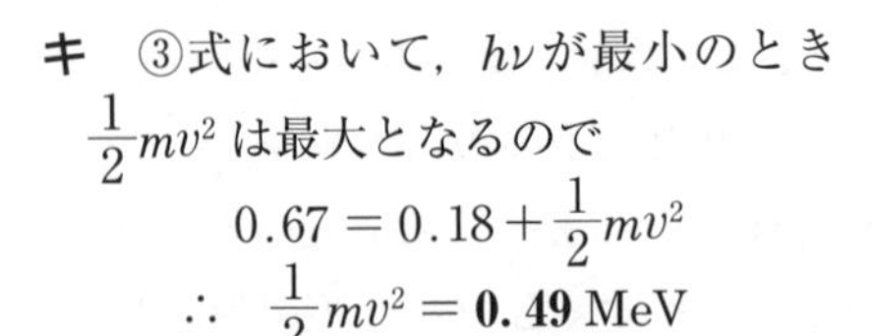

キ　③式において，$h\nu$が最小のとき
$\dfrac{1}{2}mv^2$は最大となるので

$0.67=0.18+\dfrac{1}{2}mv^2$

$\therefore\ \dfrac{1}{2}mv^2=$ **0.49** MeV

これは光子が電子に正面衝突し，光子は逆方向（$\theta=180$度）に戻っていくケースである。

ク　縦軸の切片 $\dfrac{1}{h\nu_0}$ が変わり，　$\dfrac{1}{0.84} \fallingdotseq 1.2$

④′ 式で直線の傾き $\dfrac{1}{mc^2}$ は一定なので，図の赤線のようにグラフは平行線となって現れる。$\theta=90$ 度，つまり $1-\cos 90°=1$ では $y=\dfrac{1}{h\nu}=3.2$ と読みとれる。よって，$h\nu = \mathbf{0.31}$ **MeV**

ケ　$\theta = 90$ 度 のとき，①，②より

$$\frac{h\nu_0}{c} = mv\cos\phi \quad \cdots\cdots ①' \qquad \frac{h\nu}{c} = mv\sin\phi \quad \cdots\cdots ②'$$

$\dfrac{②'}{①'}$ より　　$\tan\phi = \dfrac{h\nu}{h\nu_0} = \dfrac{0.31}{0.84} \fallingdotseq \mathbf{0.37}$

Q　式 ①，②，③より，$\nu_0 - \nu \ll \nu_0$（したがって $\nu \fallingdotseq \nu_0$）を用いて，式④を導き，さらに，コンプトン効果による光の波長の伸び $\Delta\lambda$ を θ の関数として表せ。（★）

58　光の粒子性

一辺が L の立方体の容器内を振動数 ν の多数の光子が光速 c で不規則に運動している。この容器の面と光子は完全弾性衝突するものとし，プランク定数を h とする。光子の運動量の向きはその速度の向きと一致しているので，光子の運動量の x 成分は，速度の x 成分 c_x を用いて， (1) $\times c_x$ と書ける。さて，$c_x>0$ として，t 秒間に1個の光子がx軸に垂直な面Sに衝突する回数は (2) であり，その間に面Sが受ける力積は (3) となる。光子の運動方向は十分不規則であり，$c_x{}^2$ の平均値 $\overline{c_x{}^2}$ は $\overline{c_x{}^2}=$ (4) $\times c^2$ と書ける。そこで，容器内の光子数を N とすると，全光子から面 S が受ける力は (5) と表される。したがって，この光子気体の圧力 P は，体積 V を用いて (6) となり，単位体積あたりのエネルギー U を用いると，$P=$ (7) と書ける。

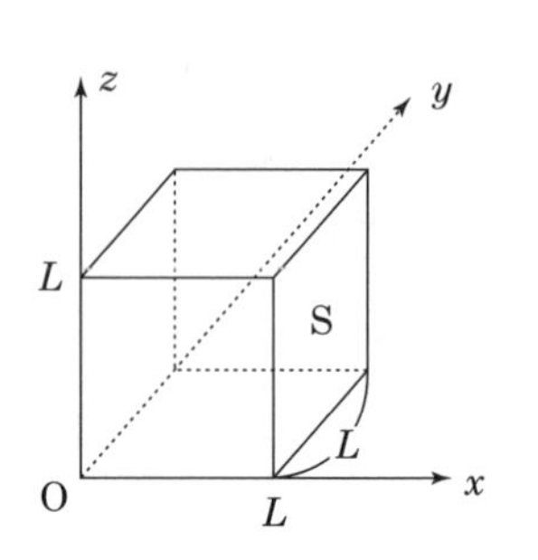

（名古屋大＋東北大＋大阪公立大）

Level　(1)〜(7) ★

Point & Hint

光の圧力(光圧)の問題。気体の分子運動論をバックグラウンドとして解いていく。

LECTURE

(1)　光子の速度ベクトルと運動量ベクトルは右のようになる。 $c_x=c\cos\theta$ であり

$$p_x=\frac{h\nu}{c}\cos\theta=\boldsymbol{\frac{h\nu}{c^2}}\times c_x$$

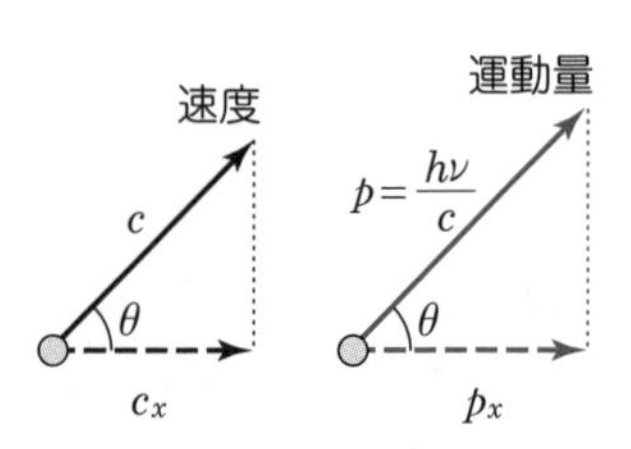

(2)　光子は x 方面に $2L$ の距離を動くごとにSと衝突する。c_x は不変で，t 秒間には

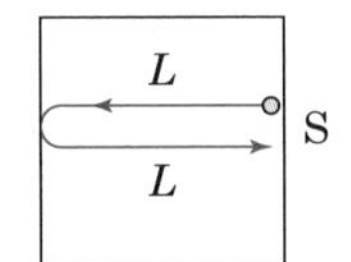

$c_x t$ の距離を動くから，衝突回数nは

$$n = \frac{\boldsymbol{c_x t}}{\boldsymbol{2L}}$$

(3)　Sとの１回の衝突で光子が受ける力積はその運動量の変化に等しく，　$-p_x - p_x = -2p_x$

作用・反作用の法則より光子がSに与える力積は

$2p_x = \dfrac{2h\nu}{c^2}c_x$　　よって，t秒間での力積I_tは

$$I_t = 2p_x \times n = \frac{2h\nu}{c^2}c_x \cdot \frac{c_x t}{2L} = \boldsymbol{\frac{h\nu c_x{}^2}{c^2 L}t}$$

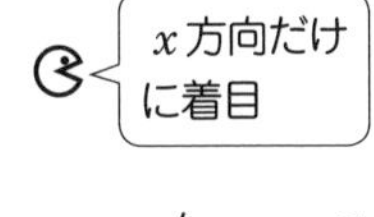

(4)　三平方の定理より　　$c^2 = c_x{}^2 + c_y{}^2 + c_z{}^2$

いろいろな光子について平均をとると c^2 は一定だから

$$c^2 = \overline{c_x{}^2} + \overline{c_y{}^2} + \overline{c_z{}^2}$$

x，y，z のどの方向でも光子の運動は同等だから　$\overline{c_x{}^2} = \overline{c_y{}^2} = \overline{c_z{}^2}$

$$\therefore \quad c^2 = 3\overline{c_x{}^2} \qquad \therefore \quad \overline{c_x{}^2} = \boldsymbol{\frac{1}{3}} \times c^2$$

(5)　全光子がSに与える力積は(3),(4)より $N \cdot \overline{I_t} = \dfrac{Nh\nu}{3L}t$ であり，面Sにかかる力をFとすると，この結果はFtに等しいはずだから　　$F = \boldsymbol{\dfrac{Nh\nu}{3L}}$

(6)　$P = \dfrac{F}{L^2} = \dfrac{Nh\nu}{3L^3} = \boldsymbol{\dfrac{Nh\nu}{3V}}$

(7)　N個の光子のエネルギーは $N \times h\nu$ だから

$$U = \frac{Nh\nu}{V} \qquad \therefore \quad P = \boldsymbol{\frac{1}{3}U}$$

気体分子(質量m，速さv)の場合には，$P = \dfrac{Nm\overline{v^2}}{3V}$ となり，

$U = (N \times \dfrac{1}{2}m\overline{v^2})/V$ より $P = \dfrac{2}{3}U$ となる。

Q　容器が半径rの球形のときについて圧力Pを求め，ν, h, N, r で表せ。「力学・熱・波動Ｉ」編の問題**48**を参考にしてもよい。(★★)

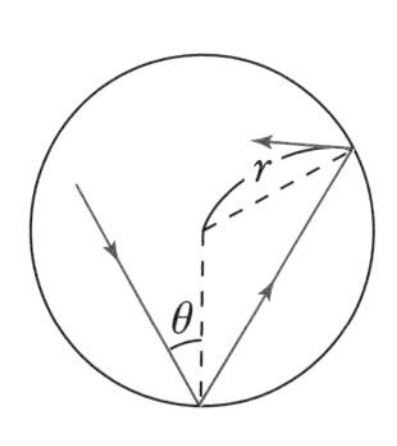

59 X線管・物質波

X線は，真空管内で高電圧で加速された電子が金属板に衝突するときに発生する。ある電圧の下で発生したX線の強度と波長の関係(スペクトル)を調べたところ，図1のように連続X線Aと固有X線B，Cとから構成されていた。プランク定数 $h=6.6\times10^{-34}$〔J·s〕，電気素量 $e=1.6\times10^{-19}$〔C〕，光速 $c=3.0\times10^{8}$〔m/s〕，電子の質量 $m=9.0\times10^{-31}$〔kg〕とし，電子の初速は0とする。

(1)　実験で使用した電圧を求めよ。また，電圧を増したときスペクトルがどのように変化するかを30字以内で簡潔に述べよ。

固有X線のCのみを取り出し，図2のように原子面の間隔が d である結晶に対して，原子面に θ の角度で入射させて，θ を変化させながら反射X線の強度 I を測定した。

(2)　θ を0°近くから増加したとき，I が4回目の極大を示した角度が $\theta=30°$ であった。結晶の d を求めよ。また，θ を90°まで増していくと全体で何回の極大が起こるか。

次に，同じ結晶に対して，X線のかわりに，電圧 V で加速された電子線を図2のように入射させて，V を変化させながら反射電子線の強度 R を測定した。

(3)　加速電圧 V と電子線の波長 λ_e の関係式を示せ。

(4)　θ を30°に固定したとき，1〔kV〕$\leqq V\leqq$ 2〔kV〕の範囲において R が極大を示す回数を求めよ。　(筑波大)

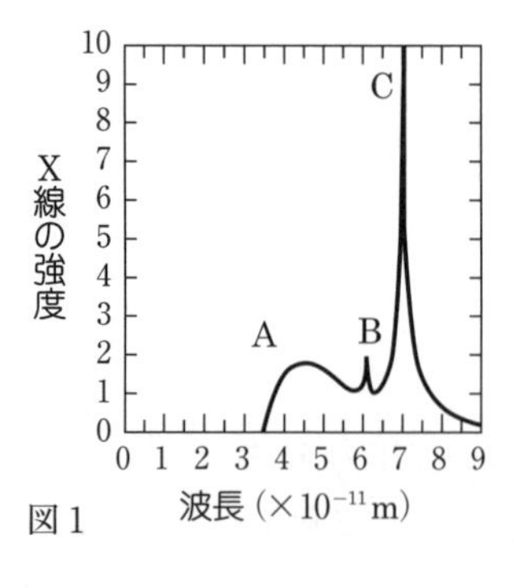

図1

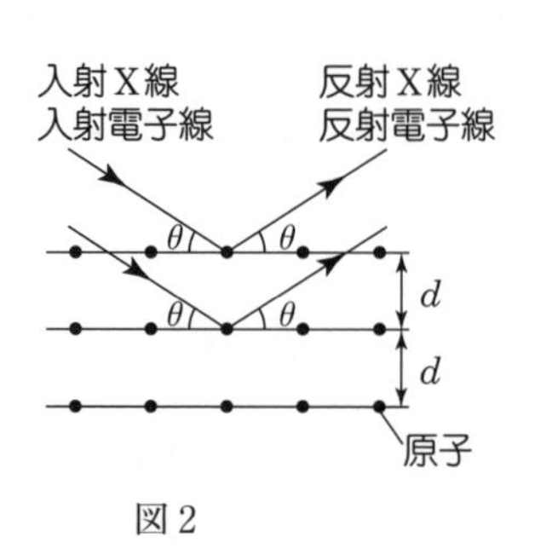

図2

Level　(1)〜(3) ★　(4) ★

Base　物質波

物質波の波長　$\lambda = \dfrac{h}{mv}$

※ 速さ v で動く質量 m の粒子が波動性を現すときの波長

Point & Hint

光に限らず，電子や中性子などの粒子も**二重性**(粒子性と波動性)を示す。

(1) 装置はX線管とよばれる。連続X線Aのうちの最短波長に注目する。衝突によって電子のもつ運動エネルギーがすべてX線光子1個のエネルギーとなっている。論述はこの最短波長と固有X線について述べること。

(2) 波動としての現象で，ブラッグ反射とよばれる。波が干渉して強め合う条件は，

$$2d\sin\theta = n\lambda \quad (n\text{は自然数})$$

(3), (4) 電子が波動としてふるまっている。

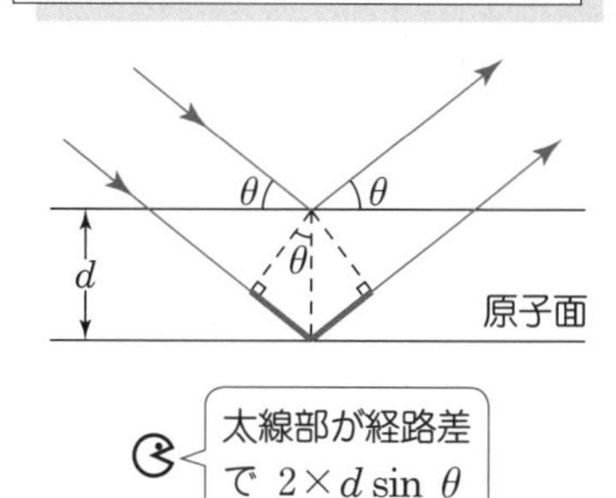

太線部が経路差で $2\times d\sin\theta$

LECTURE

(1)　加速電圧を V_0〔V〕とすると，衝突直前の電子の運動エネルギーは eV_0〔J〕。最短波長を $\lambda_{\min}$ とすると

$$eV_0 = h\frac{c}{\lambda_{\min}} \qquad \therefore \quad V_0 = \frac{hc}{e\lambda_{\min}} = \frac{6.6\times10^{-34}\times3.0\times10^{8}}{1.6\times10^{-19}\times3.5\times10^{-11}} \fallingdotseq \mathbf{3.5\times10^{4}}\ \text{〔V〕}$$

電圧 V_0 を増すと，**Aの最短波長は短くなるが，BとCの波長は変わらない**。固有X線(特性X線)B，Cの波長は金属板の原子(のエネルギー準位の差)で決まっている。

(2)　公式 $2d\sin\theta = n\lambda$ で，d と λ は一定値。そこで，θ を増していくと n も 1，2…と増していくので，4回目なら

$$2d\sin30^\circ = 4\lambda$$

$$\therefore \quad d = 4\lambda = 4\times7.0\times10^{-11} = \mathbf{2.8\times10^{-10}}\ \text{〔m〕}$$

原子面間隔は1 nm以下　これは常識

$2d\sin\theta = n\lambda$ と $0 < \sin\theta \leqq 1$ より　$0 < \dfrac{n\lambda}{2d} \leqq 1$

$$\therefore \quad 0 < n \leqq \frac{2d}{\lambda} = \frac{2\times2.8\times10^{-10}}{7.0\times10^{-11}} = 8 \qquad \therefore \quad \mathbf{8回}$$

(3)　電圧 V で加速された電子の速さを v とすると

$$eV = \frac{1}{2}mv^2 \quad \cdots\cdots① \qquad \therefore \quad v = \sqrt{\frac{2eV}{m}}$$

$$\therefore \quad \boldsymbol{\lambda}_{\mathrm{e}} = \frac{h}{mv} = \frac{\boldsymbol{h}}{\sqrt{\boldsymbol{2meV}}}$$

①の右辺を $(mv)^2/2m$ と変形すると，物質波の波長の計算に必要な運動量 mv が $mv = \sqrt{2meV}$ と手早く取り出せる。

(4) ブラッグ条件は　$2d\sin 30^\circ = n\dfrac{h}{\sqrt{2meV}}$

$$\therefore \quad V = \frac{h^2}{2med^2}n^2 = \frac{(6.6\times10^{-34})^2 n^2}{2\times9.0\times10^{-31}\times1.6\times10^{-19}\times(2.8\times10^{-10})^2}$$

$$= 19.3\,n^2$$

$$1000 \leqq V = 19.3\,n^2 \leqq 2000 \quad より$$

$$7.2 \leqq n \leqq 10.2$$

よって，$n = 8,\ 9,\ 10$ で　**3回**

なお，$51.8 \leqq n^2 \leqq 103.6$ としておいて，nの値を見つける方が計算しやすい。nが自然数であることを生かしたい。

Q1 固有X線Cに対応する，金属板を構成する原子のエネルギー準位の差は何〔J〕か。また，何〔eV〕か。(★)

Q2 電子線の場合は，詳しくいうと結晶で屈折が起こる。結晶の内部は外部より V_1 だけ電位が高いため電子波の波長が λ_e から λ_e' に変わることによる。

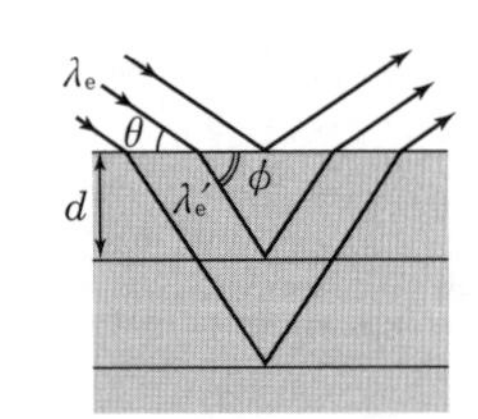

(ア) ブラッグ条件を ϕ，λ_e'，d，自然数 n で表せ。(★)

(イ) 屈折の法則を考えて，ブラッグ条件を θ，d，V，V_1，m，e，h と n で表せ。(★★)

60　原子構造

　μ中間子は電子と同じ電荷($-e$)をもち，質量がその 207 倍の粒子である。このμ中間子は物質中で止められると原子核に引き寄せられ，原子内の電子の 1 つと入れ替わって〝中間子〟原子をつくることがある。質量が大きいためμ中間子は電子よりも原子核に近づき，原子番号の大きな原子核の場合，基底状態では原子核の内部にさえ入ることがある。

　いま原子番号Zの原子核のまわりをただ 1 個のμ中間子が円軌道を描いて回っているとする。原子核はμ中間子に比べて十分重く動かないものとしてよい。

(1)　量子数をnとする。μ中間子の軌道半径r_nを，水素原子の基底状態における電子の軌道半径 a_1 で表す式を導け。

(2)　中間子原子のエネルギー準位 E_n を水素原子のエネルギー準位 $E_{n\mathrm{H}}$ で表せ。

(3)　中間子原子が第 3 励起状態から第 2 励起状態へ移るときに放出する光の波長λを，水素原子が同じ状態間で放出する光の波長 λ_{H} で表せ。

(京都府医大)

Level　(1)★　(2),(3)★★

Point & Hint

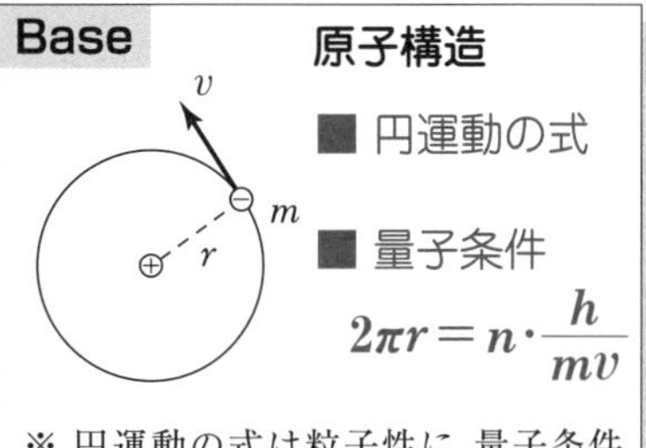

　原子構造は,電子の軌道半径 r と速さ vを未知数として，クーロン力(静電気力)を向心力とする等速円運動の式と，量子条件の連立で解く。水素原子なら典型かつ標準。

(1) 中間子原子について r_n を求めてみる。水素原子については，同じような計算をくり返したくないので…。

(2) エネルギー E は,中間子(あるいは電子)の運動エネルギー $\dfrac{1}{2}mv^2$ とクーロン力による位置エネルギーUの和。Uがきちんと書き下せるかどうか。静電気の分野で学んだはず。vを求めなくても，円運動の式を利用すると，E は r だけの関数となる。

(3) 放出される光の振動数をνとすると，　**$h\nu$ = エネルギー準位の差**

第1励起状態とは量子数nがいくつにあたるのか？　うっかりしやすい。

LECTURE

(1)　μ 中間子の質量を m とする。原子核の電荷は $+Ze$ なので，円運動の式は

$$m\frac{v^2}{r}=k\frac{Ze\cdot e}{r^2}\quad\cdots\cdots①$$

量子条件は　$2\pi r=n\cdot\dfrac{h}{mv}\quad\cdots\cdots②$

①, ②よりvを消去して　$r=\dfrac{n^2h^2}{4\pi^2ke^2mZ}(=r_n)\quad\cdots\cdots③$

水素原子の場合は，$Z=1$ とし，中間子の質量 m は電子の質量 m_e に置き換えればよい。基底状態は $n=1$ であり

$$a_1=\frac{h^2}{4\pi^2ke^2m_e}\qquad\therefore\quad r_n=\frac{n^2m_e}{mZ}a_1=\boldsymbol{\frac{n^2a_1}{207Z}}\qquad(\because\ m=207m_e)$$

μ中間子の基底状態での軌道半径は，水素原子のa_1(ボーア半径)の $\dfrac{1}{207Z}$ 倍と非常に小さい。そこで原子核の研究に利用された。

(2)　$E=\dfrac{1}{2}mv^2+(-e)\dfrac{k\cdot Ze}{r}=\dfrac{kZe^2}{2r}-\dfrac{kZe^2}{r}=-\dfrac{kZe^2}{2r}$

↖ ①を用いて v^2 を消した

$$\therefore\quad E_n=-\frac{2\pi^2k^2e^4mZ^2}{n^2h^2}\quad\cdots\cdots④$$

水素原子の場合は，$Z=1$とし，mを m_e として

$$E_{nH}=-\frac{2\pi^2k^2e^4m_e}{n^2h^2}\quad\cdots\cdots⑤$$

$\dfrac{④}{⑤}$ より　$\dfrac{E_n}{E_{nH}}=\dfrac{mZ^2}{m_e}$　　$\therefore\quad E_n=\boldsymbol{207Z^2E_{nH}}$

(3)　第1励起状態は $n=2$ に，第2励起状態は $n=3$ にあたるので

$$h\frac{c}{\lambda}=E_4-E_3=207Z^2(E_{4H}-E_{3H})=207Z^2\cdot h\frac{c}{\lambda_H}$$

$$\therefore\quad \lambda=\boldsymbol{\frac{1}{207Z^2}\lambda_H}$$

61　原子構造・波動・力学

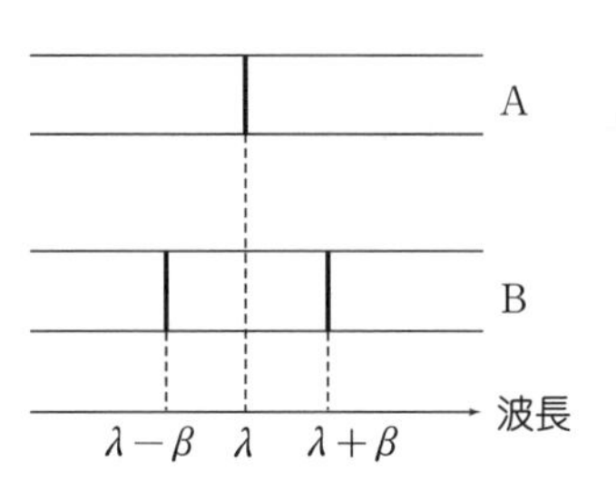

質量の等しい2つの星が互いを結ぶ線分の中点を中心として，平面内で等速円運動をしている。この平面内で，回転の中心から十分遠方に静止している観測者が，星の出す光の中の水素の線スペクトルを観測した。

時刻 $t=0$ では図Aのような波長 λ の1本のスペクトル線が観測され，時刻 $t=t_0$ では図Bのような波長 $\lambda-\beta$ および $\lambda+\beta$ の2本のスペクトル線，時刻 $t=2t_0$ では再び図Aのようなスペクトル線が観測された。β は λ に比べて十分に小さく，星の大きさは2つの星の間隔に比べて無視できるほど小さいものとする。

光速を c，プランク定数を h，万有引力定数を G とする。また，量子数 n の水素原子のエネルギー準位 E_n は $E_n=-\dfrac{hcR}{n^2}$（R はリュードベリ定数）で与えられる。

(1)　波長 λ の線はバルマー系列の中で最も波長の長いものである。λ を R で表せ。なお，以下の問では λ を用いて答えよ。

(2)　バルマー系列の中で最も短い波長 $\lambda_{\min}$ はいくらか。

(3)　水素のイオン化エネルギー（基底状態の水素の電離エネルギー）I はいくらか。c，h，λ で表せ。

(4)　1つの星の円運動の周期 T はいくらか。

(5)　星の速さ v はいくらか。

(6)　円運動の半径 r はいくらか。また，1つの星の質量 m はいくらか。

（名古屋大＋大阪公立大）

Level　(1), (2) ★　(3) ★　(4) ★　(5), (6) ★

Point & Hint　原子，波動，力学の総合問題。(1), (2) バルマー系列は $n\geqq 3$ の軌道から $n=2$ の軌道へ電子が移るとき出される一群の光である。　(4), (5) 波長が変化するのはなぜ？　光源が動いているのだから起こっている現象は…。

図を描かないと落とし穴にはまる。 (6) 万有引力の計算でミスをしやすい。

LECTURE

(1) バルマー系列で波長が最も長いから，振動数は最も小さく($c=\nu\lambda$ より)，光子のエネルギーは最小。つまり，エネルギー準位差が最小だから $n=3$ から $n=2$ への遷移と決まる。そこで

$$h\frac{c}{\lambda}=E_3-E_2=-\frac{hcR}{3^2}-\left(-\frac{hcR}{2^2}\right) \qquad \therefore\ \lambda=\boldsymbol{\frac{36}{5R}}$$

(2) $\lambda_{\min}$ は，逆に最大のエネルギー準位差の遷移に対応し，$n=\infty$ から $n=2$ と決まる。

$$h\frac{c}{\lambda_{\min}}=E_\infty-E_2=0-\left(-\frac{hcR}{2^2}\right) \qquad \therefore\ \lambda_{\min}=\frac{4}{R}=\boldsymbol{\frac{5}{9}\lambda}$$

(3) $n=1$ から $n=\infty$(電離状態)に移すのだから

$$I=E_\infty-E_1=0-\left(-\frac{hcR}{1^2}\right)=hcR=\boldsymbol{\frac{36hc}{5\lambda}}$$

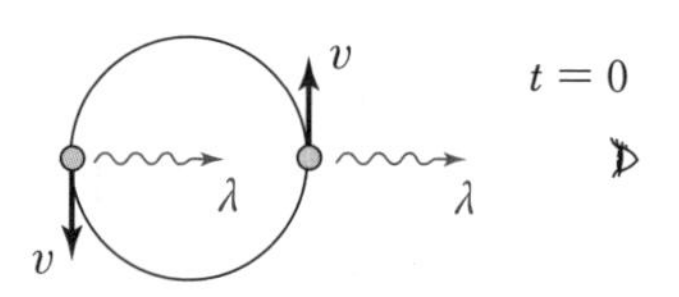

(4) 星の速度の向きが視線方向と直角をなすとドップラー効果は起こらないから，右のように $2t_0$ の間に星は半周している。よって，周期は　$T=\boldsymbol{4t_0}$

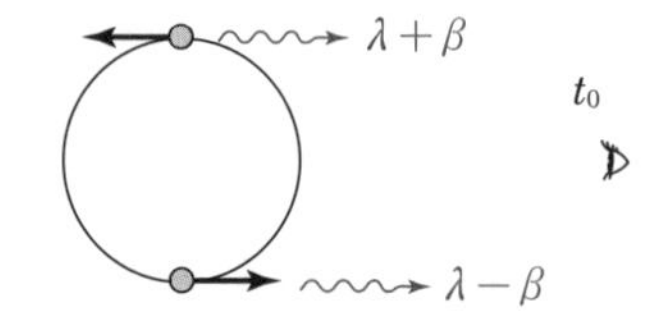

(5) ドップラー効果が起こっている。λ の光の振動数を f，$\lambda-\beta$ の光の振動数を f' とすると　　$f'=\dfrac{c}{c-v}f$

$$\frac{c}{\lambda-\beta}=\frac{c}{c-v}\cdot\frac{c}{\lambda} \qquad \therefore\ v=\boldsymbol{\frac{\beta}{\lambda}c}$$

なお，$\lambda+\beta$ の光で計算しても同じ結果になる。

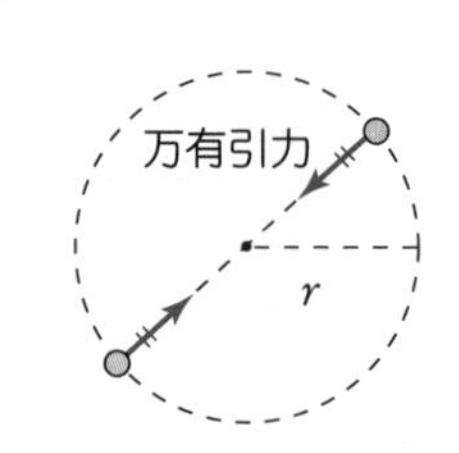

(6) 一周 $2\pi r$ を速さ v で回るから　$T=\dfrac{2\pi r}{v}$

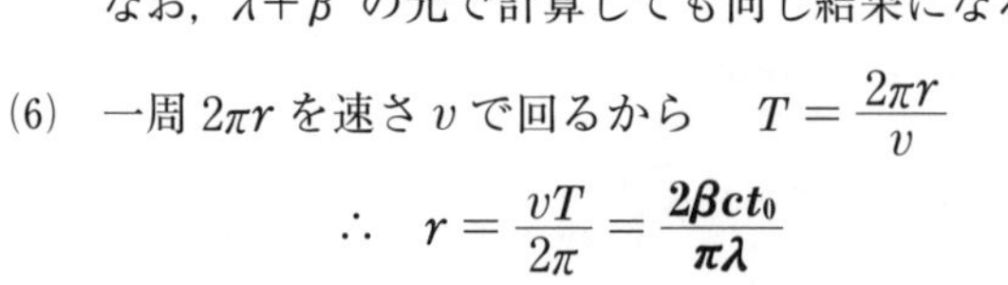

$$\therefore\ r=\frac{vT}{2\pi}=\boldsymbol{\frac{2\beta ct_0}{\pi\lambda}}$$

円運動の式は　$m\dfrac{v^2}{r}=G\dfrac{m\cdot m}{(2r)^2}$

$$\therefore\ m=\frac{4rv^2}{G}=\boldsymbol{\frac{8t_0}{\pi G}\left(\frac{\beta c}{\lambda}\right)^3}$$

62　原子構造・分子運動論

光速をc，プランク定数をhとして，次の(1)〜(8)には式を，(9)〜(11)には有効数字2けたの数値を記入せよ。

静止したままの水素原子がエネルギー準位E_lの励起状態からE_nの状態に移るとき放射する光の振動数は$\nu_0=$ (1) であり，その波長をλ_0とする。

さて，水素原子気体から放射される光の線スペクトルを観測する。原子は乱雑な運動をしている。いま，速さvで動くE_lの状態の水素原子（質量m）が，進行方向から角度θの方向に振動数νの光子を放出した。

原子はE_nの状態に移り，初めの進行方向から角度ϕの方向に速さuで進行した。このときのエネルギー保存則は (2) ，運動量保存則は (3) と (4) で表される。したがって，ν_0はm，h，ν，v，θおよびcを用いて$\nu_0=$ (5) となる。ここで$mc^2\gg h\nu$を考慮すると，動いている水素原子が出す光の波長λは，λ_0，v，cおよびθを用いて，近似的に$\lambda=$ (6) となる。したがって，速さ一定で色々な方向に運動している水素原子が出す光の波長は，ある幅をもってひろがっている。この幅は，それを最大に見積もったとき，v，cおよびλ_0を用いて，$\Delta\lambda=$ (7) で与えられる。

単原子気体中の原子の2乗平均速度$\sqrt{\overline{v^2}}$は，気体1molの質量M〔kg〕，気体定数Rおよび絶対温度Tを用いて，$\sqrt{\overline{v^2}}=$ (8) で与えられる。さて，ボーア模型によると，E_nはリュードベリ定数R_Hを用いて，$E_n=-hcR_H\cdot\frac{1}{n^2}$と表される，静止したままの水素原子が$n=4$の状態から，$n=2$の状態に移るとき出す光の波長$\lambda_0$は (9) mである。また，100℃の水素原子気体の場合，$\sqrt{\overline{v^2}}$は (10) m/sである。そこで，さきの気体中の水素原子の速さvとして$\sqrt{\overline{v^2}}$をとると，波長λ_0の輝線の幅$\Delta\lambda$は (11) mとなる。

定数：$m=1.7\times10^{-27}$〔kg〕，$h=6.6\times10^{-34}$〔J・s〕，$c=3.0\times10^{8}$〔m/s〕，$R=8.3$〔J/(mol・K)〕，$R_H=1.1\times10^{7}$〔m^{-1}〕　（大阪大）

Level　(1) ★★　(2)〜(4) ★　(5)〜(7) ★★　(8), (9) ★　(10), (11) ★

Point & Hint

(2) エネルギー準位も考慮する。エネルギー保存則は関連するエネルギーをすべて含めなければならない。

(3), (4) 図を描くことが先決。

(5) まず ϕ を消去し，次に u を消去していく。

LECTURE

(1)　$h\nu_0 = E_l - E_n$　……①　より　$\boldsymbol{\nu_0 = \dfrac{E_l - E_n}{h}}$

(2)　関連するのは，運動エネルギー，光子のエネルギー $h\nu$，それにエネルギー準位だから

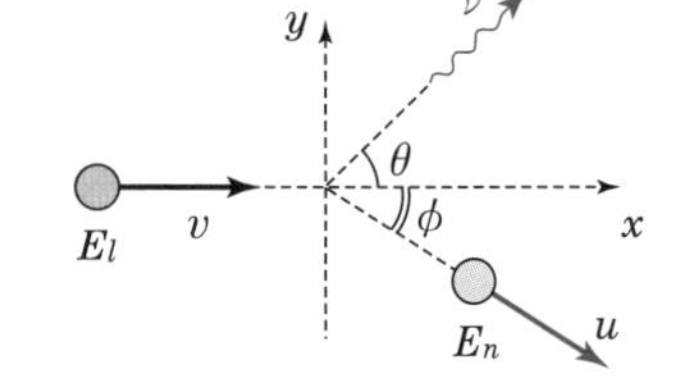

$$\boldsymbol{\frac{1}{2}mv^2 + E_l = \frac{1}{2}mu^2 + h\nu + E_n} \quad \cdots\cdots ②$$

$\dfrac{1}{2}mv^2 + (E_l - E_n) = \dfrac{1}{2}mu^2 + h\nu$ と記してもよい。エネルギー準位差 $E_l - E_n$ が光子を生み出し，運動エネルギーにも影響を与えたという，①の延長線上にある見方である。

(3), (4)　はじめの進行方向（x 方向）と垂直方向（y 方向）について

x 方向：　$\boldsymbol{mv = \dfrac{h\nu}{c}\cos\theta + mu\cos\phi}$　……③

y 方向：　$\boldsymbol{0 = \dfrac{h\nu}{c}\sin\theta - mu\sin\phi}$　……④

y 方向の運動量はないので，$\dfrac{h\nu}{c}\sin\theta = mu\sin\phi$ と記してもよい。光子と原子は x 軸をはさんで上・下逆方向に飛んでいるはずである。

(5)　③より　$(mu\cos\phi)^2 = \left(mv - \dfrac{h\nu}{c}\cos\theta\right)^2$　……③′

④より　$(mu\sin\phi)^2 = \left(\dfrac{h\nu}{c}\sin\theta\right)^2$　……④′

③′＋④′ で ϕ を消去して，u^2 を求めると

$$u^2 = v^2 - \frac{2h\nu}{mc}v\cos\theta + \left(\frac{h\nu}{mc}\right)^2 \quad \cdots\cdots ⑤$$

一方，②より　$E_l - E_n = h\nu - \frac{m}{2}(v^2 - u^2)$

ここで①と⑤を用いると　$h\nu_0 = h\nu - h\nu\frac{v}{c}\cos\theta + \frac{h^2\nu^2}{2mc^2}$

$$\therefore\quad \nu_0 = \nu\left(1 - \frac{v}{c}\cos\theta + \frac{h\nu}{2mc^2}\right) \quad\cdots\cdots⑥$$

(6)　⑥で $\frac{h\nu}{2mc^2}$ は無視できるので　　$\nu_0 \fallingdotseq \nu\left(1 - \frac{v}{c}\cos\theta\right)$ ……⑦

$c = \nu_0\lambda_0$ と $c = \nu\lambda$ を用いると　$\lambda = \boldsymbol{\lambda_0\left(1 - \frac{v}{c}\cos\theta\right)}$ ……⑧

(7)　⑧より λ は　$\cos\theta = 1$（$\theta = 0$）のとき最小で，$\cos\theta = -1$（$\theta = \pi$）のとき最大だから

$$\Delta\lambda = \lambda_0\left(1 + \frac{v}{c}\right) - \lambda_0\left(1 - \frac{v}{c}\right) = \boldsymbol{\frac{2v}{c}\lambda_0}$$

(8)　分子運動論の公式 $\frac{1}{2}m\overline{v^2} = \frac{3}{2}\cdot\frac{R}{N_A}T$（$N_A$：アボガドロ定数）より

$$\sqrt{\overline{v^2}} = \sqrt{\frac{3RT}{mN_A}} = \sqrt{\boldsymbol{\frac{3RT}{M}}}$$

Mは分子量ではなく，1モルの質量。

(9)　$h\nu_0 = h\frac{c}{\lambda_0} = E_4 - E_2 = -hcR_H\left(\frac{1}{4^2} - \frac{1}{2^2}\right)$

$$\therefore\quad \lambda_0 = \frac{16}{3R_H} = \frac{16}{3\times1.1\times10^7} = 4.84\cdots\times10^{-7} \fallingdotseq \mathbf{4.8\times10^{-7}}\ \mathrm{m}$$

(10)　水素の原子量は1で，1モルは1〔g〕＝1×10^{-3}〔kg〕だから

$$\sqrt{\overline{v^2}} = \sqrt{\frac{3\times8.3\times(273+100)}{1\times10^{-3}}} = 3.04\cdots\times10^3 \fallingdotseq \mathbf{3.0\times10^3}\ \mathrm{m/s}$$

$N_A = 6.0\times10^{23}$ を用いて $M = mN_A$ としてもよい。いずれにしろ知識が必要。

(11)　$\Delta\lambda = \frac{2v}{c}\lambda_0 = \frac{2\times3.0\times10^3}{3.0\times10^8}\times4.8\times10^{-7} = \mathbf{9.6\times10^{-12}}\ \mathrm{m}$

途中計算は1桁余分にとるのが望ましい。すると

$$\Delta\lambda = \frac{2\times3.04\times10^3}{3.0\times10^8}\times4.84\times10^{-7} = \mathbf{9.8\times10^{-12}}\ \mathrm{m}$$

Q1　運動量保存則をベクトルで表し，余弦定理より⑤式を導け。（★）

Q2　実際には水素原子はほぼ等速度で動く（$u \fallingdotseq v$, $\phi \fallingdotseq 0$）。すると，⑦式は即座に得られる。どのような観点でこの現象を見直せばよいか。（★）

63 原子核

1930年にボーテらは，ベリリウムにα線を当てたところ，原子核反応が起こって未知の放射線が放出されることを発見した。この放射線は電場や磁場中を直進し，非常に大きな透過力をもっていた。そこで，イレーヌ・キュリーらは，この放射線をγ線と考えた。そして水素を含む物質に当てたところ，陽子が最大約5〔MeV〕のエネルギーをもってたたき出されることを見いだし，γ線のエネルギーを見積もった。

γ線光子のエネルギーをEとすると，光速cを用いて，運動量は［ ア ］と表せる。静止している陽子にγ線光子が弾性衝突してはね返り，最大5.0〔MeV〕のエネルギーを陽子に与えるためには，γ線のエネルギーは［ イ ］〔MeV〕でなければならない。ただし，陽子の質量は1000〔MeV〕のエネルギーに相当するとし，有効数字2桁で答えよ。

1932年にチャドウィックは，この未知の放射線は原子核反応，$^{9}_{4}\mathrm{Be}+\alpha \longrightarrow$［ ウ ］$+\gamma$ によって発生したγ線であるとして，そのエネルギーをこれらの原子核の質量の値から計算したが，その結果は14〔MeV〕で，キュリーらが見積もったような大きい値にはならなかった。そこで彼は，未知の放射線がγ線ではなく，質量Mをもつ電気的に中性な粒子であると考えた。そして，未知の放射線を水素だけでなく，窒素にも当てて，たたき出される陽子と窒素原子核の最大速度を測定した。中性粒子が速度Vで，静止している質量Xの原子核と弾性正面衝突し，原子核が速度V_{X}ではねとばされたとすると，$V_{\mathrm{X}}=$［ エ ］と表される。したがって，窒素原子核の質量は陽子の質量の14倍とし，はねとばされた陽子と窒素原子核の最大速度をV_{p}とV_{N}とすれば，中性粒子の質量Mと陽子の質量M_{p}との比は，$M/M_{\mathrm{p}}=$［ オ ］と表される。彼はV_{p}とV_{N}の測定値からこの比はほぼ1に等しいという結果を得た。こうして，陽子とほとんど同じ質量をもつ中性子が発見されることになった。なお，正しい核反応式は，中性子をnとして，　$^{9}_{4}\mathrm{Be}+\alpha \longrightarrow$［ カ ］$+\mathrm{n}$　と表される。　(京都大)

Level ア★ イ★★ ウ★ エ,オ★ カ★

Point & Hint

イ 2つの保存則がベースとなる。陽子(水素原子核)の運動エネルギーをKとして運動量をKとM_Pを用いて表す。文字式で追いかけ最後に数値を代入する。その際，$M_Pc^2 = 1000$〔MeV〕に注意する。

ウ 原子核反応式では，反応の前後で，質量数の和と原子番号の和が不変となる。前者は核子数保存則に，後者は電荷保存則に基づく。

LECTURE

ア γ線の振動数をνとすると $E = h\nu$

運動量pは $p = \dfrac{h\nu}{c} = \boldsymbol{\dfrac{E}{c}}$

イ 衝突後の陽子の運動エネルギーをK，γ線光子のエネルギーをE'とする。エネルギー保存則より

$$E = E' + K \quad \cdots\cdots①$$

陽子の速さをV_pとすると $K = \dfrac{1}{2}M_pV_p{}^2 = \dfrac{(M_pV_p)^2}{2M_p}$ より

$$M_pV_p = \sqrt{2M_pK}$$

そこで運動量保存則は $\dfrac{E}{c} = -\dfrac{E'}{c} + \sqrt{2M_pK} \quad \cdots\cdots②$

①,②よりE'を消去して $E = \dfrac{1}{2}(\sqrt{2M_pc^2K} + K) \quad \cdots\cdots③$

$$= \frac{1}{2}(\sqrt{2 \times 1000 \times 5} + 5) \fallingdotseq \mathbf{53}\text{〔MeV〕}$$

エネルギーの単位は通常は〔J〕だが，③のすべての量，E，M_pc^2，Kがエネルギーだから，〔MeV〕で統一しても構わない。

ウ α線は，${}^4_2\mathrm{He}$原子核であり，光子γは${}^0_0\gamma$なので，求める原子核の質量数をA，原子番号をZとすると，$9+4=A+0$ より $A=13$ また，$4+2=Z+0$ より $Z=6$ したがって $\boldsymbol{{}^{13}_{6}\mathrm{C}}$

エ 衝突後の中性粒子の速度をV'とすると，運動量保存則より

$$MV = MV' + XV_X \quad \cdots\cdots④$$

弾性衝突で運動エネルギーが保存されるので

$$\frac{1}{2}MV^2=\frac{1}{2}MV'^2+\frac{1}{2}XV_X{}^2 \quad \cdots\cdots⑤$$

④, ⑤より V' を消去して整理すると

$$(M+X)V_X{}^2-2MVV_X=0$$

$V_X \fallingdotseq 0$　より　$V_X=\boldsymbol{\frac{2M}{M+X}V}$　……⑥

別解　弾性衝突は力学でいえば，反発係数 $e=1$ の衝突に相当するので

$$V'-V_X=-(V-0) \quad \cdots\cdots⑦$$

④と⑦の連立で解くと早い。しかし，反発係数の式は机上での衝突実験から得られたものなので，原子核の場合，何の断りもなく持ち出すのは感心しない。

オ　⑥より　$V_p=\frac{2M}{M+M_p}V$　　$V_N=\frac{2M}{M+14M_p}V$

$$\therefore \quad \frac{V_p}{V_N}=\frac{M+14M_p}{M+M_p}$$

ここで，$\frac{M}{M_p}=x$ とおくと，上式は

$$\frac{V_p}{V_N}=\frac{x+14}{x+1} \qquad \therefore \quad x=\boldsymbol{\frac{14V_N-V_p}{V_p-V_N}}$$

カ　nは ${}^1_0$n と表せるので，9+4=A+1　より　A=12　また，4+2 =Z+0　より　$Z=6$　したがって，　$\boldsymbol{{}^{12}_{6}C}$

なお，「放射線」は狭い意味では α 線，β 線，γ 線を指すが，広い意味では高速で飛ぶ粒子すべてを含める。高速の中性子は中性子線とよばれている。

64 原子核

相対性理論によると，質量mの粒子のエネルギーEは，真空中の光の速さをcとすると，[(1)]の関係によりmと等価であり，1 MeV のエネルギーは 0.00107 u（原子質量単位）と等価である。

静止している原子核 ^{6}Li に遅い中性子 n を当てたところ，反応

$$^6\mathrm{Li} + \mathrm{n} \longrightarrow {}^4\mathrm{He} + Ⓧ$$

が起こり，反応によって生じたエネルギーは 4.78 MeV であった。Ⓧは原子核[(2)]であり，Ⓧの質量は小数点以下5桁までで[(3)]uである。また，中性子の速さを無視し，Ⓧと^{4}Heの質量をそれぞれm_1，m_2とすれば，Ⓧの^{4}Heに対する運動エネルギーの比は[(4)]であり，生じたエネルギーの全部がⓍと^{4}Heの運動エネルギーになったとすれば，Ⓧの運動エネルギーは，有効数字3桁までで[(5)]MeVである。また，Ⓧはβ線を出して原子核[(6)]になることが知られている。なお，^{6}Li，n 及び^{4}Heの質量は

^{6}Li：6.01513 u，　n：1.00867 u，　^{4}He：4.00260 u

である。　（新潟大）

Level　(1) ★★　(2), (3) ★　(4), (5) ★　(6) ★

Point & Hint

(3) 原子核反応では質量保存の法則は成立しない。エネルギー保存則では静止エネルギーmc^2を考慮しなければならない。通常は，まず，**反応で失われる質量Δmを調べ，反応で発生するエネルギーΔmc^2に直す。その分，全体の運動エネルギーが増える。**ここでは少し変則的になっている。

(4) ある保存則が成り立っている。事実上，分裂の問題だから…。

Base　質量とエネルギーの等価性

$$E = mc^2$$

※ 静止エネルギーとよばれる。

LECTURE

(1)　質量とエネルギーの等価性より　$\boldsymbol{E = mc^2}$

(2)　Ⓧの質量数をA，原子番号をZとする。${}^{6}_{3}\mathrm{Li}$，${}^{1}_{0}\mathrm{n}$，${}^{4}_{2}\mathrm{He}$であり，$6+1=4+A$ より，$A=3$　また，$3+0=2+Z$ より　$Z=1$　したがって，　${}^{3}_{1}\mathbf{H}$

(3)　Ⓧの質量をm_1とする。反応で失われた質量は $4.78\times0.00107\ \mathrm{u}$ だから

$$4.78\times0.00107=(6.01513+1.00867)-(4.00260+m_1)$$

$$\therefore\quad m_1=3.0160854\fallingdotseq\mathbf{3.01609}\ \mathrm{u}$$

(4)　運動量保存則を用いる。HとHeの速さをv_1，v_2とすると，初め全体が静止していたので

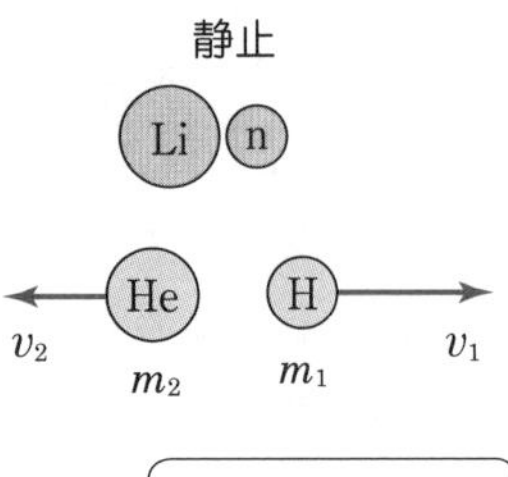

$$0=-m_2v_2+m_1v_1\qquad\therefore\quad m_2v_2=m_1v_1$$

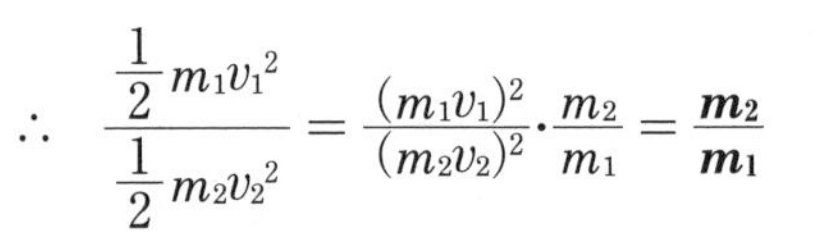

$$\therefore\quad\frac{\frac{1}{2}m_1{v_1}^2}{\frac{1}{2}m_2{v_2}^2}=\frac{(m_1v_1)^2}{(m_2v_2)^2}\cdot\frac{m_2}{m_1}=\boldsymbol{\frac{m_2}{m_1}}$$

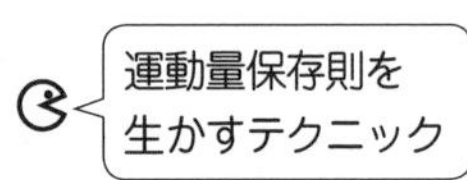

このように**静止状態から分裂すると，運動エネルギーの比は質量の逆比になる**ことは知っておくとよい。**速さの比も質量の逆比になる。**静止でなくても全運動量が0なら用いられる。力学でも利用できる定理である。

(5)　4.78 MeVを質量の逆比で分配してやればよい。そして，このような力学的な計算では質量の比は質量数の比で代用してよいから

$$4.78\times\frac{4}{3+4}=2.731\cdots\fallingdotseq\mathbf{2.73}\ \mathrm{MeV}$$

もし，詳しい質量を用いると，$4.78\times\dfrac{4.003}{3.016+4.003}=2.726\fallingdotseq2.73\ \mathrm{MeV}$

3桁の計算だから途中は4桁で十分である。厳密な質量の値は反応で失われる質量の計算だけで必要となる。

(6)　β崩壊は，原子核内の1つの中性子が陽子に変わる際，電子がβ線として放出される現象である。よって，原子番号は1増し，質量数は不変に保たれる。原子番号は2となるからヘリウムで，　${}^{3}_{2}\mathbf{He}$

65 原子核

2つの重水素原子核 $^2_1$H が十分大きな速さで衝突すると，次のような核融合反応が起こる。 $^2_1\mathrm{H}+^2_1\mathrm{H} \longrightarrow ^3_2\mathrm{He}+\mathrm{n}$ 各粒子の質量〔u〕は，$^2_1$H：2.0136 $^3_2$He：3.0150 n：1.0087 であり，1〔u〕はエネルギーに換算すると 9.3×10^2〔MeV〕である。

(1) この反応で発生するエネルギー〔MeV〕を求めよ。以下，このエネルギーはすべて運動エネルギーになるものとする。

(2) 2個の $^2_1$H が等しい運動エネルギー 0.35〔MeV〕で正面衝突した場合，反応で発生した $^3_2$He と中性子 n の運動エネルギー〔MeV〕をそれぞれ求めよ。

(3) この反応は，2つの $^2_1$H 原子核が互いに接触するくらいに近づかなければ起こらない。一方，$^2_1$H は電荷 e をもっているので近づけばクーロン力で反発する。従って，反応を起こすためにはクーロン力に打ち勝つような運動エネルギーを $^2_1$H に与えて衝突させなければならない。

2つの $^2_1$H が等しい速さで正面衝突する場合について，反応が起こるために必要な $^2_1$H の運動エネルギー K_0 を求めよ。ただし，反応は2つの $^2_1$H が接触すれば始まるものとし，$^2_1$H の半径を r_0 とする。また，クーロン定数を k_0 とする。

(4) 重水素原子の理想気体を考える。この気体中の1個の $^2_1$H がもつ平均運動エネルギーが，(3)で求めた運動エネルギーに一致するような温度 T〔K〕を求めよ。ボルツマン定数 $k=1.4\times10^{-23}$〔J/K〕，$e=1.6\times10^{-19}$〔C〕，$k_0=9.0\times10^9$〔N･m^2/C^2〕，$r_0=1.8\times10^{-15}$〔m〕とする。

(5) 2つの $^2_1$H の衝突による，次の核融合反応も考えられる。

$^2_1\mathrm{H}+^2_1\mathrm{H} \longrightarrow ^4_2\mathrm{He}$ しかし，この反応は起こりえない。その理由を2つの $^2_1$H が等しい速さで正面衝突する場合について説明せよ。ただし，$^4_2$He の質量は 4.0015〔u〕である。 （奈良女子大＋東京大）

Level　(1) ★　(2)〜(5) ★

Point & Hint

(2) 反応前の粒子が静止していても，発生したエネルギーが反応後の粒子の運動エネルギーとして使える。反応前の粒子が運動エネルギーをもっていれば，その分も含めて使える。　全運動量が０なので … ある定理が用いられる。
(3) 静電気(問題**11**)で扱った内容に過ぎない。　核力が働かないと原子核反応に入れないが，核力は２つの原子核が接するぐらい近づかないと働かない。
(5) ２つの保存則を満たせるかどうかが問われている。

LECTURE

(1)　反応で失われる質量は

有効数字は２桁！

$$2.0136\times 2-(3.0150+1.0087)=0.0035\,\text{〔u〕}$$

エネルギーに直すと　　$0.0035\times 9.3\times 10^2=3.255=\mathbf{3.3}$〔MeV〕

(2)　反応後の $^3_2$He と n の運動エネルギーの和は $0.35\times 2+3.3=4.0$〔MeV〕となる。

全運動量が０だから $^3_2$He と n の運動エネルギーの比は質量の逆比になる（☞ p 192）。

$^3_2$He：　$4.0\times\dfrac{1}{3+1}=\mathbf{1.0}$〔MeV〕

n：　$4.0\times\dfrac{3}{3+1}=\mathbf{3.0}$〔MeV〕

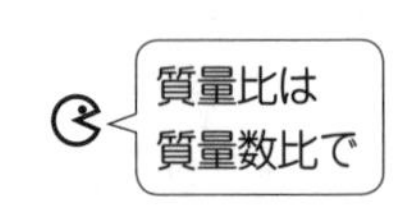

(3)　$^2_1$H の中心間距離は $2r_0$ まで近づくので，物体系についての力学的エネルギー保存則より

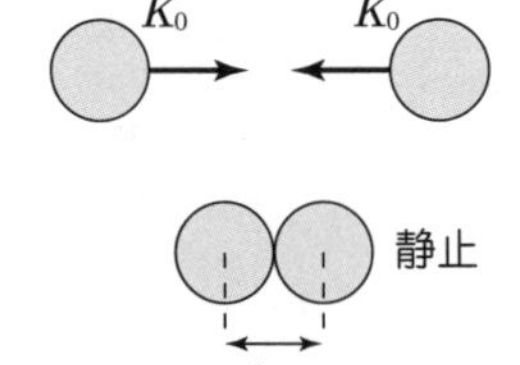

$$K_0+K_0=k_0\frac{e\cdot e}{2r_0}\qquad\therefore\quad K_0=\boldsymbol{\frac{k_0e^2}{4r_0}}$$

(4)　分子運動論によると，１個の $^2_1$H の運動エネルギー(の平均値)は $\dfrac{3}{2}kT$ と表されるから

$$\frac{3}{2}kT=\frac{k_0e^2}{4r_0}$$

$$\therefore\quad T=\frac{k_0e^2}{6kr_0}=\frac{9.0\times 10^9\times(1.6\times 10^{-19})^2}{6\times 1.4\times 10^{-23}\times 1.8\times 10^{-15}}\fallingdotseq\mathbf{1.5\times 10^9}\,\text{〔K〕}$$

ただ, 実際上は 10^8〔K〕程度あれば, 原子の中には平均よりずっと速いスピードで運動しているものもあるので, 核融合反応が起こる。いずれにしろ, 核融合を起こすには超高温の状態をつくりだす必要があり, 実用化をめざして研究が進められている。

(5)　2個の $^2_1$H の質量の和は 4.0272〔u〕で, $^4_2$He の質量より大きいので, エネルギー保存則より, $^4_2$He は運動エネルギーをもつことになる。一方, 全運動量が0だから運動量保存則より $^4_2$He は静止しなければならず, 矛盾が生じるから。

なお, 2つの $^2_1$H の速さが等しいという条件は必要ではない。というのは, 2つの $^2_1$H の重心と共に等速度で動く観測者(慣性系)から見ると, 2つは同じ速さで衝突する(※)。その観測者にとって起こらないことは, 誰が見ても起こらない。

※　2つの質量が等しいので, 重心Gは中点となる。Gから見れば2つは常に同じ距離にあり, したがって, 等しい速さで衝突する。

重心G自身が等速度で動くのは, 運動量保存則が成り立つことによる(☞エッセンス(上) p 67)。

物体系に外力が働かないからGは等速度と考えてもよい。「物体系の重心の運動は外力で決まる」ことが証明されている。たとえば, 猫を放り投げると, 猫がクルクル回転しても, 重心は放物線を描く。

66 原子核

静止している原子核Xに粒子aが衝突して原子核Yと粒子bができる核反応を　$X+a \longrightarrow Y+b+Q$　と表す。ここでQは反応のQ値と呼ばれ，反応の前後の質量変化に相当するエネルギーである。すなわち，粒子 a および b の質量をm_a，m_b，原子核XおよびYの質量をm_X，m_Yとすれば，　$Q=(m_X+m_a)c^2-(m_Y+m_b)c^2$　である。

$Q>0$の場合は発熱反応であって，Xに a がゆっくり衝突しても核反応が起こる。一方，$Q<0$の場合は吸熱反応であって，a の運動エネルギーによってエネルギーを補給しなければ核反応は起こらない。このために必要な a の運動エネルギーの最小値をこの反応の(エネルギー)しきい値という。

Ⅰ　次の発熱反応について考えよう。　$^6Li+n \longrightarrow \alpha+$ ア $+Q$

ここで^{6}Li，中性子n，α粒子および ア の質量はそれぞれ 6.0135u，1.0087u，4.0015u，3.0155u である。ただし，1uは 9.3×10^2 MeV のエネルギーに相当する。

(1)　ア の原子核は何か。また，この反応のQ値は何 MeV か。

(2)　十分遅い n が静止している^{6}Li に衝突して核反応が起こるとき，α粒子の運動エネルギーを求めよ。

Ⅱ　核反応が吸熱反応である場合のしきい値を求めてみよう。そこで，粒子 a がちょうどしきい値に等しい運動エネルギーをもって静止している原子核 X に衝突するとしよう。このときの a の速さをv_aとする。

(3)　衝突直後，a はXと一体となり，(m_a+m_X)の質量をもつ複合核を作る。a の運動エネルギーから，複合核の運動エネルギーを差し引いたものをΔKとする。ΔKをm_a，m_Xおよびv_aで表せ。

(4)　このΔKが複合核に余分に蓄えられたエネルギーであり，複合核が短時間後に原子核 Y と粒子 b になるとき，質量の不足分はΔKでちょうど補うことができる。この反応のしきい値をQ, m_aおよびm_Xで表せ。

(広島大)

Level (1) ★ (2)〜(4) ★

Point & Hint

与えられた式を $Q=\{(m_X+m_a)-(m_Y+m_b)\}c^2$ と書き変えてみると，{ }の中は反応で失われた質量であり，Q は発生するエネルギーを表している。 ふつう，核反応式では Q は書かれない。α 粒子は ${}^4_2$He 原子核のこと。

(2) nも静止しているとみなしてよい。

Ⅱでは，aの運動エネルギーをすべて質量に転化すればよさそうに思えるが，そう簡単にはことが運ばない。 それはある保存則のために反応後の粒子が静止するわけにいかないことによる。

LECTURE

(1) ていねいに表せば ${}^6_3\mathrm{Li}+{}^1_0\mathrm{n}\longrightarrow{}^4_2\mathrm{He}+$ [ア] となる。求める原子核の質量数をA，原子番号をZとすると

質量数の和が不変… $6+1=4+A$ ∴ $A=3$

原子番号の和が不変… $3+0=2+Z$ ∴ $Z=1$ よって ${}^3_1\mathbf{H}$

反応で失われた質量を求め，エネルギーに直すと

$\{(6.0135+1.0087)-(4.0015+3.0155)\}\times 9.3\times 10^2 \fallingdotseq \mathbf{4.8}$〔MeV〕

(2) 静止状態からの分裂だから，運動エネルギーの比は質量の逆比となる。

^{4}He と ^{3}H だから

$$\alpha: \quad 4.8\times\frac{3}{4+3}\fallingdotseq \mathbf{2.1}\,\text{〔MeV〕}$$

(3) 複合核の速さをvとすると，運動量保存則より

$$m_a v_a=(m_a+m_X)v \qquad \therefore\ v=\frac{m_a}{m_a+m_X}v_a$$

$$\therefore\ \Delta K=\frac{1}{2}m_a{v_a}^2-\frac{1}{2}(m_a+m_X)v^2=\boldsymbol{\frac{m_a m_X {v_a}^2}{2(m_a+m_X)}}$$

(4) Qが負であり，$-Q$のエネルギーが不足しているので，上の ΔK で補えば反応が起こる。

$$\Delta K=-Q \quad \text{より} \quad \frac{1}{2}m_a{v_a}^2=\boldsymbol{-\frac{m_a+m_X}{m_X}Q}$$

運動量保存則により反応後の粒子が動かざるを得ない(運動エネルギーをもたざるを得ない)ため，aの運動エネルギーは $|Q|$ より大きな値が必要となる。

67　原子核

リチウム $^{6}_{3}\mathrm{Li}$ と重水素 $^{2}_{1}\mathrm{H}$ の混合物を原子炉の中に入れると，次のような２段階の反応をへて，非常に大きなエネルギーをもつ中性子を作ることができる。

(a)　$^{6}_{3}\mathrm{Li}+^{1}_{0}\mathrm{n} \longrightarrow ^{4}_{2}\mathrm{He}+^{3}_{1}\mathrm{H}$　　(b)　$^{3}_{1}\mathrm{H}+^{2}_{1}\mathrm{H} \rightarrow ^{4}_{2}\mathrm{He}+^{1}_{0}\mathrm{n}$

反応(a)は，$^{6}_{3}\mathrm{Li}$ が原子炉内で熱中性子（非常にゆっくりした中性子）を吸収して，$^{4}_{2}\mathrm{He}$ と $^{3}_{1}\mathrm{H}$ を作り出す反応である。反応(b)は，反応(a)で作られた $^{3}_{1}\mathrm{H}$ が $^{2}_{1}\mathrm{H}$ と衝突して $^{4}_{2}\mathrm{He}$ と中性子を作り出す反応である。

原子核の結合エネルギーを $^{6}_{3}\mathrm{Li}$：32.0〔MeV〕，$^{4}_{2}\mathrm{He}$：28.3〔MeV〕，$^{3}_{1}\mathrm{H}$：8.5〔MeV〕，$^{2}_{1}\mathrm{H}$：2.2〔MeV〕として，有効数字２桁で答えよ。

(1)　反応(a)において，発生するエネルギーは何MeVか。

(2)　反応前の $^{6}_{3}\mathrm{Li}$ と $^{1}_{0}\mathrm{n}$ が静止していたものとする。反応(a)で生ずる $^{3}_{1}\mathrm{H}$ の運動エネルギーは何MeVか。

(3)　反応(b)において，$^{3}_{1}\mathrm{H}$ は(2)で求められた運動エネルギーで，静止している $^{2}_{1}\mathrm{H}$ に衝突する。このとき，反応(b)で生じる $^{4}_{2}\mathrm{He}$ と $^{1}_{0}\mathrm{n}$ の運動エネルギーの和は何 MeV になるか。

(4)　反応(b)で発生した中性子が，図のように入射粒子 $^{3}_{1}\mathrm{H}$ の進行方向と直角の方向に飛び出したとき，この中性子の運動エネルギーは何MeVとなるか。

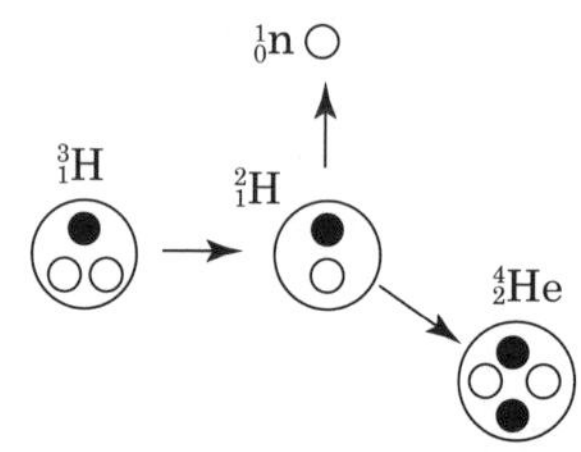

反応(b)：●陽子　○中性子

（九州工大）

Level　(1)〜(3) ★　(4) ★★

Point & Hint

(1) 原子核の質量は，それを構成する陽子と中性子の質量の和より小さい。その差 Δm を質量欠損という。**質量欠損＝(バラバラ状態の質量)－(原子核の質量)**
これをエネルギーに換算したものが**結合エネルギー** ΔE で，　$\Delta E=\Delta m\cdot c^2$
中性子 n の結合エネルギーは(すでにバラバラ状態なので) 0 である。

原子核反応で大切な原子核の質量は,こうして結合エネルギーと間接的に結びついている。反応の前後で,陽子の総数と中性子の総数が変わっていない——つまり，バラバラ状態の全質量が共通であることに注目する。
(4) もう1つの保存則が頼り。 力学的な計算に入れば,陽子と中性子の質量は同じとして解き進めてよい。

LECTURE

(1) 質量の大小を図にしてみる。
陽子，中性子のバラバラ状態で比べると反応の前後で共通。反応前はこれから 32.0 MeV に相当する分だけ質量が小さく，反応後は 28.3+8.5=36.8 MeV 相当質量が小さい。つまり，反応後の方が 36.8−32.0＝4.8 MeV 分だけ質量が小さい(反応で失われた質量に相当している)。**4.8** MeV はまさに反応で発生するエネルギーとなっている。

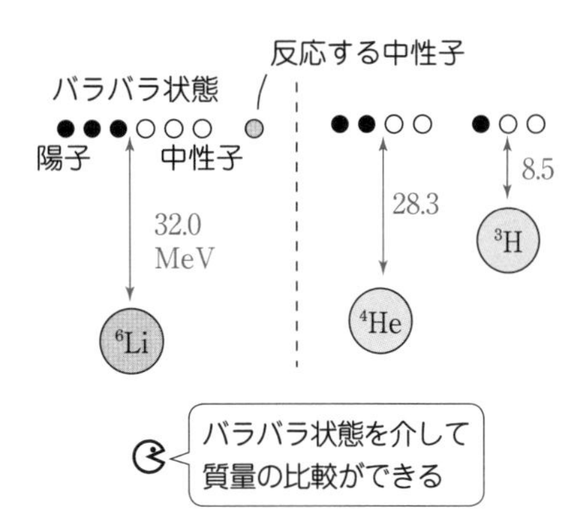

別解 結合エネルギーΔEが大きいことは，原子核の静止エネルギー mc^2 が小さい(低い)ことに対応する。そこで,バラバラ状態の静止エネルギーを基準にすると,原子核の静止エネルギーは$-\Delta E$と表すことができ,核反応でのエネルギー保存則は **(運動エネルギー)+(−結合エネルギー) = 一定** としてもよい。^{4}He，^{3}H の運動エネルギーをK_1，K_2とすると

$$0+0+(-32.0)+0 = K_1+K_2+(-28.3)+(-8.5)$$

$$\therefore \quad K_1+K_2 = \mathbf{4.8}\ \text{MeV}$$

左辺のはじめの 0+0 は Li とnの運動エネルギーであり，次の0はnの結合エネルギーである。

(2) 静止からの分裂にあたるから，(1)で求めたエネルギーを質量(数)の逆比で分配すればよく

$$^3_1\text{H}: \qquad K_2 = 4.8\times\frac{4}{4+3} = 2.74\cdots \fallingdotseq \mathbf{2.7}\ \text{MeV}$$

(3)　右図より，発生するエネルギーは

$28.3-(8.5+2.2)=17.6$ MeV

これに初め $^3_1$H がもっている運動エネルギー 2.7 MeV も加わるから

$17.6+2.7=20.3 \fallingdotseq$ **20** MeV

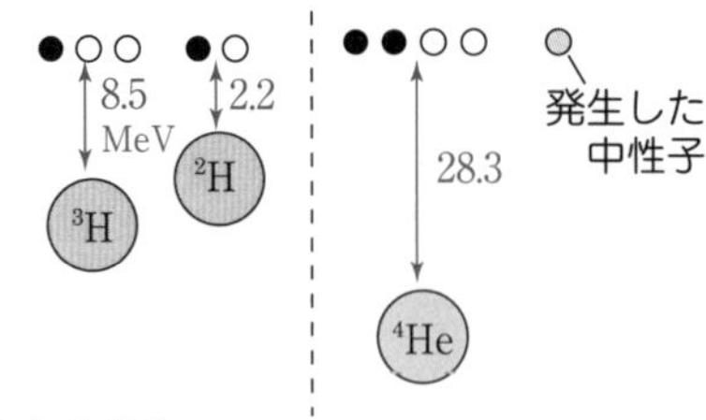

別解　$^4_2$He と n の運動エネルギーを T_1，T_2 とすると

$$2.7+0+(-8.5)+(-2.2)=T_1+T_2+(-28.3)+0$$

$$\therefore\quad T_1+T_2=20.3=\mathbf{20}\ \text{MeV}\quad \cdots\cdots①$$

(4)　図のように速さを v，V_1，V_2 とし，$^4_2$He が飛ぶ方向を θ とする。核子 1 個の質量を m とすると，運動量保存則より

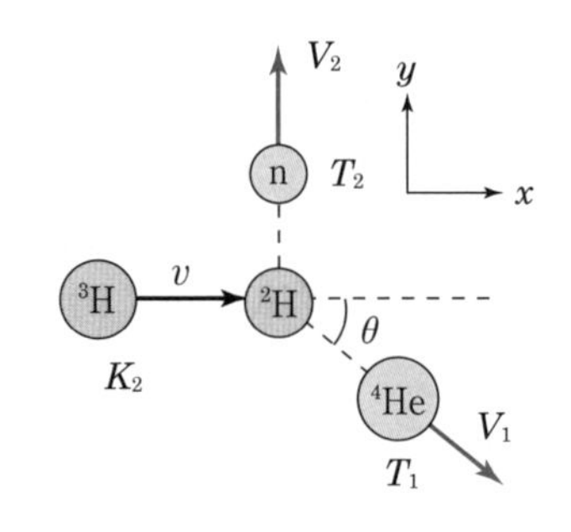

x：　$3m\cdot v=4m\cdot V_1\cos\theta$　……②

y：　$mV_2=4m\cdot V_1\sin\theta$　……③

②^2+③^2 として θ を消去すると

$$9v^2+V_2{}^2=16V_1{}^2\quad\cdots\cdots④$$

両辺を m 倍し，運動エネルギーの形をめざして変形してみると

$$6\times\frac{1}{2}\cdot 3m\cdot v^2+2\times\frac{1}{2}mV_2{}^2=8\times\frac{1}{2}\cdot 4m\cdot V_1{}^2$$

$$\therefore\quad 6\times 2.7+2T_2=8T_1\quad\cdots\cdots⑤$$

①, ⑤より　　　　$T_2=14.38\fallingdotseq\mathbf{14}$ MeV

$T_1+T_2=20.3$ や $K_2=2.74$ を用いると，$T_2\fallingdotseq\mathbf{15}$ MeV となる。

別解　一般に，質量 M，速さ V の粒子の運動エネルギーを K とおくと，

$K=\dfrac{1}{2}MV^2=(MV)^2/2M$　よって運動量は $MV=\sqrt{2MK}$ と表せる。そこで，運動量保存則は，②, ③の代わりに

$$\sqrt{2\cdot 3m\cdot K_2}=\sqrt{2\cdot 4m\cdot T_1}\cos\theta\quad\cdots\cdots②'$$

$$\sqrt{2mT_2}=\sqrt{2\cdot 4m\cdot T_1}\sin\theta\quad\cdots\cdots③'$$

これらから θ を消去して⑤を導き，①と連立させて解くこともできる。

Q　④式を，運動量ベクトルの図から直接（θ を用いず）求めよ。（★）

68 原子核

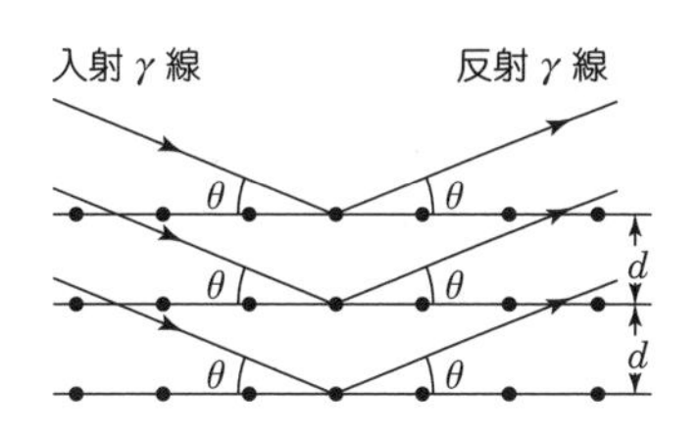

静止している陽子に非常に遅い中性子を衝突させたところ，n＋p ⟶ D＋γ　という反応が起こった。ここでは n は中性子, p は陽子, D は重陽子，γはγ線を表す。この反応で生じたγ線のエネルギーを測定して重陽子の結合エネルギーを求めたい。

⑴　この反応で生じたγ線を，図のように格子面間隔dの結晶面に当て，反射γ線の強度を観測した。照射角を$\theta=0$から増加させていったところ，$\theta=\alpha$で強度が極大を示した。このγ線のエネルギーE_1を，dとαを用いて表せ。光速をc，プランク定数をhとする。

⑵　他の実験からエネルギーの値がE_0と分かっているγ線について，⑴と同じ実験を行ったところ，$\theta=\beta$で反射γ線の強度が極大になった。このことからE_1を，E_0，αおよびβによって表せ。

⑶　上の反応で生成された重陽子の運動量の大きさp_Dおよび運動エネルギーE_Dを，E_1を用いて表せ。ただし，重陽子の質量をm_Dとし，衝突する中性子の速度は無視してよい。

⑷　重陽子の結合エネルギーE_bを，E_1とE_Dを用いて表せ。

⑸　実験によれば, $\alpha=0.0023$〔rad〕であり, $E_0=0.51$〔MeV〕の場合に$\beta=0.010$〔rad〕であった。E_1をMeVの単位で求めよ。また，E_DはE_1の何％になっているか。ただし，E_Dの計算に当たっては，m_Dの値として陽子の質量m_pと中性子の質量m_nの和を用いてよい。また，θの小さな値に対して$\sin\theta \fallingdotseq \theta$としてよい。計算に当たっては下の数値を用いよ。

⑹　重陽子の結合エネルギーE_bをMeVの単位で求めよ。次に，このE_bの値を用いて，重陽子の正確な質量m_Dを原子質量単位〔u〕で表せ。

$c=3.0\times10^8$〔m/s〕　1〔MeV〕$=1.6\times10^{-13}$〔J〕　$m_p=1.0073$〔u〕
$m_n=1.0087$〔u〕　1〔u〕$=1.7\times10^{-27}$〔kg〕　（名古屋大）

Level　(1)〜(3) ★　(4), (5) ★　(6) ★★

Point & Hint

(1), (2) ブラッグ反射の問題で，γ 線の波長が重要な量。 γ 線のエネルギーとは光子のエネルギーのこと。

(3) ある保存則を用いる。

(4) 重陽子とは何か。 知識がなくても核反応式から決められる。 光子 γ にあえて数字を補えば $^0_0\gamma$ である。この設問では，もう１つの保存則が登場する。

LECTURE

(1)　γ 線の波長を λ_1，振動数を ν_1 とすると，ブラッグ条件は

$$2d\sin\alpha = 1\cdot\lambda_1$$

$$\therefore\quad E_1 = h\nu_1 = h\frac{c}{\lambda_1} = \boldsymbol{\frac{hc}{2d\sin\alpha}}\quad\cdots\cdots①$$

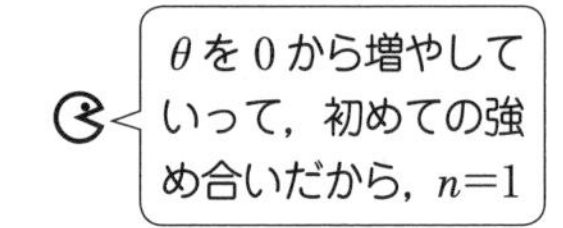

(2)　同様にして　$E_0 = \dfrac{hc}{2d\sin\beta}$　$\cdots\cdots②$

$\dfrac{①}{②}$ より　$E_1 = \boldsymbol{\dfrac{\sin\beta}{\sin\alpha}E_0}$　$\cdots\cdots③$

(3)　全運動量が０だから，運動量保存則より

$$p_D = \frac{h\nu_1}{c}\qquad\therefore\quad p_D = \boldsymbol{\frac{E_1}{c}}$$

$$\therefore\quad E_D = \frac{1}{2}m_Dv_D^2 = \frac{(m_Dv_D)^2}{2m_D}$$

$$= \frac{p_D^2}{2m_D} = \boldsymbol{\frac{E_1^2}{2m_Dc^2}}\quad\cdots\cdots④$$

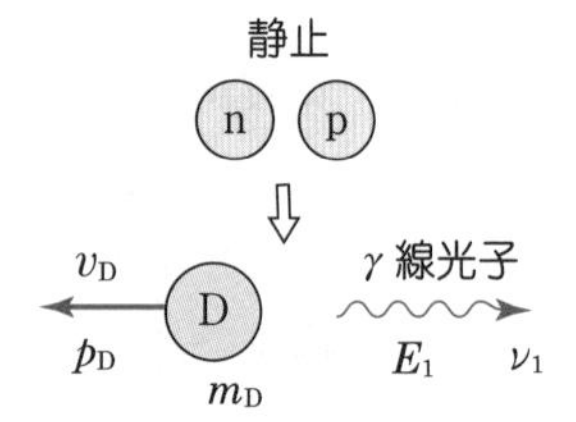

(4)　反応で失われた質量 $\varDelta m$ は

$$\varDelta m = (m_n + m_p) - m_D\quad\cdots\cdots⑤$$

反応で発生したエネルギー $\varDelta mc^2$ がDの運動エネルギーと光子のエネルギーになっているから，エネルギー保存則より

$$\varDelta mc^2 = E_D + E_1$$

ところで，この場合の $\varDelta m$ はD(つまり ^2_1H)の質量欠損でもある。よって，$\varDelta mc^2$ はDの結合エネルギー E_b になっているので

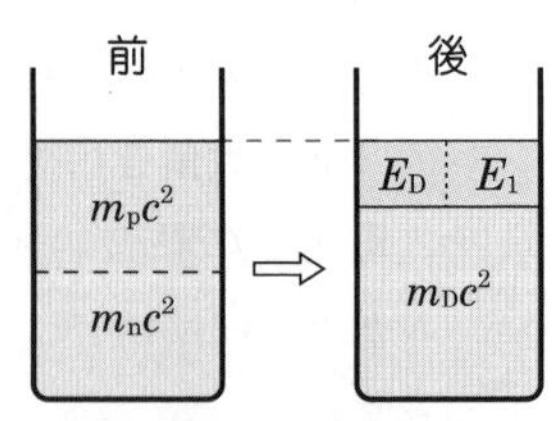

エネルギーの総量は一定
灰色は静止エネルギー

$$\boldsymbol{E_b = E_D + E_1} \quad \cdots\cdots ⑥$$

Dが $^2_1\mathrm{H}$ であることは，核反応式 $^1_0\mathrm{n} + ^1_1\mathrm{p} \longrightarrow ^2_1\mathrm{H} + ^0_0\gamma$ からも決められる。重陽子(重水素原子核) $^2_1\mathrm{H}$ はnとpで構成されている。

別解 エネルギー保存則は，関連するすべてのエネルギーを考え，
「$mc^2 + \frac{1}{2}mv^2 + h\nu = $ 一定」としてもよく

$$m_n c^2 + m_p c^2 = m_D c^2 + E_D + E_1$$

一方，$E_b = (m_n + m_p - m_D)c^2$ であり，これらから⑥が得られる。

(5)　③より　$E_1 = \frac{\sin 0.010}{\sin 0.0023} E_0 \fallingdotseq \frac{0.010}{0.0023} \times 0.51 = 2.21\cdots = \mathbf{2.2}$〔MeV〕

④を用いて　$\frac{E_D}{E_1} = \frac{E_1}{2m_D c^2} \fallingdotseq \frac{E_1}{2(m_p + m_n)c^2}$

$$= \frac{2.21 \times 1.6 \times 10^{-13}}{2 \times (1.0073 + 1.0087) \times 1.7 \times 10^{-27} \times (3.0 \times 10^8)^2}$$

$$= 5.73\cdots \times 10^{-4} \qquad \therefore \ \mathbf{5.7 \times 10^{-2}}\ \%$$

現実には，発生したエネルギーのほとんどすべてが γ 線光子になっているということである。

(6)　⑥と前問の結果より

$$E_b = E_D + E_1 = 5.73 \times 10^{-4} E_1 + E_1$$

$$= (1 + 5.73 \times 10^{-4}) \times 2.21 = 2.21\cdots = \mathbf{2.2}\text{〔MeV〕}$$

Dの質量欠損 Δm は，$E_b = \Delta m c^2$ より

$$\Delta m = \frac{2.21 \times 1.6 \times 10^{-13}}{(3.0 \times 10^8)^2} \times \frac{1}{1.7 \times 10^{-27}} \fallingdotseq 0.0023\text{〔u〕}$$

⑤より　$m_D = m_n + m_p - \Delta m$

$$= 1.0087 + 1.0073 - 0.0023 = \mathbf{2.0137}\text{〔u〕}$$

和・差の計算では，有効数字は小数点以下の桁数の最も少ないものに合わせる。ここではすべて4桁となっている。

69 原子核

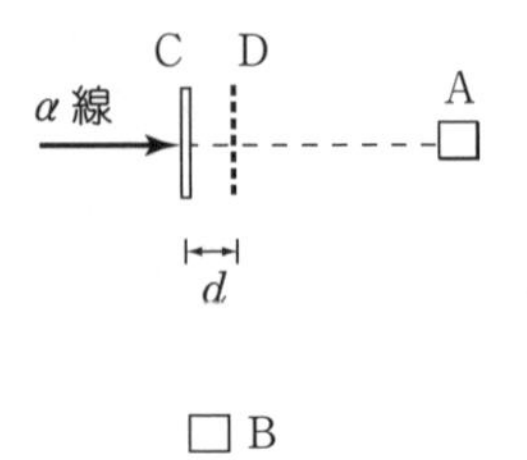

α線をCの位置に置いたTi(チタン)の薄い膜に当てると,原子核反応を起こして ^{52}Cr 原子核が発生し,α線の進行方向に 1.0 MeV の運動エネルギーで膜から飛び出す。^{52}Cr 原子核はその励起状態にあり,γ線を出して崩壊する。

AとBの位置に測定器をおいてこのγ線の振動数を測定し,γ線のドップラー効果を利用して ^{52}Cr 原子核のγ崩壊に見られるような非常に短い半減期を求めることができる。

光速 $c=3.0\times10^{8}$〔m/s〕 ^{52}Cr 原子核の質量 $m=8.8\times10^{-26}$〔kg〕
電気素量 $e=1.6\times10^{-19}$〔C〕 $\log_{10}2 \fallingdotseq 0.30$

(1) 発生した ^{52}Cr 原子核が膜から飛び出す速さ v〔m/s〕を求めよ。

(2) ^{52}Cr 原子核から放射されるγ線の振動数を測定器Bで測ると(CB⊥CA),その振動数 ν_0 は 1795×10^{18} Hz であった。このγ線を測定器Aで測ったときの振動数 ν_1〔Hz〕を求めよ。

図のDの位置に薄い金属板を置いて,飛び出した ^{52}Cr 原子核を止め,測定器Aで測ると振動数 ν_1 のほかに ν_0 のγ線が測定された。ただし,この金属板と衝突した ^{52}Cr 原子核は直ちに停止し,γ線はこの金属板によって吸収されないものとする。そこで振動数 ν_0 および ν_1 のγ線光子の個数を測定したところ,CとDの間の距離dによってその比率が変わった。

(3) dを大きくすると比率が増すのは ν_0, ν_1 のうちいずれか。

(4) $d=0.16$〔mm〕のとき,ν_0 と ν_1 のγ線光子の数の和を 100 とすると,ν_0 と ν_1 の割合は 25 : 75 であった。このことから ^{52}Cr 原子核のγ崩壊の半減期 T〔s〕を求めよ。

(5) ν_0 と ν_1 の割合が 5 : 95 となるのは,dを何 mm にしたときか。

(甲南大+新潟大)

Level ⑴,⑵ ★ ⑶〜⑸ ★

Point & Hint

⑴ 1〔eV〕$= e$〔J〕の関係を用いる。M(メガ)は 10^6 を表す。

⑵ 速度に垂直な方向となっているBで測ればドップラー効果は起こらない。
ν_0 は波源(γ 線源)の振動数といえる。

⑶ 何が起こっているかのイメージづくりが大切。崩壊は確率現象であり，CD間を飛ぶ間に崩壊しなかった原子核はDで止められ，そして崩壊する。$d=0$ とか $d=\infty$ とか極端なケースで考えてみるのもよい方法。$d=0$ なら，すべての ^{52}Cr 原子核は静止してから γ 崩壊をする。

⑷,⑸ 半減期 T の放射性原子(核)のはじめの数を N_0 とすると，時間 t 後の数 N は　$N = N_0\left(\frac{1}{2}\right)^{\frac{t}{T}}$

このNは崩壊しなかった生き残りの数であることに注意。⑸では対数計算に入る。

LECTURE

⑴　1〔MeV〕$= 10^6$〔eV〕$= 10^6 e$〔J〕だから

$$\frac{1}{2}mv^2 = 1.0\times10^6 e$$

$$\therefore\quad v=\sqrt{\frac{2\times1.0\times10^6 e}{m}}=\sqrt{\frac{2\times1.0\times10^6\times1.6\times10^{-19}}{8.8\times10^{-26}}}$$

$$=1.90\cdots\times10^6=\mathbf{1.9\times10^6}\text{〔m/s〕}$$

平方根は開けることが望ましいが，近似式を用いてもよい。

$v=2\sqrt{\frac{10}{11}}\times10^6$ であり，$\sqrt{\frac{10}{11}}=\left(1-\frac{1}{11}\right)^{\frac{1}{2}}\fallingdotseq1-\frac{1}{2}\times\frac{1}{11}$ と計算していく。

⑵　ν_0 はCr原子核が静止しているときに出す γ 線の振動数に等しい。

ドップラー効果の公式より

$$\nu_1=\frac{c}{c-v}\nu_0=\frac{1}{1-\frac{v}{c}}\nu_0=\left(1-\frac{v}{c}\right)^{-1}\nu_0$$

$$\fallingdotseq\left(1+\frac{v}{c}\right)\nu_0=\left(1+\frac{1.9\times10^6}{3.0\times10^8}\right)\times1795\times10^{18}$$

$$=(1795+11.3\cdots)\times10^{18}=\mathbf{1806\times10^{18}}\text{〔Hz〕}$$

$v \ll c$ より近似式が使える

⑶　ν_1 の γ 線は速さ v で飛んでいる Cr 原子核が γ 崩壊して出されたものである。d を大きくするほど長い時間飛べるから，$\boldsymbol{\nu_1}$の比率が大きくな

る。

(4)　CD間を飛ぶ間にCr原子核100個のうち，75個が崩壊し，生き残ってDに達したのが25個となっている。$\frac{25}{100}=\frac{1}{4}=\left(\frac{1}{2}\right)^2$ が生き残っているのだから，半減期 T の2倍の時間が経過していることが分かる。したがって

$$d = v \times 2T \qquad \cdots\cdots①$$

$$\therefore \quad T = \frac{d}{2v} = \frac{0.16\times10^{-3}}{2\times1.9\times10^{6}}$$

$$= 4.21\cdots\times10^{-11} = \mathbf{4.2\times10^{-11}}\text{〔s〕}$$

驚異的に短い時間が測れている！

(5)　100のうち5，つまり $\frac{5}{100}$ が生き残ってDに達している。膜から飛び出したCr原子核の数を N_0 とし，経過時間を t とすると

$$\frac{5}{100}N_0 = N_0\left(\frac{1}{2}\right)^{\frac{t}{T}}$$

$\frac{5}{100}=\frac{1}{20}$ とし，両辺の(常用)対数をとると

$$-(\log_{10}2+1) = -\frac{t}{T}\log_{10}2$$

$$\therefore \quad t = \frac{1+\log_{10}2}{\log_{10}2}T$$

したがって

$$d = vt = 1.9\times10^{6}\times\frac{1+0.30}{0.30}\times4.21\times10^{-11}$$

$$= 3.46\cdots\times10^{-4}\text{〔m〕} = \mathbf{0.35}\text{〔mm〕}$$

T には(4)の結果の 4.2×10^{-11} を代入しても構わない。なお，①より $vT=\frac{0.16}{2}$〔mm〕なので，これを利用するとより速く計算できる。

Qの解説・解答

2 (i) 光2の山がスクリーンに達したとき，光1の山の位置こそ強め合う位置（赤丸）である。縞模様は紙面に垂直に出現し，縞の間隔は(1)で扱った λ_x に等しい。よって，$\boldsymbol{\dfrac{\lambda}{\sin\theta}}$

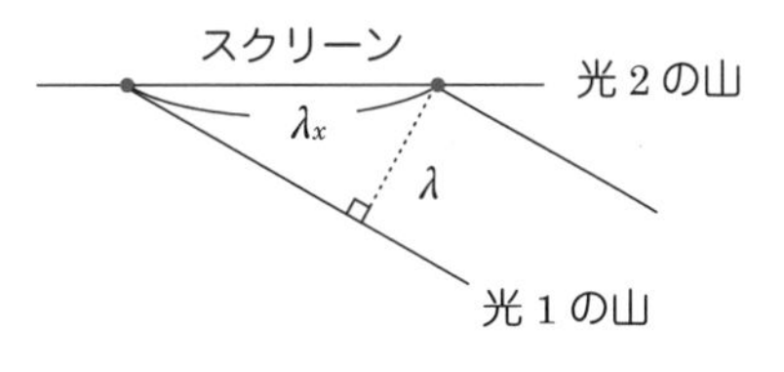

(ii) スクリーン上では，波長 λ_x の2つの波が逆行している（右へ進む光1と左へ進む光2）。したがって，定常波が形成され，腹の位置が強め合いの位置である。縞模様はやはり紙面に垂直に出現する。縞の間隔は腹と腹の間隔，半波長 $\lambda_x/2$ に等しい。よって，$\boldsymbol{\dfrac{\lambda}{2\sin\theta}}$

3 単スリットの干渉とよばれている現象。ふつうはスリットの幅は無視して扱っているが，幅まで考慮すると，1つのスリットを通る無数の光線の間の干渉が問題になる。

打ち消し合うのは光aとcの間の経路差（赤線部）がλとなるときで（図①），

図①　図②

$\boldsymbol{\Delta\sin\theta_R=\lambda}$　なぜなら，aと中央を通るbの経路差は $\dfrac{\lambda}{2}$ で打ち消し合うし，図②のようにa，bから同じ距離だけ下を通るa′とb′の経路差も $\dfrac{\lambda}{2}$ で打ち消し合う（灰色の直角三角形は合同）。つまり，上半分（ab間）の光と下半分（bc間）の光は完全に打ち消してしまう。

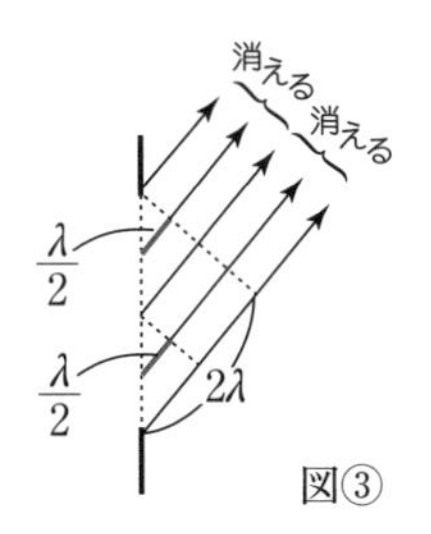

図③

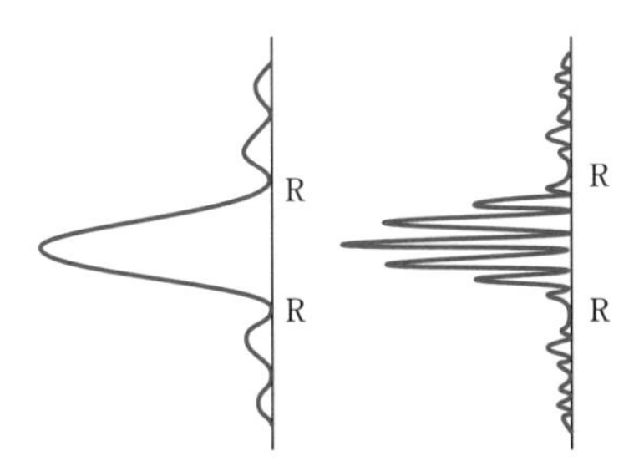

図④：明るさの分布　　図⑤：複スリットの場合

$\Delta \sin\theta = 2\lambda$ を満たす場合（図③）は，4分割して考えれば全体が消えることが分かる。一般に $\Delta \sin\theta = m\lambda$（$m$ は自然数）の方向が消える（図④）。

複スリットの場合にも，この単スリットの影響が図⑤のように現れる。

4　明線の条件は　$\dfrac{r^2}{R} = (m+\dfrac{1}{2})\lambda$　　よって，次数 m が一定なら λ が大きいほど r が大きい。したがって，**青色**，**黄色**，**赤色**の順でリングが現れる。

5　**薄膜のB側に近い端を斜めにカットしておく**と，光路差の等しい所（次数 m の等しい光）が連続的に現れ，A側とB側の対応がつく。図②のように $a < b$ となっても判別できる。

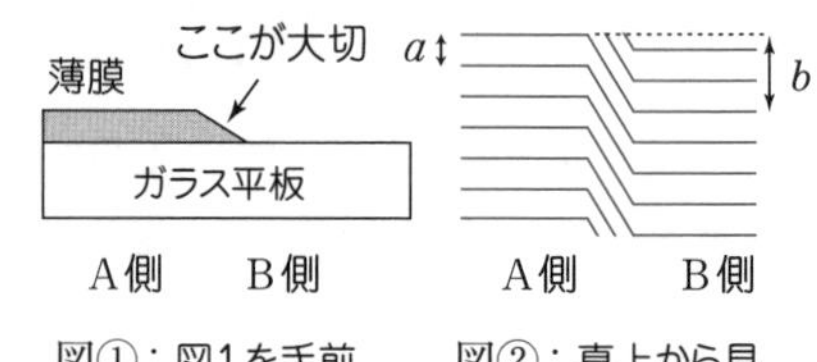

図①：図1を手前から見た図　　図②：真上から見た縞模様

なお，a を早く求めるには，**隣り合う暗線の光路差は λ である**ことと，光が往復していることを考え合わせると，図③のような関係になる（明線間隔でも同じこと）。

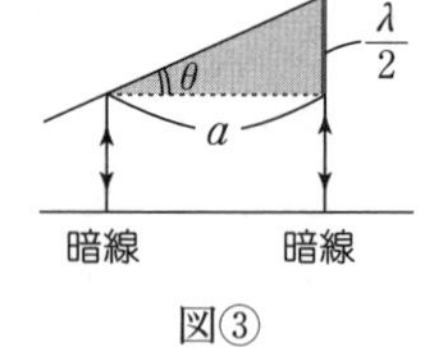

図③

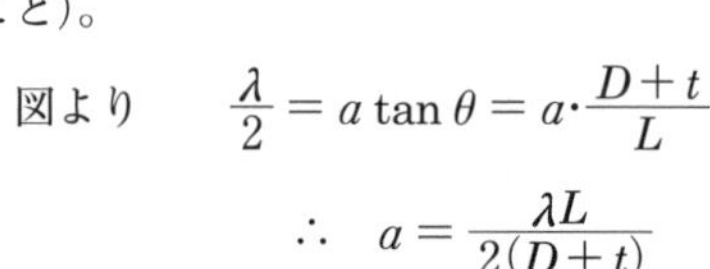

図より　　$\dfrac{\lambda}{2} = a\tan\theta = a\cdot\dfrac{D+t}{L}$

$$\therefore\quad a = \frac{\lambda L}{2(D+t)}$$

一方，b を早く求めるには，A側と同じ光路差（いいかえると同じすき間）をもつB側の位置を調べればよい（図④）。

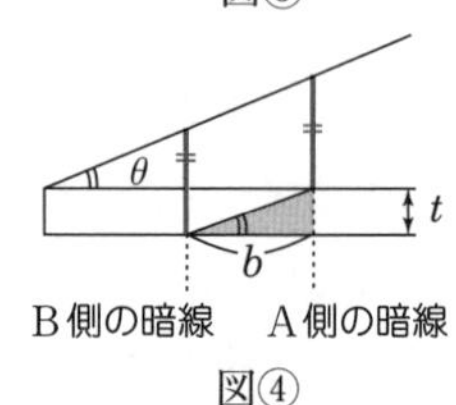

図④

図より　　$t = b\tan\theta = b\cdot\dfrac{D+t}{L}$　　　$\therefore\quad b = \dfrac{Lt}{D+t}$

薄膜の端が斜めにカットしてあれば，A側からB側へと線がつながってくる。

6　$\mathrm{QS} = \mathrm{QT}\sin\theta = (d\tan\phi \times 2)\sin\theta$

一方，Q→R→T の光学距離は　　　$n(\mathrm{QR}+\mathrm{RT}) = n\left(\dfrac{d}{\cos\phi}\times 2\right)$

$\therefore$　光路差 $= n(\mathrm{QR}+\mathrm{RT}) - \mathrm{QS}$

$$= \frac{2d}{\cos\phi}(n - \sin\phi\sin\theta)\quad \cdots\cdots①$$

$$=\frac{2nd}{\cos\phi}(1-\sin^2\phi)=2nd\cos\phi=m\lambda$$

途中①で $n=\dfrac{\sin\theta}{\sin\phi}$ を用いて θ を消したが（公式形 $2nd\cos\phi$ を出すため），ϕ を消せば(1)の答えに早く行き着く。

位相の場合は，**1波長が 2π〔rad〕に相当する**から，

Qと S との位相の違いは　$\dfrac{\mathrm{QS}}{\lambda}\times 2\pi$

Qと T との位相の違いは　$\dfrac{\mathrm{QR}+\mathrm{RT}}{\lambda'}\times 2\pi$

S と T の位相差は，$\lambda'=\dfrac{\lambda}{n}$ を用いて　$\dfrac{2\pi}{\lambda}\{n(\mathrm{QR}+\mathrm{RT})-\mathrm{QS}\}=2m\pi$

強め合いだから，右辺は（偶数）×π とした。この式は 光路差 $=m\lambda$ と同じになっている。なお，弱め合いの場合は（奇数）×π とおく。

波数差の場合は，差が整数であれば強め合う。そこで，
$(\mathrm{QR}+\mathrm{RT})/\lambda'-\mathrm{QS}/\lambda=m$ となるが，これは位相差の式と同値である。なお，弱め合いなら $m+\dfrac{1}{2}$ とおく。

8　**Q**₁　別解でふれたように，強め合いが起こる M_1 の位置は $\dfrac{\lambda}{2}$ 間隔で現れる。図でA→Bでは光は弱くなり，Bで弱め合い，B→Cでは強くなっていく。すると，題意に合う位置Pは図のように決まる。図より　$\dfrac{\lambda}{4}=2\Delta x+\Delta x$　　$\therefore$　$\boldsymbol{\lambda=12\Delta x}$

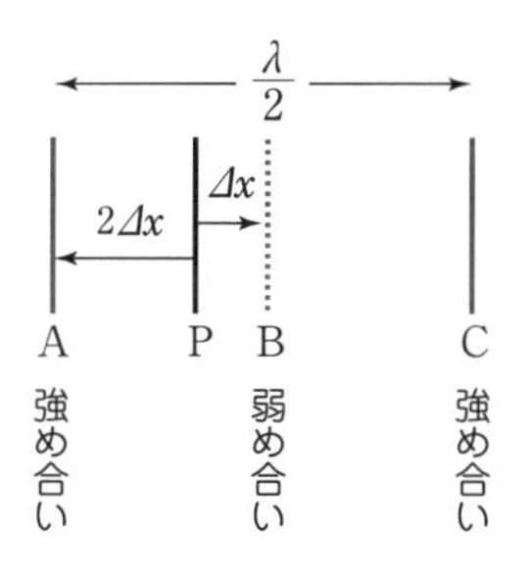

Q₂　光路差が目立つように，右の M_1 に向かう光を上へ（M_2 への向き）に移して考えてみる。鏡Hによる M_1 の像 M_1' を考えるといってもよい。すると，光路差は赤で示した部分となり，くさび形薄膜と同じ状況になっていることが分かる。よって，Dでは**等間隔の縞**（しま）**模様が見える**。図では，M_1 の方が距離が遠いように描いたが，M_1 とHの距離は関係しない。

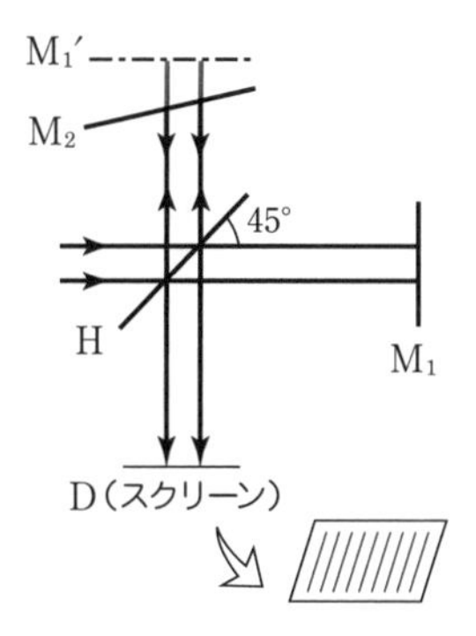

10　Q₁　力がつり合う位置を調べる。

Pははじめのうち左向きの力（合力）を受け，加速される。が，やがて右向きの力を受け減速されて点Oで一瞬静止する。その切り替わりは力がつり合う位置で起こり，それまで加速され続けたPの速さは最大となる。

力のつり合い位置をxとすると

$$\frac{kQq}{(l+x)^2}+\frac{kQq}{(l-x)^2}=qE \qquad \cdots①$$

この式を解けばxが決められる（xの4次式となるが，x^2については2次方程式となり，解ける）。

電場が0となる位置を調べると答えてもよい。内容的には同等であり，上式の両辺からqをはずした式となる。

力学的エネルギー保存則の観点では，**位置エネルギーが最小となる位置を調べる。** あるいは，**電位が最大となる位置を調べる。** Pの電荷が負なので両者は同等である。

O点を基準にすると，位置xでの電位$V(x)$は　$V(x)=\dfrac{kQ}{l+x}+\dfrac{k\cdot(-Q)}{l-x}+Ex$

最大値を与えるxを求めるために，微分して0とおくと

$$\frac{d}{dx}V(x)=-\frac{kQ}{(l+x)^2}-\frac{kQ}{(l-x)^2}+E=0$$

これは①と同じになっている。一般に，力のつり合い位置は位置エネルギーが極値をとる位置である。

なお，PはOM間で振動するが，単振動ではなく，速さが最大となるのはOMの中点ではない。一般に，振動運動では力のつり合い位置で速さが最大になる。

Q₂　Oを原点として，図のようにx軸をとり，Pの座標をxとする。Pが1つの点電荷から受ける力の大きさfは

$$f=\frac{kqQ}{l^2+x^2}$$

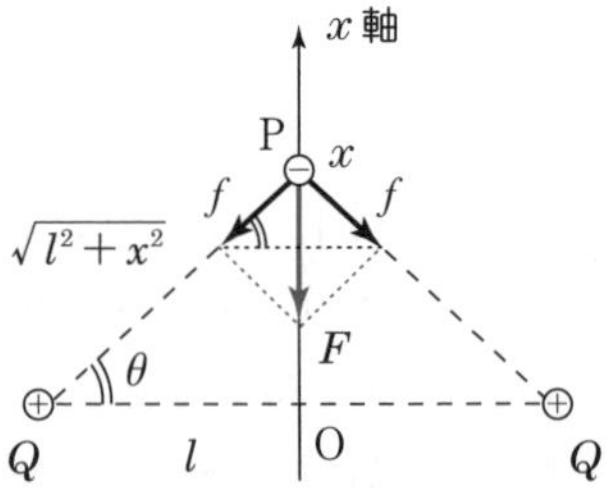

合力Fは

$$F=-f\sin\theta\times2=-\frac{kqQ}{l^2+x^2}\cdot\frac{x}{\sqrt{l^2+x^2}}\times2$$

2次の微小量x^2を無視すると

$$F\fallingdotseq-\frac{2kqQ}{l^3}x$$

よって，Pは単振動をし，　$T=2\pi\sqrt{\dfrac{m}{2kqQ/l^3}}=\boldsymbol{2\pi l\sqrt{\dfrac{ml}{2kqQ}}}$〔s〕

12 (1) 点電荷どうしのクーロン力 $f=kQq/l^2$ は半径方向（糸方向）に働くため，小球のつり合い位置は変わらない。もとのつり合いの状態で点Oに点電荷qを置いたと考えると分かりやすい。張力が増すだけのことである。したがって，Eは変わらない。

(2) 点電荷qのつくる等電位面上で小球を動かしているので，仕事Wは変わらない。

(3)(ア) クーロン力fは張力と同様に（円運動に対しては）仕事をしないので，力学的エネルギー保存則は変わらず成り立つ。よって，vは変わらない。

張力Sはクーロン力fの分だけ増し

$$S=mg'+m\frac{v^2}{l}+f=\boldsymbol{4mg+\frac{kQq}{l^2}}$$

(イ) 力学的エネルギー保存則が変わらないので，答えは変わらない。

(4) 円の接線方向に働く力が復元力となって単振動が起こる。実際には，mg' の成分（赤矢印）が復元力となる。クーロン力fは半径方向にしか働かないので，周期は変わらない。

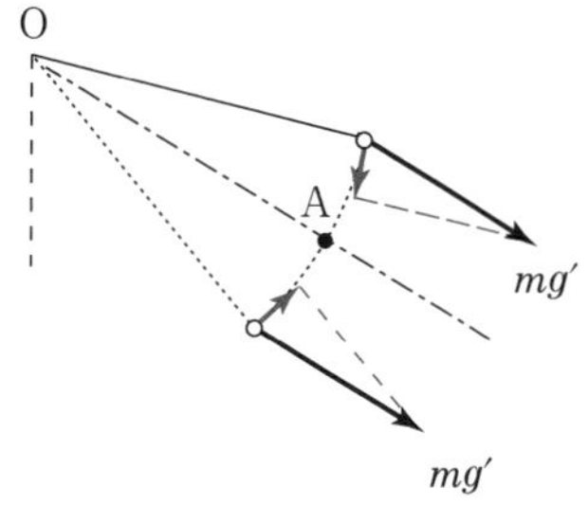

(5) $f<mg'$ つまり $kQq/l^2<2mg$ の場合は糸がゆるまないようにする必要がある。「最高点」Dでの力のつり合いより

$$m\frac{v_D{}^2}{l}+\frac{kQq}{l^2}=mg' \qquad \therefore\ v_D=\sqrt{2gl-\frac{kQq}{ml}}$$

力学的エネルギー保存則より

$$\frac{1}{2}mv_0{}^2=\frac{1}{2}mv_D{}^2+mg'\cdot 2l$$

$$=mgl-\frac{kQq}{2l}+4mgl$$

$$\therefore\ v_0=\boldsymbol{\sqrt{10gl-\frac{kQq}{ml}}}$$

一方，$f\geqq mg'$ つまり $kQq/l^2\geqq 2mg$ の場合は糸がゆるむ心配はなく，力学的エネルギー保存則だけを考えればよい。

$$\frac{1}{2}mv_0{}^2=mg'\cdot 2l \qquad \therefore\ v_0=\boldsymbol{2\sqrt{2gl}}$$

厳密にいえば，この値のときは点Dで止まってしまうので，最小値というより下限となっている。

13 単振動のエネルギー保存則より（$K = aq$で，振動中心はx_2）

$$\frac{1}{2}mV^2 + \frac{1}{2}\cdot aq(x_1 - x_2)^2 = \frac{1}{2}\cdot aq(b - x_2)^2$$

整理すると　$$(b - x_2)^2 = \frac{mV^2}{aq} + (x_1 - x_2)^2$$

$$\therefore\quad b = x_2 + \sqrt{\frac{mV^2}{aq} + (x_1 - x_2)^2}$$
$$= \boldsymbol{\frac{mg}{aq}\left\{\mu_2 + \sqrt{\frac{aqV^2}{mg^2} + (\mu_1 - \mu_2)^2}\right\}}$$

14 **はく検電器の周りを金属で取り囲む。**

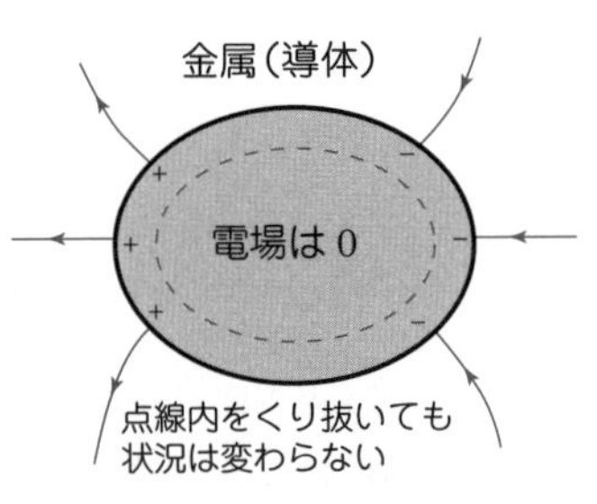

金属の箱に入れるとよいが，金網で取り囲んでもよい（ある程度，目が細かければ）。

電場中に金属（導体）を置くと，静電誘導が起こり，表面に電荷が現れ内部の電場は0になる。このあと金属の内部をくり抜いたと考えるとよい。内部はやはり電場のない状態となっている。

外部の電荷配置が変わり，電場が変わっても，金属表面の電荷分布がそれに応じて変わり，内部の電場は0に保たれる。つまり，外部の影響は内部には及ばない。これを静電遮(しゃ)へいとよんでいる。

15 **Q**$_1$　中心Oに点電荷$+Q$だけがある場合の電場Eは$E = \frac{kQ}{r^2}$，電位Vは$V = \frac{kQ}{r}$であり，次図①，②の点線で表される。

AとBの場合は解説通り，電場EはAB間だけにあり，点電荷（点線）の場合と

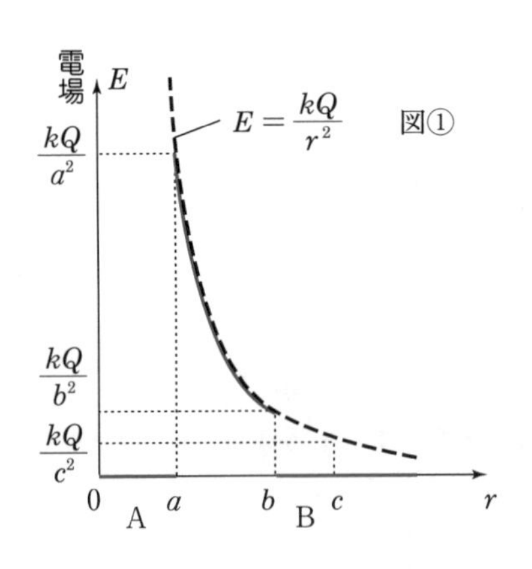

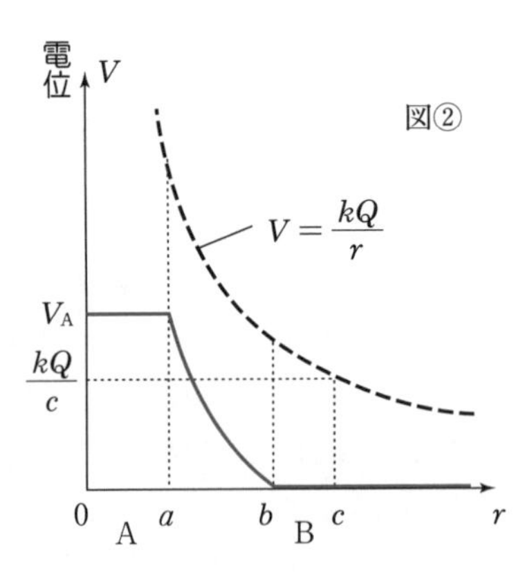

同じなので，図①のようになる。電位 V は，基準点である無限遠点から中心O に向かって順次決めていかなければいけない。$r=b$ までは電場がないので 0〔V〕。b から a への電位の上がり方は，点電荷の場合と（電場が同じなので）同じになる。つまり，ba 間の点線を縦方向に平行移動したものとなる（図②）。$r=a$ での電位 V_A は(7)で求めた値であり，導体Aは等電位なので，中心まで V_A を保つ。

次に，Bの総電気量が0のケースの電気力線は図③のようになる（Bの内面に $-Q$，外面に $+Q$ が現れる）。導体内の電場は0であり，その他の部分の電気力線の様子はOに点電荷 $+Q$ がある場合と同じだから，電場も同じであり，図④の実線のようになる。

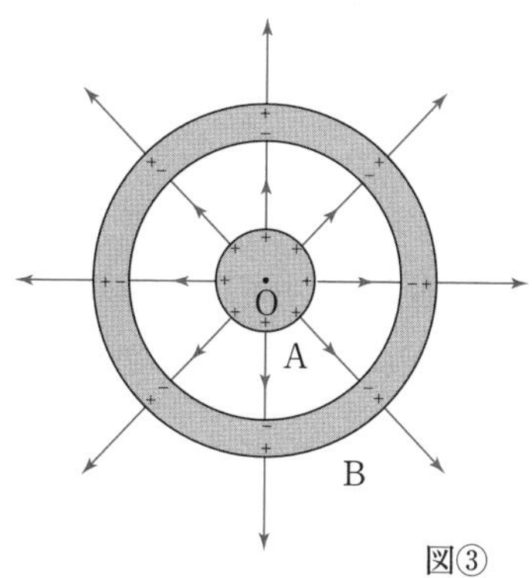

図③

基準点である無限遠点から中心Oへ向かって電位を調べてみる。無限遠点からBに達するまでの電場は点電荷の場合と同じだから電位も点線に沿って増してくる。そして，B内は等電位となる。ba 間の電場は点電荷の場合と同じだから，電位も同じように増し，実線は点線と平行になる。点電荷の場合の ab 間の電位差 V_{ab} は $V_{ab}=\dfrac{kQ}{a}-\dfrac{kQ}{b}$ であり，Bがある場合の $r=a$ の電位 V_a は $V_a=\dfrac{kQ}{c}+V_{ab}=kQ\left(\dfrac{1}{a}-\dfrac{1}{b}+\dfrac{1}{c}\right)$ となる。そして，A内では再び電位は一定となる。

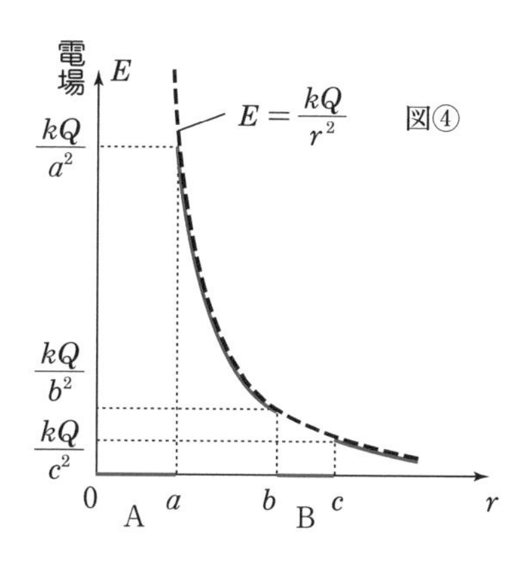

図④

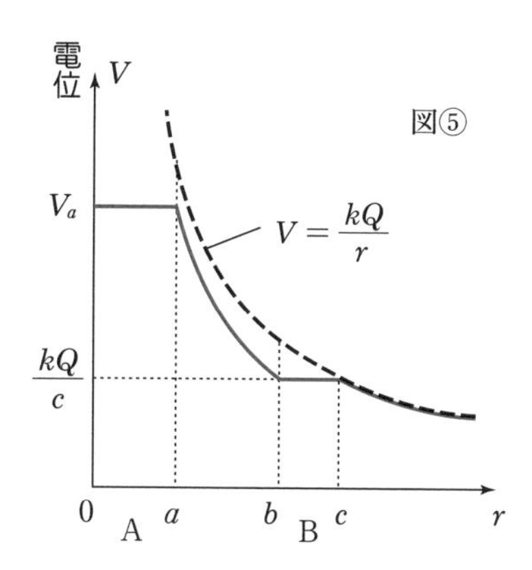

図⑤

Q$_2$　$+Q$からは $4\pi kQ$ 本の電気力線が出ている。

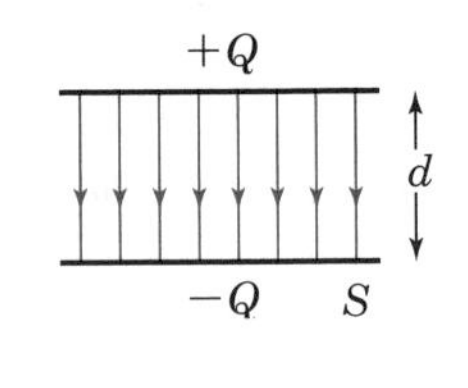

極板間の電場 E は単位面積あたりの本数に等しいので

$$E = 4\pi kQ/S$$

$$\therefore \quad V = Ed = \frac{4\pi kQ}{S}d \qquad \therefore \quad Q = \frac{S}{4\pi kd}V$$

$Q = CV$　と比べてみれば　　$C = \boldsymbol{\dfrac{S}{4\pi kd}}$

kは誘電率 ε と $k = \dfrac{1}{4\pi\varepsilon}$ の関係があるので，上式は $C = \dfrac{\varepsilon S}{d}$ と表せ，公式が導かれたことになる。

17　極板間引力（と重力）は一定の力である。ばね振り子に弾性力以外の一定の力が加わっても周期は変わらないこと(※)，そして $k = 100\,mg/l_0$ であることから

$$T = 2\pi\sqrt{\frac{m}{k}} = \boldsymbol{\frac{\pi}{5}\sqrt{\frac{l_0}{g}}}$$

(※)　一定の力をCとし，ばねの自然長を原点とすると，位置 x での合力 F は
$F = -kx + C = -k(x - C/k)$　　これは $x = C/k$ を振動中心とする，周期 $2\pi\sqrt{m/k}$ の単振動を示している。
　今の場合は(3)で求めた力のつり合い位置（ばねの長さ $l_1 = 1.03l_0$）が振動中心である。

19　Sが開かれ，コンデンサーの電気量は $Q_0 = C_0V$ で一定となる。Mをyだけ引き出したときの容量 $C(y)$ を求めてみる。次のように分け，Mが入っている右側の間隔は $\dfrac{d}{2}$ として扱えばよいので

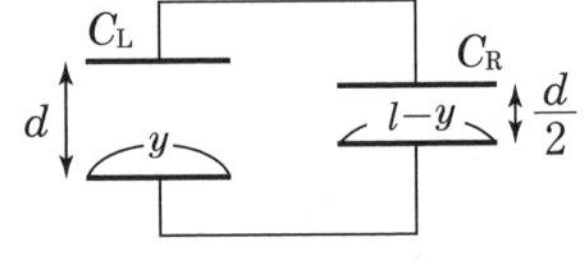

$$C_L = \frac{\varepsilon_0 ly}{d} = \frac{y}{l}C_0$$

$$C_R = \frac{\varepsilon_0 l(l-y)}{d/2} = \frac{2(l-y)}{l}C_0$$

$$\therefore \quad C(y) = C_L + C_R = \frac{2l-y}{l}C_0$$

静電エネルギー $U(y)$ は　　$U(y) = \dfrac{Q_0{}^2}{2C(y)} = \dfrac{l}{2(2l-y)}C_0V^2$

したがって　　$U(y+\Delta y) = \dfrac{l}{2(2l-y-\Delta y)}C_0V^2$

　エネルギー保存則より，外力の仕事Wは静電エネルギーの変化に等しく

$$W = U(y+\Delta y) - U(y) = \frac{lC_0V^2\Delta y}{2(2l-y)(2l-y-\Delta y)}$$

$y \gg \Delta y$ より分母のΔyは無視でき，　　$W \fallingdotseq \boldsymbol{\dfrac{lC_0V^2}{2(2l-y)^2}\Delta y}$

Δyは微小なので，この間の外力Fは一定とみなしてよく

$$W = F\Delta y \qquad \therefore \quad F = \frac{\boldsymbol{lC_0V^2}}{\boldsymbol{2(2l-y)^2}}$$

力のつり合いより静電気力は外力に等しいのでこれが答えとなる。

20　電気量Qと極板間の電場Eを用いると，極板間の引力Fは $F=\dfrac{1}{2}QE$ と表せる。

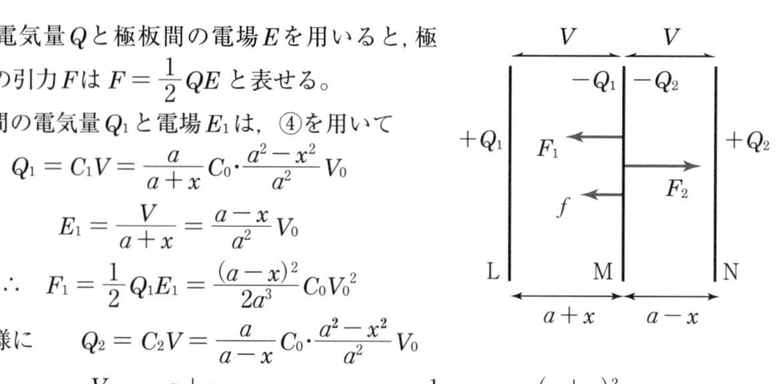

LM 間の電気量Q_1と電場E_1は，④を用いて

$$Q_1 = C_1V = \frac{a}{a+x}C_0\cdot\frac{a^2-x^2}{a^2}V_0$$

$$E_1 = \frac{V}{a+x} = \frac{a-x}{a^2}V_0$$

$$\therefore \quad F_1 = \frac{1}{2}Q_1E_1 = \frac{(a-x)^2}{2a^3}C_0{V_0}^2$$

同様に　$Q_2 = C_2V = \dfrac{a}{a-x}C_0\cdot\dfrac{a^2-x^2}{a^2}V_0$

$$E_2 = \frac{V}{a-x} = \frac{a+x}{a^2}V_0 \qquad \therefore \quad F_2 = \frac{1}{2}Q_2E_2 = \frac{(a+x)^2}{2a^3}C_0{V_0}^2$$

$F_1<F_2$ より，外力 f は**左向き**であり

$$f = F_2 - F_1 = \frac{\boldsymbol{2C_0{V_0}^2}}{\boldsymbol{a^2}}\boldsymbol{x}$$

24　図のように「電位」をおく。極板 b, e の電気量保存より

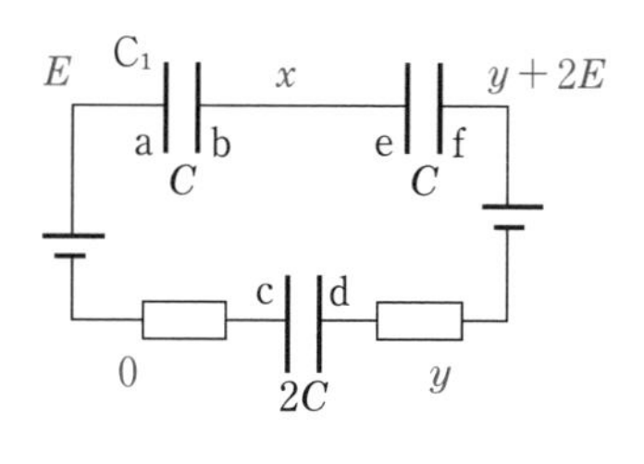

$$C(x-E)+C\{x-(y+2E)\}=0$$

また，d, f の電気量保存より

$$2C(y-0)+C\{(y+2E)-x\}=0$$

以上の 2 式より　$x=\dfrac{7}{5}E$　　$y=-\dfrac{1}{5}E$

C_1の電圧は　　$x-E=\dfrac{\boldsymbol{2}}{\boldsymbol{5}}\boldsymbol{E}$〔**V**〕

なお，電位の高低より b，c，f が＋に帯電していることが分かる。

26　K_2を開いたときの C_1，C_2 の静電エネルギーの和 U は

$$U=\frac{{Q_1}^2}{2C_1}+\frac{{Q_2}^2}{2C_2}=\frac{1}{2C_1}\left(\frac{C_1R_1E}{R_1+2R_1}\right)^2+\frac{1}{2\cdot 2C_1}\left(\frac{2C_1\cdot 2R_1\cdot E}{R_1+2R_1}\right)^2=\frac{1}{2}C_1E^2$$

K_1を開いた後では

$$U'=\frac{1}{2}(C_1+C_2)V'^2=\frac{1}{2}(C_1+2C_1)\left(\frac{2C_1\cdot 2R_1-C_1R_1}{3C_1\cdot 3R_1}E\right)^2=\frac{1}{6}C_1E^2$$

エネルギー保存則より，$U-U'$ がR_1とR_2全体でのジュール熱となる。R_1とR_2は直列であり，K_1を開いた後はたえず共通の電流 i を流しているので，ジュール熱の比は抵抗の比に等しい(iは変化するが，$R_1i^2：R_2i^2=R_1：R_2$)。そこでR_1だけでのジュール熱は

$$(U-U')\times\frac{R_1}{R_1+R_2}=\frac{1}{3}C_1E^2\times\frac{R_1}{R_1+2R_1}=\boldsymbol{\frac{1}{9}C_1E^2}$$

28 電流計の内部抵抗が無視できれば，それによる電位降下も無視できるので**図2**を選ぶ。一方，電圧計の内部抵抗が十分大きければ **図1**を選ぶ。電流計で測る電流はほぼRを通ってきたといえるからである。

なお，「十分に小さい」とか「十分に大きい」というのは測りたい抵抗値Rとの比較で決まる。問題**28**の場合，$R=95\ \Omega$ に対して電流計の内部抵抗 1.0 Ω は約 $\frac{1}{100}$ 倍だが，電圧計の内部抵抗 $1.0\times10^3\ \Omega$ は約10倍でしかない。このケースでは電流計の方がすぐれていると言え，図2を選ぶ方がよい。

31 LとMを直列にしたものを1つの電球「L＋M」とみなす。その特性曲線は右のようになる。直列では電流が共通なので，全体の電圧は和となるため，横方向に足せばよい。「L＋M」に対しては図aと同様であり

$$120=100\,I+V$$

この直線との交点は

$$V=85\,〔\mathrm{V}〕,\quad I=0.35\,〔\mathrm{A}〕$$

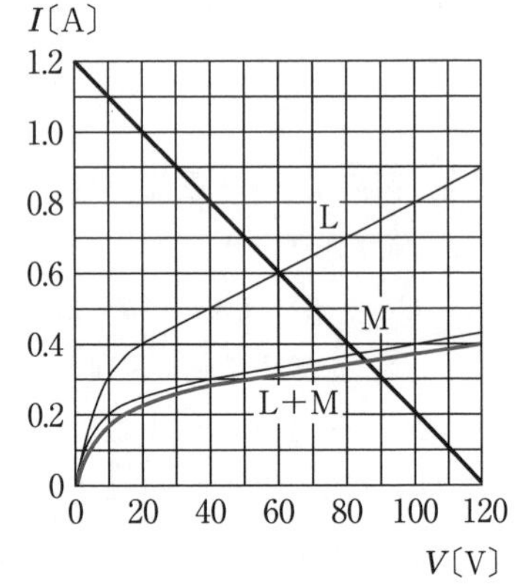

全体の消費電力は電池の供給電力に等しいので

$$EI=120\times0.35=\mathbf{42}\,〔\mathbf{W}〕$$

33 まず，Dが電流を通していないと仮定する。すると点Aの電位は $R=180$〔Ω〕にかかる電圧に等しく

$$24\times\frac{180}{60+180}=18\,〔\mathrm{V}〕$$

一方，Bの電位は(4)の途中で求めた16〔V〕であり，Aより低いので，仮定は誤りであり，Dには電流が**流れる**ことが分かる。

右のように電流をおくと，左半分について

$$24 = 60\,I_1 + 180(I_1 - i) \qquad \cdots\cdots ①$$

G → B → A → G について

$$8 = -20(i + I_2) + 180(I_1 - i) \quad \cdots\cdots ②$$

CA 間と DB 間の電位降下が等しいので

$$60\,I_1 = 20\,I_2 \qquad \cdots\cdots ③$$

①, ②, ③ を解くと　$i = \dfrac{2}{55} \fallingdotseq \mathbf{0.036}$〔**A**〕

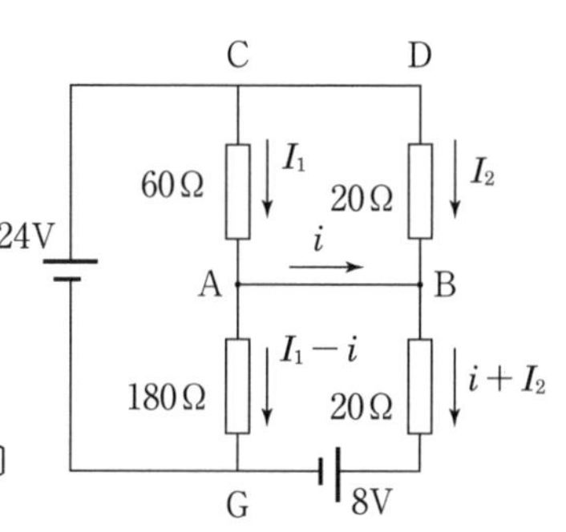

34 (2)　PR間，QR間はいずれも逆方向の電流であり，反発力となる。本問(2)の別解に記した F_1 を利用すると，合力 F_C' は ***y* 軸の正の向き**となり

$$F_C' = F_1 \sin\theta \times 2$$
$$= \frac{\mu_0 I^2 l}{2\pi\sqrt{r^2+d^2}} \cdot \frac{d}{\sqrt{r^2+d^2}} \times 2$$
$$= \boldsymbol{\frac{\mu_0 I^2 l d}{\pi(r^2+d^2)}}\ \text{〔N〕}$$

(3)　F_C' が y 軸方向の力なので，S は y 軸上に置くことになる。RS間の距離を D とする。力のつり合いより

$$F_C' = I\left(\mu_0 \cdot \frac{2I}{2\pi D}\right) l \qquad \therefore \quad D = \frac{r^2+d^2}{d}$$

引力でつり合わせる場合（図のS）

$x = \mathbf{0}$〔m〕　$y = d - D = -\boldsymbol{\dfrac{r^2}{d}}$〔m〕　電流は z 軸の**負の向き**

反発力でつり合わせる場合（図のS′）

$x = \mathbf{0}$〔m〕　$y = d + D = \boldsymbol{\dfrac{r^2+2d^2}{d}}$〔m〕　電流は z 軸の**正の向き**

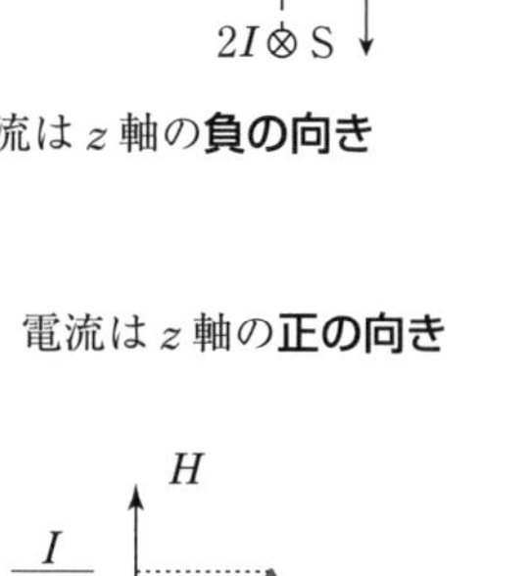

35　$R \leqq r$　では，　$H = \dfrac{I}{2\pi r}$

$0 \leqq r < R$ では，r より外側の電流による磁場はなく，内側の電流 i による磁場を考えればよい。円柱の断面の面積比から

$$i = \frac{\pi r^2}{\pi R^2} I \qquad \therefore \quad H = \frac{i}{2\pi r} = \frac{I}{2\pi R^2} r$$

$r = 0$ で $H = 0$ になることは，問**八**の解説でふれたように，対称性で裏打ちされている。

36 **Q**1　次図のように，Pを流れる電流をiとすると

$$vBl = R_1 i \qquad \therefore \quad i = \frac{vBl}{R_1} \quad \cdots\cdots ①$$

運動方程式は，糸の張力をTとして

$$\text{P}: \quad Ma = T - iBl \quad \cdots\cdots ②$$

$$\text{おもり}: \quad ma = mg - T \quad \cdots\cdots ③$$

②+③ より

$$a = \frac{1}{M+m}(mg - iBl)$$

$$= \boldsymbol{\frac{1}{M+m}\left(mg - \frac{vB^2l^2}{R_1}\right)}$$

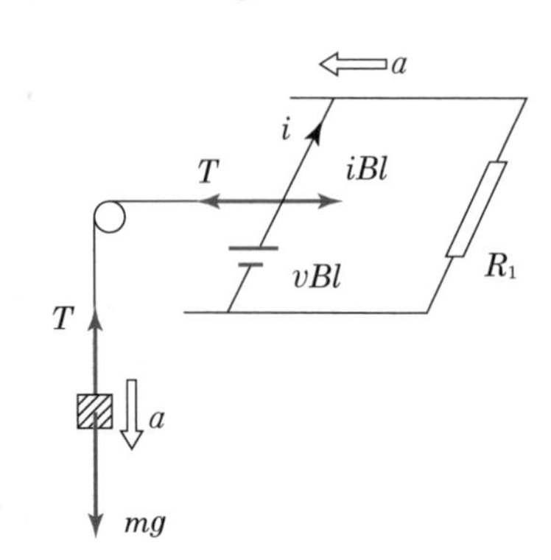

aはvと共に変わるので，等加速度運動の公式は使えない。vが増すとaは減少する。そして，$a=0$（等速度）になったときのvがv_1に等しい。

Q2　(2)　おもりは1 s 間にv_1〔m〕下がり，おもりが失う位置エネルギーがジュール熱となっているので(おもりとPの運動エネルギーは一定)

$$\boldsymbol{mgv_1 = R_1 I^2}$$

(3)　電池の供給電力　$V_1(I+i)$　がおもりの位置エネルギーの増加と2つの抵抗でのジュール熱となっているので

$$\boldsymbol{V_1(I+i) = mgv_2 + R_1(I+i)^2 + R_2 i^2}$$

このように運動し続けている場合には単位時間(1 s間)について記すことになる。

38　1s間には棒はレール上をu〔m〕滑り，高さにして$u\sin\theta_2$〔m〕下がっている。棒が失う位置エネルギーがジュール熱と摩擦熱に変わっているので(棒の運動エネルギーは一定)

$$\boldsymbol{Mgu\sin\theta_2 = RI^2 + \mu Nu}$$

39　Lがコイルに及ぼす力は左向きで F_1-F_2 だから，作用・反作用の法則によりLは同じ大きさの力を**右向き**に受けている。

$$F_1-F_2=\left(\frac{2\mu_0 I}{3\pi}\right)^2\frac{v}{R}$$

コイルを流れる電流 i がつくる磁場について，公式 $H=\dfrac{i}{2\pi r}$ は適用できない。この公式は直線電流が十分長い場合しか成り立たないので，Lの位置での磁場を直接に計算することができない。計算で求めたのならそれは誤りである（たとえ答えが一致したとしても）。

40　ω が一定なので，力のモーメントのつり合いより

$$F\times\frac{l}{2}=f_r\times r \qquad \therefore\ f_r=\frac{Fl}{2r}=\frac{B^2l^4\omega}{4Rr}\text{〔N〕}$$

$r=l$ のとき　$f_r=\dfrac{B^2l^3\omega}{4R}=f$　となっていることも注意したい。

外力が図a′とb′（p130）のように仕事をする際，点Aを半径 r の円周に沿って，それぞれ $\dfrac{1}{4}$ 回転させるので

$$W_r=f_r\cdot\left(\frac{1}{4}\cdot 2\pi r\right)\times 2=\frac{\pi B^2l^4\omega}{4R}\text{〔J〕}$$

$W_r=W$ であり，r によらないのは，エネルギー保存則によって発生するジュール熱に変わりはないからである。一方，外力 f_r は r が小さいほど大きな力が必要とされていることにも目を向けてほしい。力が大きくても点Aの移動距離が短くなって，仕事 W_r は一定となっている。

41　電流 I は $P_1\to P_2\to Q_2\to Q_1$ と流れることになる。キルヒホッフの法則より

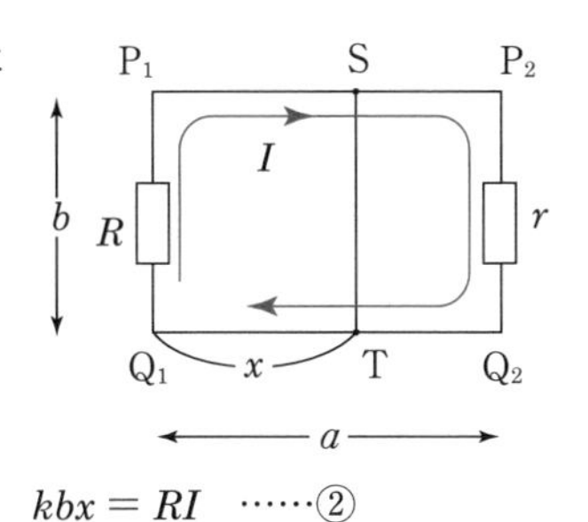

$$kab=RI+rI \quad \cdots\cdots①$$

左半分 P_1STQ_1 を貫く磁束を Φ_L とすると

$$\Phi_L=Bbx=kbxt$$

$\Delta\Phi_L=kbx\Delta t$ より　$\dfrac{\Delta\Phi_L}{\Delta t}=kbx$

左半分について，キルヒホッフの法則より　$kbx=RI$　……②

①,②より I を消去すると　$x=\dfrac{R}{R+r}a$

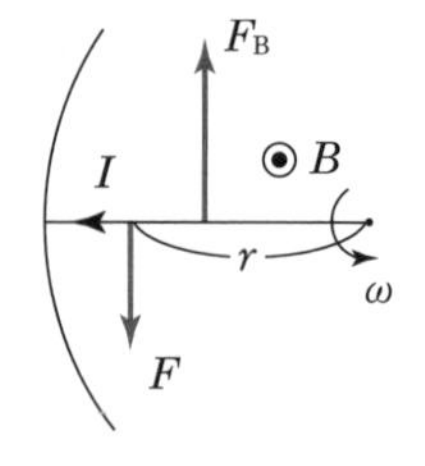

42 等速回転（ω 一定）なので，電磁力 $F_B = IBa$ と外力 F のモーメントのつり合いより

$$Fr = IBa \cdot \frac{a}{2}$$

$$\therefore \quad F = \frac{IBa^2}{2r} = \boldsymbol{\frac{\omega B^2 a^4}{4Rr}}$$

外力を加えている点の速さ v は $v = r\omega$ だから，外力の仕事率は

$$Fv = Fr\omega = \frac{\omega^2 B^2 a^4}{4R} = \text{一定} \quad \text{（証明終り）}$$

等速円運動の速さは1s間に描く弧の長さであり，外力はつねに接線方向に働くので，仕事は（力）×（弧の長さ）としてよく，仕事率は Fv となる。

44 Pの巻数を2倍にすると，磁場と磁束密度は2倍になり，Qを貫く磁束 Φ が2倍になる。そこで磁束の変化 $\varDelta\Phi$ も2倍になり，誘導起電力も **2倍**になる。（p 141 の V_2 の式を見ると N_1 に比例している。）

Pを貫く磁束の変化 $\varDelta\Phi$ も2倍になるが，Pの巻数 N_1 自体が2倍になっていることに注意する必要がある。誘導起電力は $N_1 \varDelta\Phi / \varDelta t$ に比例するので，結局 **4倍**になる。（V_1 の式を見ると N_1^2 に比例している。）

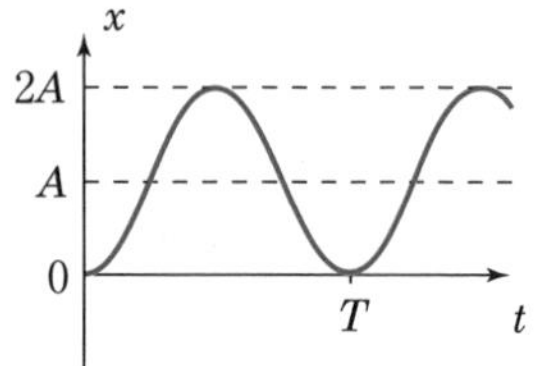

45 **Q**$_1$　x と t の関係は右のようになる。グラフは $x = A(=x_0)$ を中心とした「$-\cos$型」なので

$$x = -A\cos\omega t + A$$

$$= A\left(1 - \cos\frac{2\pi}{T}t\right)$$

$$= \boldsymbol{\frac{LMg}{B^2d^2}\sin\theta\left(1 - \cos\frac{Bd}{\sqrt{ML}}t\right)}$$

⑤式より　$I = \dfrac{Bd}{L}x = \boldsymbol{\dfrac{Mg}{Bd}\sin\theta\left(1 - \cos\dfrac{Bd}{\sqrt{ML}}t\right)}$

Q$_2$　Ｉ：Pが失った位置エネルギーがPの運動エネルギーと静電エネルギーに変わっているから

$$Mg \cdot x\sin\theta = \frac{1}{2}Mv^2 + \frac{1}{2}CV^2$$

$$= \frac{1}{2}Mv^2 + \frac{1}{2}C(vBd)^2 \qquad \therefore \quad v = \boldsymbol{\sqrt{\frac{2Mgx\sin\theta}{M + CB^2d^2}}}$$

Ⅱ：Pが失った位置エネルギーが運動エネルギーとコイルのエネルギー(コイルを流れる電流Iがつくる磁場のエネルギー)に変わっているから

$$Mg\cdot x\sin\theta=\frac{1}{2}Mv^2+\frac{1}{2}LI^2$$

⑤式の $I=\dfrac{Bd}{L}x$ を代入することにより

$$v=\sqrt{\boldsymbol{x\left(2g\sin\theta-\frac{B^2d^2}{ML}x\right)}}$$

46 全体を1つのコイルと見なしたときの自己インダクタンス$L_{全}$を求め，Lを$L_{全}$に置き換えればよい。

(ア) 2つのコイルは直列なので，同じ電流Iが流れる。時間変化率$\dfrac{\Delta I}{\Delta t}$も共通であり，それぞれの自己誘導起電力$V_1$，$V_2$は同じ向きに生じる。全体での起電力$V_{全}$は

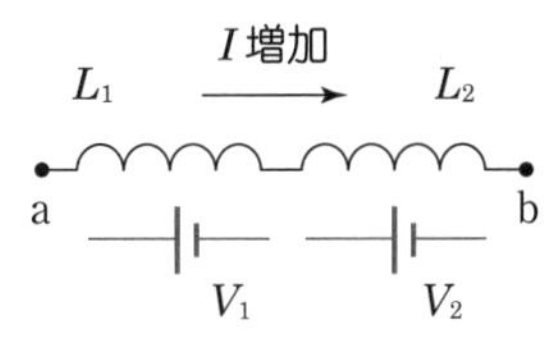

$$V_{全}=V_1+V_2=-L_1\frac{\Delta I}{\Delta t}+(-L_2\frac{\Delta I}{\Delta t})$$

$$=-(L_1+L_2)\frac{\Delta I}{\Delta t}$$

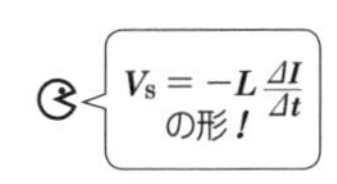

これより　$L_{全}=L_1+L_2$　……(A)

したがって，**LをL_1+L_2に置き換えればよい。**

(イ) 各コイルを流れる電流をI_1，I_2とすると，全体の電流は　$I=I_1+I_2$　……①

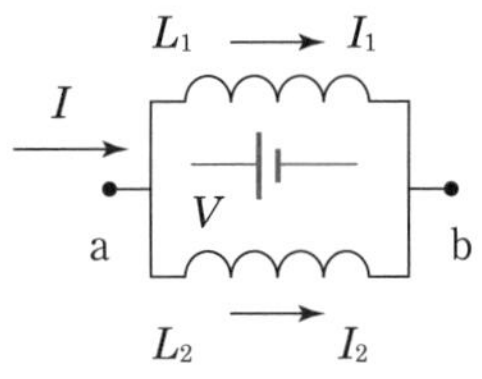

微小時間Δtでの電流の変化をΔを付けて表すと

$$I+\Delta I=(I_1+\Delta I_1)+(I_2+\Delta I_2)\quad\cdots\cdots②$$

②−① より　$\Delta I=\Delta I_1+\Delta I_2$　……③

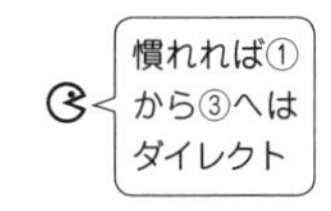

2つのコイルは並列なので，電圧（自己誘導起電力）Vは共通で

$$V=-L_1\frac{\Delta I_1}{\Delta t}\quad\cdots④\qquad V=-L_2\frac{\Delta I_2}{\Delta t}\quad\cdots⑤$$

全体を1つのコイルと見なしたときの電圧もVであり

$$V=-L_{全}\frac{\Delta I}{\Delta t}\quad\cdots\cdots⑥$$

③ の両辺をΔtで割り，④，⑤，⑥を用いると

$$-\frac{V}{L_{全}}=-\frac{V}{L_1}+(-\frac{V}{L_2})\qquad\therefore\ \frac{1}{L_{全}}=\frac{1}{L_1}+\frac{1}{L_2}\quad\cdots(B)$$

したがって，**Lを$L_{全}=\dfrac{L_1L_2}{L_1+L_2}$に置き換えればよい。**

なお，(A)と(B)は公式となっている（覚える必要はない)。3つ以上のコイルの場合にも同様の式が成立することは，上の導出過程を見直せば分かる。

電気抵抗とコイルは直列の場合が和となる。一方，コンデンサーの電気容量と合成ばね定数では並列の場合が和となる。(あくまで形式上のことであり，物理としての意味はない。)

47 はじめ, 電流は時計回りに流れ, コンデンサーの下の極板を＋に帯電させていく。したがって，a点の電位 V_a は負となり，右のように変化する。グラフは「$-\sin$ 型」となる。最大値を V_1 とすると，エネルギー保存則より

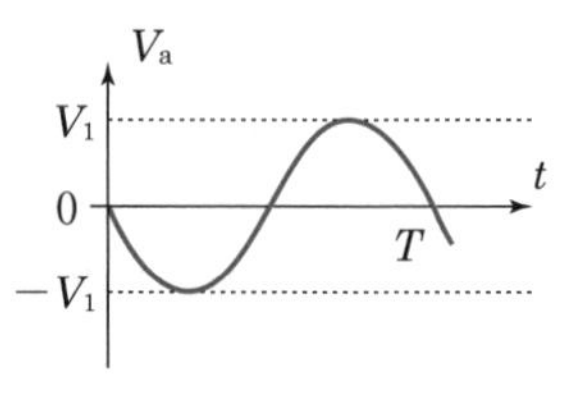

$$\frac{1}{2}LI_1{}^2 = \frac{1}{2}CV_1{}^2 \qquad \therefore \quad V_1 = I_1\sqrt{\frac{L}{C}} = \frac{E}{r}\sqrt{\frac{L}{C}}$$

$$\therefore \quad V_a = -V_1 \sin\frac{2\pi}{T}t = -\frac{\boldsymbol{E}}{\boldsymbol{r}}\sqrt{\frac{\boldsymbol{L}}{\boldsymbol{C}}}\ \mathbf{sin}\frac{\boldsymbol{t}}{\sqrt{\boldsymbol{LC}}}$$

なお，V_1 は $Q_1 = CV_1$ より求めてもよい。

49 XX′ 間の電圧は，時間 $0 \leqq t \leqq T$ の範囲で考えると，t に比例している。よって，x は t に比例する。一方，YY′ 間の電圧は交流電圧 v だから，t について三角関数で表される(周期は T)。y も同様である。結局，蛍光面には**交流電圧の1周期分の時間変化を表す波形が現れる**。1周期後には x，y は共に元の値に戻り，同じ波形をたどる。

一応，数式で追ってみると

$x = kt \quad (0 \leqq t \leqq T,\quad x_0 = kT)$

$v = v_0 \sin(\omega t + \theta_0) \qquad \cdots\cdots①$

①より
$$\begin{aligned} y &= y_0 \sin(\omega t + \theta_0) \\ &= y_0 \sin\left(\frac{2\pi}{T}\cdot\frac{x}{k} + \theta_0\right) \\ &= y_0 \sin\left(2\pi\frac{x}{x_0} + \theta_0\right) \qquad \cdots\cdots② \qquad \left(y_0 = \frac{v_0}{V_0}a \right) \end{aligned}$$

$\theta_0 = 0$ の場合

①の v-t グラフは②の y-x グラフと相似形になる。オシロスコープの用途はこのように交流を目に見える形で表示できることにある。周期的な電圧変動なら正弦波形でなくてもよい。

54 (ア), (イ) から x, y は次のように表せる。

$$x=\frac{qBL^2}{2\sqrt{2mK}} \qquad y=\frac{qEL^2}{4K}$$

K を消去すると　$$y=\frac{2mE}{qB^2L^2}x^2$$

よって，β 線は1つの放物線上に現れる。(ア), (イ)で得た α と β の比率はそのまま用いられるので，結果は右のようになる。

y 方向だけに注目すれば，(ア)の図に，x 方向だけに注目すれば，(イ)の図に戻る。

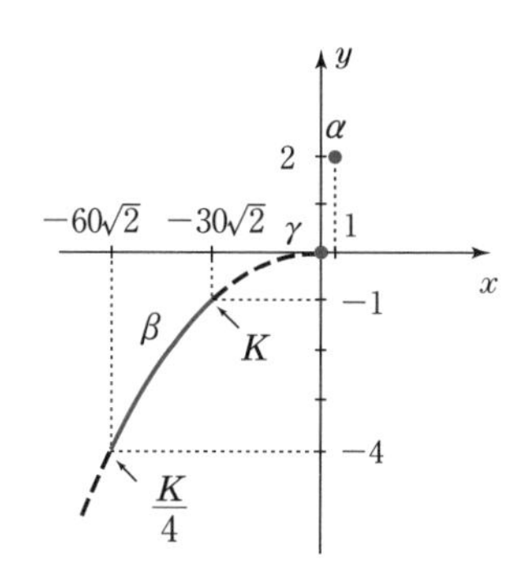

57 ①より　$$(mv\cos\phi)^2=\left(\frac{h\nu_0}{c}-\frac{h\nu}{c}\cos\theta\right)^2 \quad \cdots\cdots❶$$

②より　$$(mv\sin\phi)^2=\left(\frac{h\nu}{c}\sin\theta\right)^2 \quad \cdots\cdots❷$$

❶+❷として ϕ を消去すると

$$m^2v^2=\frac{h^2}{c^2}(\nu_0{}^2-2\,\nu_0\nu\cos\theta+\nu^2) \quad \cdots\cdots❸$$

この式は，p 180 の図で灰色の三角形に余弦定理を適用すると，即座に得られる。

❸の v^2 を③へ代入すると

$$h\nu_0-h\nu=\frac{h^2}{2mc^2}(\nu_0{}^2-2\nu_0\nu\cos\theta+\nu^2)$$

両辺を $h^2\nu_0\nu$ で割ると　$$\frac{1}{h\nu}-\frac{1}{h\nu_0}=\frac{1}{2mc^2}\left(\frac{\nu_0}{\nu}-2\cos\theta+\frac{\nu}{\nu_0}\right)$$

$\nu\fallingdotseq\nu_0$ なので，$\frac{\nu_0}{\nu}+\frac{\nu}{\nu_0}\fallingdotseq1+1$ としてよく（和に対してはラフな近似でよい）

$$\boldsymbol{\frac{1}{h\nu}-\frac{1}{h\nu_0}\fallingdotseq\frac{1}{mc^2}(1-\cos\theta)} \quad \cdots\cdots④$$

もとの波長を λ_0，散乱後を λ とすると，$c=\nu_0\lambda_0$，$c=\nu\lambda$ より ④は

$$\frac{\lambda}{hc}-\frac{\lambda_0}{hc}=\frac{1}{mc^2}(1-\cos\theta)$$

$$\therefore\quad \varDelta\lambda=\lambda-\lambda_0=\boldsymbol{\frac{h}{mc}(1-\cos\theta)}$$

58 衝突による光子の運動量の変化は

$$\frac{h\nu}{c}\cos\theta-\left(-\frac{h\nu}{c}\cos\theta\right)=\frac{2h\nu}{c}\cos\theta$$

これは容器に与える力積の大きさでもある。

次ページの2番目の図のように，衝突点の間隔は $2r\cos\theta$ で，t 秒間には ct の距離を飛ぶので衝突回数は $ct/2r\cos\theta$ となる。

この間に容器に与える力積は

$$\frac{2h\nu}{c}\cos\theta\times\frac{ct}{2r\cos\theta}=\frac{h\nu}{r}t$$

全光子 N 個が t 秒間に与える力積は，光子気体が容器を押す力を F とすると Ft とも表せるので

$$N\times\frac{h\nu}{r}t=Ft \qquad \therefore\quad F=\frac{Nh\nu}{r}$$

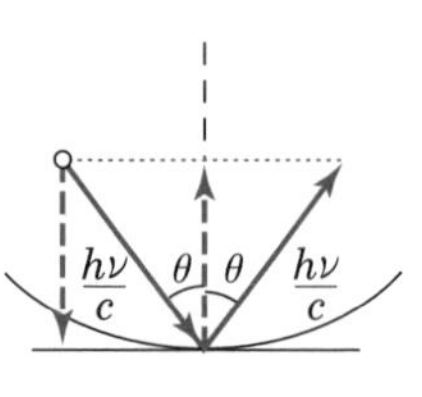

運動量の図

球の表面積は $4\pi r^2$ だから圧力 P は

$$P=\frac{F}{4\pi r^2}=\boldsymbol{\frac{Nh\nu}{4\pi r^3}}$$

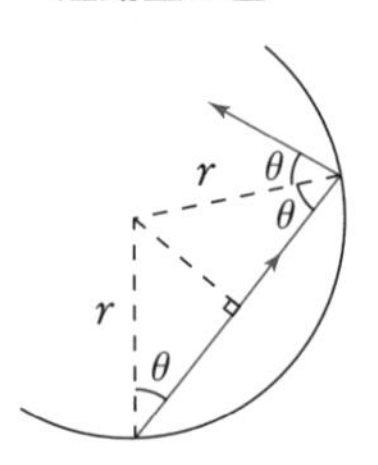

体積 $V=\dfrac{4}{3}\pi r^3$ より P は $P=\dfrac{Nh\nu}{3V}$ となり，(6)の結果と同じになっている。

59 **Q**$_1$　エネルギー準位の差 $\varDelta E$ は光子のエネルギー $h\nu$ に等しいので

$$\varDelta E=h\nu=h\frac{c}{\lambda}=6.6\times10^{-34}\times\frac{3.0\times10^8}{7.0\times10^{-11}}\fallingdotseq\mathbf{2.8\times10^{-15}}\,\text{〔J〕}$$

1〔eV〕$=e$〔J〕$=1.6\times10^{-19}$〔J〕より

$$\varDelta E=\frac{2.82\times10^{-15}}{1.6\times10^{-19}}\fallingdotseq\mathbf{1.8\times10^{4}}\,\text{〔eV〕}$$

Q$_2$　(ア)　薄膜による光の干渉と同様に，屈折射線に垂線を下ろし（aとbは同位相），経路差（赤の部分）を浮き立たせる。これより

$$\boldsymbol{2d\sin\phi=n\lambda'_e}\qquad\cdots\cdots①$$

結局，結晶内の隣り合う原子面に着目したときのブラッグ反射の条件式となっている。

(イ)　(3)より　$\lambda_e=\dfrac{h}{mv}=\dfrac{h}{\sqrt{2meV}}$　である。今の場合，結晶に入った電子は出発点から $V+V_1$ の電圧で加速されたことになるから，前式の V を $V+V_1$ で置き換えればよく，

$$\lambda'_e=\frac{h}{\sqrt{2me(V+V_1)}}\qquad\cdots\cdots②$$

(3)　入射角は $\dfrac{\pi}{2}-\theta$，屈折角は $\dfrac{\pi}{2}-\phi$　であることに注意して，屈折の法則を用いると

$$\frac{\sin\left(\frac{\pi}{2}-\theta\right)}{\sin\left(\frac{\pi}{2}-\phi\right)}=\frac{\lambda_e}{\lambda'_e}\qquad\therefore\quad\frac{\cos\theta}{\cos\phi}=\sqrt{\frac{V+V_1}{V}}$$

$$\therefore \quad \sin\phi = \sqrt{1-\cos^2\phi} = \sqrt{1-\frac{V}{V+V_1}\cos^2\theta} \qquad \cdots\cdots③$$

②と③を①へ代入すると

$$\boldsymbol{2d\sqrt{1-\frac{V}{V+V_1}\cos^2\theta} = n\cdot\frac{h}{\sqrt{2me(V+V_1)}}}$$

$V_1=0$ とすると，この式は公式通り $2d\sin\theta = n\lambda_e$ となることを確かめるとよい。なお，屈折の法則の右辺を λ_e/λ'_e でなく，v/v' と電子の速さの比にしてはいけない(☞エッセンス(下) p 142)。

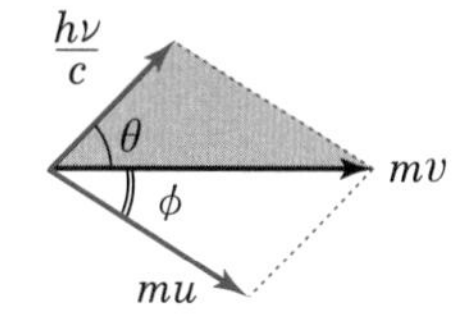

62 **Q**1　運動量保存則より運動量ベクトルは平行四辺形の2辺と対角線の関係になる。灰色の三角形に余弦定理を適用すると

$$(mu)^2 = (mv)^2 + \left(\frac{h\nu}{c}\right)^2 - 2mv\cdot\frac{h\nu}{c}\cos\theta$$

両辺を m^2 で割ると⑤式になる。

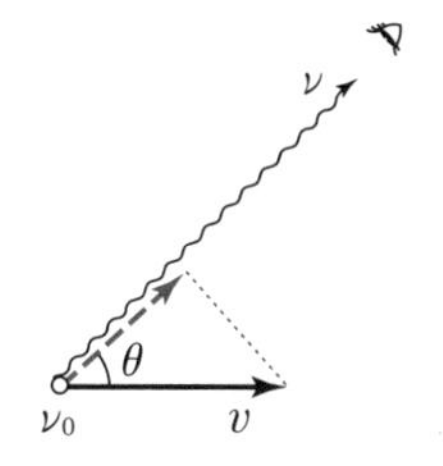

Q2　光の波動性という観点で見れば，光源が動くため**ドップラー効果**が起こっている。点線で示した速度成分 $v\cos\theta$ がドップラー効果をもたらすので

$$\nu = \frac{c}{c-v\cos\theta}\nu_0 \qquad \therefore \quad \boldsymbol{\nu_0 = \nu\left(1-\frac{v}{c}\cos\theta\right)}$$

⑦式は，粒子性の立場で，近似を用いて得られた。一方，波動性の立場では近似を用いていないように見えるが，もともと光のドップラー効果を音波のような公式で扱うこと自体に近似が入っている。(厳密には相対性理論に基づいて扱わなければいけない。)

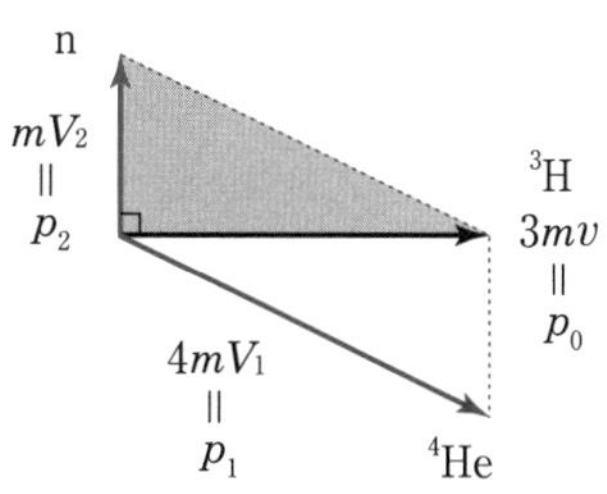

67　全体は平行四辺形をなし，灰色の部分は直角三角形となる。三平方の定理より

$$(3mv)^2 + (mV_2)^2 = (4mV_1)^2$$

$$\therefore \quad 9v^2 + V_2{}^2 = 16V_1{}^2$$

こうして④式が得られる。

なお，速さではなく，各粒子の運動量を図のように p_0，p_1，p_2 とおくと，三平方の定理は

$$p_0{}^2+p_2{}^2=p_1{}^2 \quad \cdots\cdots❶$$

$p=\sqrt{2MK}$ の関係（p 206 下から 6 行目）を用いて，運動エネルギー K で表すと，❶は

$$2\cdot 3mK_2+2mT_2=2\cdot 4mT_1 \quad \cdots\cdots❷$$

$K_2=2.7$〔MeV〕より　　$3\times 2.7+T_2=4T_1$　……❸　（⑤式と同じ）

❸とエネルギー保存則 $T_1+T_2=20$ を連立させれば，T_1 や T_2 を求めることができる。(※)　p 206 の計算よりスマートである。

問題 **57** や **62** の **Q** でも出会ったように，2 次元(平面上)の運動量保存則を扱う場合，ベクトル図は大いに活躍してくれる。

(※)　エネルギーの単位は〔J〕なのか〔MeV〕なのか迷ったかもしれない。❷までは国際単位系SIでの計算，つまり〔J〕と考えるとよい。両辺から m〔kg〕をはずし，エネルギーだけの関係式 $3K_2+T_2=4T_1$ となった段階で，❸のように〔MeV〕でもよいことになる。